住房城乡建设部土建类学科专业“十三五”规划教材
全国住房和城乡建设职业教育教学指导委员会规划推荐教材

# 建 筑 CAD

## （第二版）

（土建类专业适用）

本教材编审委员会 组织编写
夏玲涛 主 编
颜晓荣 主 审

中国建筑工业出版社

图书在版编目（CIP）数据

建筑CAD/夏玲涛主编．—2版．—北京：中国建筑工业出版社，2018.4
住房城乡建设部土建类学科专业“十三五”规划教材 全国住房和城乡建设职业教育教学指导委员会规划推荐教材（土建类专业适用）
ISBN 978-7-112-21716-8

Ⅰ．①建… Ⅱ．①夏… Ⅲ．①建筑设计-计算机辅助设计-AutoCAD软件-职业教育-教材 Ⅳ．①TU201.4

中国版本图书馆CIP数据核字（2017）第325163号

本书由11个教学单元组成，分别为CAD绘图基础、绘制A2图框、绘制施工现场平面布置图、绘制模板支设示意图、绘制脚手架搭设示意图、绘制塔式起重机基础图、绘制建筑平面图、绘制建筑立面图、绘制建筑剖面图、绘制正等轴测图及图形输出，并在附录中列出了CAD常用命令。

本书可作为高等职业教育土建类专业CAD课程的教材，也可作为对相关人员的岗位培训教材或供土建专业技术人员参考。

为更好地支持本课程的教学，我们向使用本书的教师免费提供教学课件，有需要者请与出版社联系，邮箱：litianhong@cabp.com.cn。

责任编辑：朱首明 李 明 李天虹
责任校对：党 蕾

住房城乡建设部土建类学科专业“十三五”规划教材
全国住房和城乡建设职业教育教学指导委员会规划推荐教材
**建筑CAD（第二版）**
（土建类专业适用）
本教材编审委员会 组织编写
夏玲涛 主 编
颜晓荣 主 审
*
中国建筑工业出版社出版、发行（北京海淀三里河路9号）
各地新华书店、建筑书店经销
霸州市顺浩图文科技发展有限公司制版
北京同文印刷有限责任公司印刷
*
开本：787×1092毫米 1/16 印张：14½ 字数：322千字
2018年6月第二版 2020年2月第二十次印刷
定价：**32.00**元（赠课件）
ISBN 978-7-112-21716-8
（31564）

# 教材编审委员会名单

PREFACE

# 修订版序言

本套教材第一版于2003年由建设部土建学科高职高专教学指导委员会本着"研究、指导、咨询、服务"的工作宗旨，从为院校教育提供优质教学资源出发，在对建筑工程技术专业人才的培养目标、定位、知识与技能内涵进行认真研究论证，整合国内优秀编者团队，并对教材体系进行整体设计的基础上组织编写的，于2004年首批出版了11门主干课程的教材。教材面世以来，应用面广、发行量大，为高职建筑工程技术专业和其他相关专业的教学与培训提供了有效的支撑和服务，得到了广大应用院校师生的普遍欢迎和好评。结合专业建设、课程建设的需求及有关标准规范的出台与修订，本着"动态修订、及时填充、持续养护、常用常新"的宗旨，本套教材于2006年（第二版）、2012年（第三版）又进行了两次系统的修订。由于教材的整体性强、质量高、影响大，本套教材全部被评为住房和城乡建设部"十一五"、"十二五"、"十三五"规划教材，大多数教材被评为"十一五"、"十二五"国家规划教材，数部教材被评为国家精品教材。

目前，本套教材的总量已达25部，内容涵盖高职建筑工程技术专业的基础课程、专业课程、岗位课程、实训教学等全领域，并引入了现代木结构建筑施工等新的选题。结合我国建筑业转型升级的要求，当前正在组织装配式建筑技术相关教材的编写。

本次修订是本套教材的第三次系统修订，目的是为了适应我国建筑业转型发展对高职建筑工程技术专业人才培养的新形势、建筑技术进步对高职建筑工程技术专业人才知识和技能内涵的新要求、管理创新对高职建筑工程技术专业人才管理能力充实的新内涵、教育技术进步对教学手段及教学资源改革的新挑战、标准规范更新对教材内容的新规定。

应当着重指出的是，从2015年起，经过认真的论证，主编团队在有关技术企业的支持下，对本套教材中的《建筑识图与构造》、《建筑力学》、《建筑结构》、《建筑施工技术》、《建筑施工组织》进行了系统的信息化建设，开发出了与教材紧密配合的MOOC教学系统，其目的是为了适应当前信息化技术广泛参与院校教学的大形势，探索与创新适应职业教育特色的新型教学资源建设途径，积极构建"人人皆学、时时能学、处处可学"的学习氛围，进一步发挥教学辅助资源对人才培养的积极作用。我们将密切关注上述5部教材及配套MOOC教学资源的应用情况，并不断地进行优化。同时还要继续大力加强与教材配套的信息化资源建设，在总结经验的基础上，选择合适的教材进行信息化资源的立体开发，最终实现“以纸质教材为载体，以信息化技术为支撑，二者相辅相成，为师生提供一流服务，为人才培养提供一流教学资源”的目的。

今后，还要继续坚持“保持先进、动态发展、强调服务、不断完善”的教材建设思路，不简单追求本套教材版次上的整齐划一，而是要根据专业定位、课程建设、标准规范、建筑技术、管理模式的发展实际，及时对具备修订条件的教材进行优化和完善，不断补充适应建筑业对高职建筑工程技术专业人才培养需求的新选题，保证本套教材的活力、生命力和服务能力的延续，为院校提供“更好、更新、更适用”的优质教学资源。

**住房和城乡建设职业教育教学指导委员会**
**土建施工类专业教学指导委员会**
**2017年6月**

PREFACE

# 修订版前言

CAD（Computer Aided Design）又称为计算机辅助设计，技术的发展日新月异，已经渗透到社会的各行各业，在建筑工程领域更是得到了广泛应用。CAD绘图快速、准确，应用CAD绘图是建筑工程领域的设计人员、施工管理人员必备的职业技能。

本书编写以施工管理人员岗位群职业能力为基础，对建筑CAD应用能力进行能力标准定位：以职业素质为根本，将建筑CAD应用能力分为三个层次，第一层次为基本绘图能力，即掌握CAD的基本知识，能准确会指建筑工程施工图；第二层次是技巧操作能力，即掌握CAD的操作技巧，能快速绘制建筑工程施工图；第三层次是查询管理能力，即掌握CAD的查询管理功能，其中考虑到绘图需求，将查询管理功能穿插在各章节。近期目标可以对图形信息进行查询管理，辅助施工定位、放样、管理等工作，远期目标将以工程项目建设为核心，将分散的各相关生产实体组成一个“虚拟群体”，共享图形库、数据库和材料库，并行活动，随时进行交换或修改某一环节，协同设计、施工与管理，走向“虚拟群体并行协同工作环境”阶段。目前，我国建筑业信息化进入迅猛发展阶段，大力推广研发基于BIM的集成设计系统及协同工作系统，实现信息集成与共享。BIM（Building Information Modeling）建模软件的学习基础正是CAD。

本书内容精炼，由CAD绘图基础、专项方案施工图、建筑施工图、图形信息管理、轴测图、图形输出五大部分组成。其中，CAD绘图基础介绍CAD软件的功能和发展，中望CAD工作界面、介绍常用操作、文件管理、坐标系统、图形界限设置、绘图辅助工具等基本常识，基本绘图命令和编辑命令，并在此基础上介绍图框的绘制。专项施工方案是本书的特色所在，鉴于目前的建筑CAD教材偏重设计领域，本教材针对施工管理人员岗位群职业岗位需求，特别设置了四个施工专项方案的绘制，即施工现场平面布置图、模板支设示意图、脚手架搭设示意图、塔式起重机基础图。建筑施工图部分介绍了建筑平面图、建筑立面图、建筑剖面图的绘制。

作为一门强调动手能力的课程，本书在介绍了基本绘图命令和编辑命令的基础上，就开始从易到难、循序渐进地安排绘图工作任务，并将高级绘图命令和编辑命令穿插在不同的工作任务前介绍，让学生从简单到复杂，逐步培养建筑CAD绘图能力。同时，本书在每个单元后面设置了单元小结和能力训练题，让学生在每个单元教学后进行回顾总结，并自己动手练习。

本书除了作为建筑技术专业、监理专业、钢结构等专业的教材以外，还可以作为建筑施工技术入门人员学习建筑CAD绘图的指导书，也可供建筑行业其他工程技术人员及管理人员学习参考。

本书由浙江建设职业技术学院识图团队编写，主编夏玲涛（教授、高级工程师、一级注册结构师），从事CAD教学多年，同时在设计院兼任副总工程师，长期在企业一线工作，副主编邬京虹（高级工程师）和徐利丽（二级建造师、二级注册结构工程师），参编黄昆（讲师、工程师）和洪笑（助讲）。

全书由颜晓荣高级工程师主审。

本书编写中，得了杭州恒元建筑设计院、杭州天元建筑设计研究院有限公司、浙江天华建筑有限公司等诸多单位和专家的大力支持和帮助，在此一并表示感谢。

编写过程中，主编人员以实用性、适用性、系统性为主旨，紧贴工程实践，采用国家最新规范，选用多套实际工程施工图，将理论知识与实际应用紧密相结合。如何更好地培养学生的建筑CAD应用能力，我们还在不断地探索之中，因此建筑CAD的教学内容、教学方法还需要不断地补充和完善。另外，由于编者水平有限，书中缺点与问题在所难免，恳请读者批评指正。

PREFACE

# 前◉言

计算机辅助设计（Computer Aided Design，简称CAD）技术的发展日新月异，已经渗透到社会的多种行业，在建筑工程领域更是得到了广泛的应用。CAD绘图快速、准确，应用CAD绘图是建筑工程领域的设计人员、施工管理人员必备的职业技能。

本书编写时以施工管理人员岗位群职业能力为基础，对建筑CAD应用能力进行能力标准定位：以职业素质为根本，将建筑CAD应用能力分为三个层次，第一层次是基本绘图能力，即掌握AutoCAD的基本知识，能准确绘制建筑工程施工图；第二层次是技巧操作能力，即掌握AutoCAD的操作技巧，能快速绘制建筑工程施工图；第三层次是查询管理能力，即掌握AutoCAD的查询管理功能。近期目标可以对图形信息进行查询管理，辅助施工定位、放样、管理等工作，远期目标将以工程项目建设为核心，将分散的各相关生产实体组成一个“虚拟群体”，共享图形库、数据库和材料库，并行活动，随时进行交换或修改某一环节，协同设计、施工与管理，走向“虚拟群体并行协同工作环境”阶段。

本书内容精炼，由AutoCAD绘图基础、专项方案施工图、建筑施工图、图形信息查询管理、图形输出五大部分组成。其中，AutoCAD绘图基础介绍AutoCAD软件的功能和发展，AutoCAD的工作界面、常用操作、文件管理、坐标系统、图形界限设置、绘图辅助工具等基本常识，AutoCAD软件的基本绘图命令和编辑命令，并在此基础上介绍了图框的绘制。专项方案施工图部分是本书的特色所在，鉴于目前的建筑CAD教材偏重设计领域，本书针对施工管理人员岗位群职业岗位需求，特别设置了四个施工专项方案的绘制，即施工现场平面布置图、模板支设示意图、脚手架搭设示意图、塔吊基础图。建筑施工图部分介绍了建筑平面图、建筑立面图、建筑剖面图的绘制。

作为一门强调动手能力的课程，本书在介绍了基本绘图命令和编辑命令的基础上，就开始从易到难、循序渐进地安排绘图工作任务，并将高级绘图命令和编辑命令穿插在不同的工作任务前介绍，让学生从简单到复杂，逐步培养建筑CAD的绘图能力。同时，本书在每个单元后面设置了单元小结和能力训练题，让学生在每个单元教学后进行回顾总结，并自己动手练习。

本书除了作为建筑技术专业、监理专业的教材以外，还可以作为建筑施工技术入门人员学习建筑CAD绘图的指导书，也可供建筑行业其他工程技术人员及管理人员学习参考。

本书由浙江建设职业技术学院夏玲涛（高级工程师、国家一级注册结构工程师）任主编，湖州职业技术学院黄昆（讲师、工程师）和浙江建设职业技术学院邬京虹（讲师、建筑师）任副主编。单元1、单元2由夏玲涛编写，单元3、单元4、单元5由黄昆编写，单元6由浙江建设职业技术学院潘俊武（高级工程师、国家一级注册结构工程师）编写，单元7、单元8由邬京虹编写，单元9由浙江建设职业技术学院林婷婷（讲师）编写，单元10由浙江建设职业技术学院洪笑（助讲）编写，单元11由夏玲涛和浙江建设职业技术学院王志萍（讲师）共同编写。全书由颜晓荣高级工程师审阅。在本书编写过程中，得到了杭州恒元建筑设计研究院、浙江天华建设集团有限公司等诸多单位和专家的大力支持和帮助，同时，编写委员会提出了编写意见和建议，浙江建设职业技术学院的诸多同事也提供了资料和帮助，在此一并表示感谢。

编写过程中，主编人员以实用性、适用性、系统性为主旨，紧贴工程实践，采用国家最新规范，选用多套实际工程施工图，将理论知识与实际应用紧密相结合。如何更好地培养学生的建筑CAD应用能力，我们还在不断地探索之中，因此建筑CAD的教学内容、教学方法还须要不断地补充和完善。另外，由于编者水平有限，书中缺点与问题在所难免，恳请读者批评指正。

CONTENTS

# 目录

# 教学单元1

# CAD绘图基础

# 1.1 CAD概述

CAD（Computer Aided Design）又称计算机辅助设计，是指利用计算机的计算功能和高效的图形处理能力，对产品进行辅助设计分析、修改和优化。它综合了计算机知识和工程设计知识的成果，并且随着计算机硬件性能和软件功能的不断提高而逐渐完善。目前在计算机辅助设计领域，已涌现出数以千计的软件。

本书将对CAD的主要功能、软硬件需求、软件安装与启动、用户界面、基本操作、图纸绘制、图形信息查询与管理和图形打印及转化等逐一进行介绍，使读者有一个整体的认识和把握。



## 1.1.1 CAD软件发展历史

CAD具有易于掌握、使用方便、绘制精确的特点。软件功能强大、应用面广、开放性好，因此可作为二次开发的软件平台。具有标注尺寸、渲染图形及打印出图等功能，已广泛地用于机械、建筑、电子、航天、造船、服装、气象、纺织、园林、广告、石油化工、冶金、地质、轻工、室内外装饰等行业。

AutoCAD是美国Autodesk公司推出的，集二维绘图、三维设计、渲染及关联数据库管理和互联网通信功能为一体的计算机辅助设计与绘图软件。自1982年推出，30多年来，从初期的1.0版本，经2.17、2.6、R10、R12、R14、2000、2002、2004、2006等多次典型版本更新和性能完善，每年推出一个新版本。

（1）AutoCADV（ersion）1.0：1982年11月正式出版，容量为一张360Kb的软盘，无菜单，命令需要背，其执行方式类似DOS命令。

（2）AutoCADV2.17：1985年正式出版，出现了屏幕菜单，命令不需要背，两张360K软盘。

（3）AutoCADV2.6：1986年11月正式出版，新增3D功能，AutoCAD已成为美国高校的选修课程。

（4）AutoCADR10.0：1988年10月正式出版，进一步完善，Autodesk公司已成为千人企业。

（5）AutoCADR12.0：1992年8月正式出版，采用DOS与WINDOWS两种操作环境，出现了工具条。

（6）AutoCADR14.0：1997年4月正式出版，适应奔腾机型及Windows95/NT操作环境，实现与Internet网络连接，操作更方便，运行更快捷，无所不到的工具条，实现中文操作。

（7）AutoCAD2000（AutoCADR15.0）：1999年3月正式出版，提供了更开放的二

次开发环境，出现了独立编程环境。同时，3D 绘图及编辑更方便。

(8) AutoCAD2004 (R16.0)：2003 年 7 月正式出版，增强文件打开、外部参照、DWF 文件格式、CAD 标准、设计中心、i-drop 等功能，增加工具选项板、真彩色、密码保护、数字签字等功能。

(9) AutoCAD2006：2006 年 3 月正式出版，在用户界面、性能、操作、用户定制、协同设计、图形管理、产品数据管理等方面进一步加强，而且 AutoCAD2006 简体中文版为中国的使用者提供了更高效、更直观的设计环境，并定制了与我国国标相符的样板图、字体、标注样式等。

(10) AutoCAD2010：2009 年 3 月正式出版，引入自由形式的设计工具、参数化绘图等最新功能，并加强 PDF 格式的支持。

(11) AutoCAD2012：2011 年 3 月正式出版，将直观强大的概念设计和视觉工具结合在一起，促进 2D 设计向 3D 设计的转换。



(12) AutoCAD2015：2014 年 3 月正式出版，新建选项卡和功能区库等增强功能，更强大的帮助窗口，有助于改善设计流程。

(13) AutoCAD2017：2016 年 3 月正式出版，增强 PDF 格式的支持、二维平移和缩放性能、线型的视觉质量等，增加智能中心线和中心标记、共享设计视图、平滑移植等 18 项功能。

绘制二维图，AutoCAD2006 最为经典，AutoCAD2006 系统配置要求仅为 512MB 内存和 500MB 可用磁盘安装空间。AutoCAD 从 2007 以后开始致力于提高 3D 设计效率，系统配置要求逐步提高，AtuoCAD2010 要求 2GB 内存和 1.5GB 可用磁盘安装空间。

CAD 软件版本众多，除了国外的 AutoCAD，国内主要有中望 CAD、开目 CAD、高华 CAD 等。

中望 CAD 是广州中望龙腾软件股份有限公司推出的，主要用于二维制图，兼有部分三维功能，成为企业 CAD 正版化的最佳解决方案。自 1993 年推出，20 多年来，从初期的 RD1.0 版本，经 RD200014.0、2004、2005、2006 等多次典型版本更新和性能提升，现已发展到中望 CAD2017。

与同类国产软件相比，虽然采用同一个 INTELICAD 内核，但中望对于原内核的提升达到 1000 余次，在兼容性、稳定性、速度、功能方面大大领先于同类软件。中望 CAD 完全拥有自主知识产权，以 DWG 作为内部工作文件，全面兼容 AutoCAD 的各个版本，且功能、操作界面、操作习惯都与 AutoCAD 保持一致，对 AutoCAD 图纸的识别率也远远高于同类软件。

### 1.1.2 CAD 软件基本功能

CAD 软件具有完善的图形绘制功能和图形编辑功能，可以采用多种方式进行二次开发或用户定制、多种图形格式的转换，具有较强的数据交换能力，支持多种硬件设备、多种操作平台，具有通用性、易用性，适用于各类用户。软件基本功能如下：

（1）强大的二维绘图功能

CAD 提供了一系列的二维图形绘制命令，可以方便地用各种方式绘制二维基本图形对象，如：点、直线、圆、圆弧、正多边形、椭圆、组合线、样条曲线等，并可对指定的封闭区域填充以图案（如涂黑、砖图例、钢筋混凝土图例、渐变色等）。

（2）灵活的图形编辑功能

CAD 提供了很强的图形编辑和修改功能，如：移动、旋转、缩放、延长、修剪、倒角、倒圆角、复制、阵列、镜像、删除等，可以灵活方便地对选定的图形对象进行编辑和修改。

（3）实用的辅助绘图功能

为了绘图的方便、规范和准确，CAD 提供了多种绘图辅助工具，包括绘图区光标点的坐标显示、用户坐标系、栅格、捕捉、目标捕捉、自动捕捉、正交方式等功能。



（4）方便的尺寸标注功能

利用 CAD 提供的尺寸标注功能，用户可以定义尺寸标注的样式，为绘制的图形标注尺寸、尺寸公差、几何形状和位置公差、注写中文和西文字体。

（5）显示控制功能

CAD 提供了多种方法来显示和观看图形。“视图缩放”功能可改变当前视口中图形的视觉尺寸，以便清晰地观察图形的全部或某一局部的细节；“视图平移”功能相当于窗口不动，在窗口后上、下、左、右移动一张图纸，以便观看图形上的不同部分；“三维视图控制”功能通过选择视点和投影方向，显示轴测图、透视图或平面视图，消除三维显示中的隐藏线，实现三维动态显示等；“多视窗控制”能将屏幕分成几个窗口，每个窗口可以单独进行各种显示并能定义独立的用户坐标系：重画或重新生成图形等。

（6）图层、颜色和线型设置管理功能

为了便于对图形的组织和管理，CAD 提供了图层、颜色、线型、线宽及打印样式设置功能，可以对绘制的图形对象赋予不同的图层、用户喜欢的颜色、所要求的线型、线宽及打印控制等对象特性，并且图层可以被打开或关闭、冻结或解冻、锁定或解锁。

（7）图块和外部参照功能

为了提高绘图效率，CAD 提供了图块和对非当前图形的外部参照功能，利用该功能，可以将需要重复使用的图形定义成图块，在需要时依不同的基点、比例、转角等方式插入到新绘制的图形中，或将外部及局域网上的图形文件以外部参照的方式链接到当前图形中。

（8）三维实体造型功能

CAD 提供了多种三维绘图命令，如创建长方体、圆柱体、球、圆锥、圆环、楔形体等，以及将平面图形经回转和平移分别生成回转扫描体和平移扫描体等，通过对立体间进行交、并、差等布尔运算，可以进一步生成更为复杂的形体。

（9）数据交换

CAD 提供了多种图形图像数据交换格式及相应命令。

（10）二次开发

CAD 允许用户定制菜单和工具栏，并能利用内嵌语言 Visual Lisp、VBA、ADS、ARX 等进行二次开发。

## 1.2　CAD 基本知识

### 1.2.1　工作界面

首先对比 AutoCAD 和中望 CAD 的工作界面，启动 AutoCAD 后，进入其工作界面（图 1-1）；启动中望 CAD 后，进入其工作界面（图 1-2）。软件的界面主要由标题栏、下拉菜单栏、工具栏、命令行、状态栏、绘图区等组成。

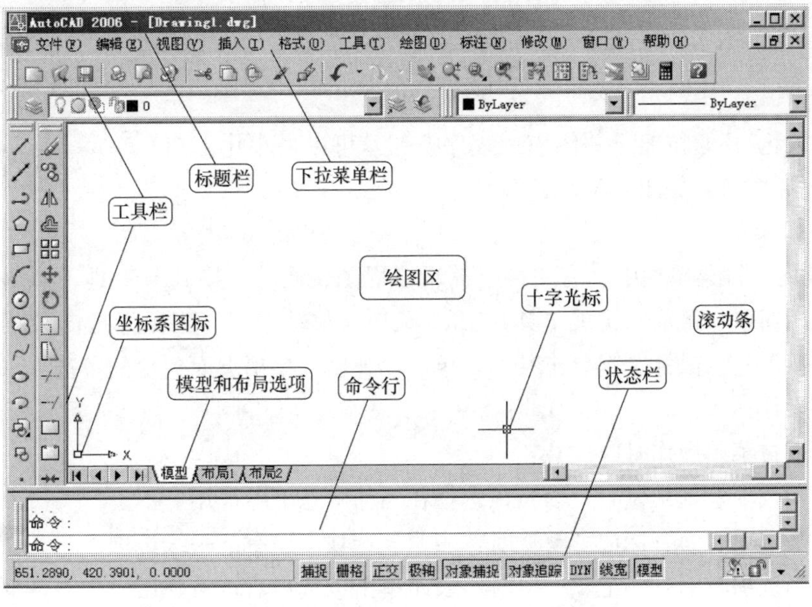

图 1-1　中文版 AutoCAD 的工作界面

通过对比，可发现以上两个软件的界面大同小异，本教材以国产软件中文版中望 CAD 为例介绍。

1. 标题栏

标题栏显示两项内容：CAD 图标和当前打开的图形文件名称。

鼠标左键单击 CAD 的图标，或鼠标右键单击标题栏任意空白处，会弹出一个 CAD 窗口控制菜单，利用该菜单中的命令，可以进行还原窗口、最小化或最大化窗口、移动窗口或关闭 CAD 等操作。

CAD 中默认图形文件名称为：Drawing N，其中的“N”为数字。

在标题栏的右端有三个标准 Windows“窗口控制”按钮（图 1-3），分别为最小化

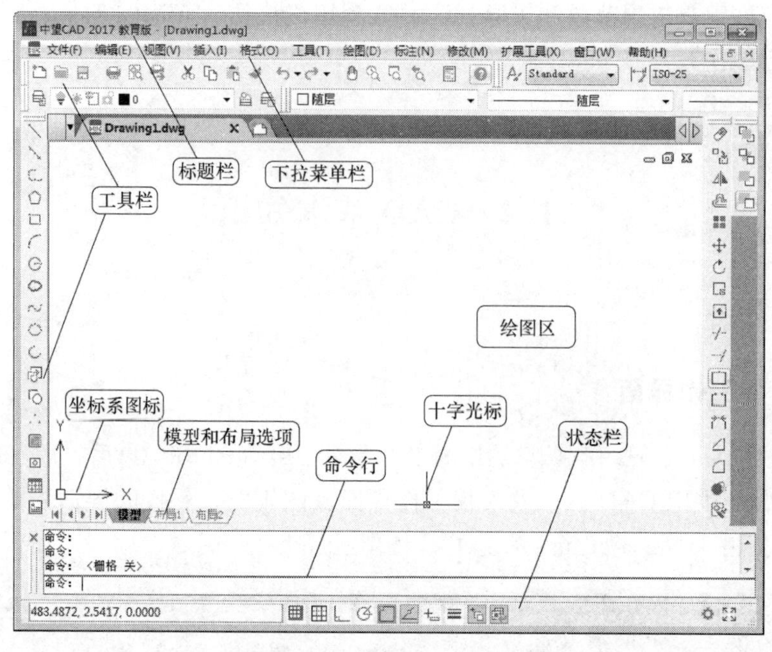


图 1-2　中文版中望 CAD 的工作界面



按钮、最大化/还原按钮、关闭应用程序按钮，可以最小化窗口、最大化/还原窗口、关闭 CAD 程序。

图 1-3　“窗口控制”按钮 1

2. 下拉菜单栏

CAD 的下拉菜单栏中，有文件、编辑、视图、插入、格式、工具、绘图、尺寸标注、修改、窗口、帮助、扩展工具共 12 个菜单。移动鼠标，当鼠标指向某菜单后，该菜单条按钮浮起。鼠标左键单击某一菜单后，弹出该菜单下面包含的各选项，根据需要进行选择操作。

使用下拉菜单操作时应注意：

（1）当选项呈现灰色时，表示该选择在当前状态下不可用。

（2）当选项右面有标记“▶”时，表明该选项下还有下一级选项。

（3）当选项右面有标记“…”时，表明单击该选项后，将弹出一个对话框。

（4）当选项后面有按钮组合时，表明这几个按钮组合是该选项的快捷键，在不打开菜单的情况下，直接输入按钮组合，即可执行相应的菜单命令。

在菜单栏的右端也有三个标准 Windows“窗口控制”按钮：最小化按钮、最大化/还原按钮、关闭应用程序按钮（图 1-4），这三个控制按钮仅对当前打开的图形有效。

图 1-4　“窗口控制”按钮 2

3. 工具栏

CAD 中，系统提供了几十个工具栏，每个工具栏以图标按钮的形式列出命令。当光标移动到某个图标按钮上稍作停留时，系统将显示该按钮的命令名称。鼠标左键单击图标按钮，则启动相应命令。默认状态下，常用的几个工具栏处于打开状态，如“标准”工具栏（图 1-5）、“绘图”工具栏（图1-6）、“修改”工具栏（图 1-7）等。

工具栏的位置可以通过拖拉该工具栏来改变。移动光标到工具栏的任意空白区域，单击鼠标右键，即可显示系统所有工具栏，用户可在此选取需要打开或者关闭的工具栏。

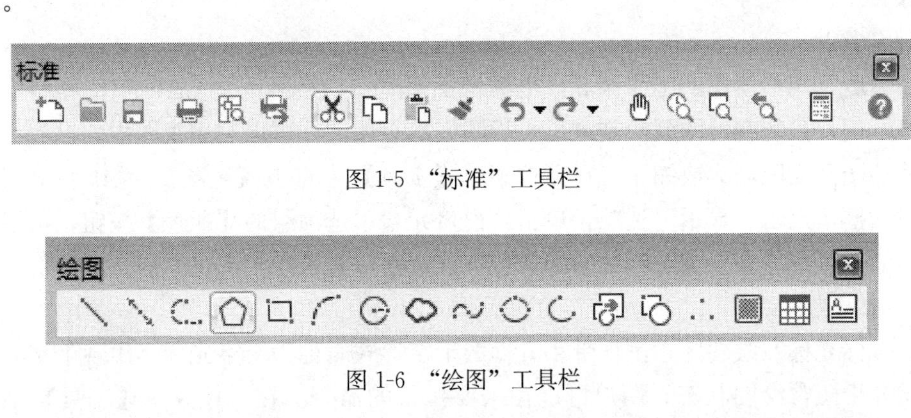


图 1-5　“标准”工具栏

图 1-6　“绘图”工具栏

图 1-7　“修改”工具栏



4. 命令行

命令行是 CAD 系统与用户之间对话的窗口，用户在此输入命令，系统在此显示提示信息。默认状态下，命令行在绘图区底部固定，而且命令行为 3 行，显示最近 3 次的输入命令或提示信息。命令行可通过拖拉来改变位置及显示行数。

当进入 CAD 后，命令行显示【命令:】，表明系统等待用户输入命令。当处于命令执行过程中，命令行显示各种操作提示。在命令输入和执行时，用户必须密切注意命令行显示的内容，才能确保操作正确。当命令执行结束后，命令行又回到显示【命令:】状态，等待用户输入新的命令。

5. 状态栏

状态栏左边显示当前光标位置，包括 X、Y、Z 三个方向的坐标值，右边显示光标捕捉模式、栅格模式、正交模式、动态输入等状态图标按钮。鼠标右键单击图标按钮，可根据需要对该项进行选择设置。

鼠标左键单击状态栏中的图标按钮，可以打开或关闭相应状态。图标按钮凸起为关闭状态，凹陷为打开状态。绘图时我们根据实际情况选用。

例如，当绘制水平或垂直线时，一般我们就按下【】图标按钮，命令行提示【正交开】，绘制时就相当方便。

例如，当按下状态栏中的【】按钮启用动态输入时，工具栏提示信息随着光标移动而动态更新。当输入命令后，可以在工具栏提示中输入数值，输入时可通过 Tab 键切换。动态输入功能可以在光标附近显示工具栏提示信息，为用户提供了一个命令界面，使用户可专注于绘图区域。

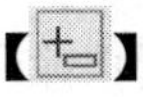

注：状态栏各图标的开或关有更方便的方法，即快捷键，具体如下：F3—对象捕捉；F6—坐标显示；F7—删格显示；F8—正交；F9—删格捕捉；F10—极轴；F11—对象追踪。

6. 绘图区

绘图区是用户绘图的工作区域，也称为视图窗口。绘图区是CAD工作界面中最大的区域，用户只能在绘图区绘制图形，绘图区没有边界，可以利用视图中的缩放、平移命令使绘图区无限增大或缩小。在下拉菜单【工具】中点击【选项】，系统将出现“选项”对话框，点击“显示”选项，单击“窗口元素”选项组的【颜色】按钮，可以调整绘图区的背景色。我们绘图时一般都认可默认选项，背景色为黑色。

7. 十字光标

当鼠标光标在绘图区，呈现带小方框的十字形式时称为十字光标，出现十字光标表明系统处于正常绘图状态，用户可以输入要执行的命令。在下拉菜单【工具】中点击【选项】，系统将出现“选项”对话框，点击“显示”选项，可以调整十字光标的大小。



8. 坐标系图标

绘图区左下角的坐标系图标，显示当前使用的坐标系统类型。

9. 模型和布局选项

CAD提供了两个并行的工作环境：模型空间、布局空间。点击“模型”和“布局”选项，可以进行两个空间的相互切换。模型空间是我们绘制图形的常用空间。

模型空间具有无限大的图形区域，打开CAD就直接进入，在这里可以按照不同的比例来绘制图形和输出图形。

当需要将一个或多个模型视图进行不同比例的调整，然后排版输出在一张图纸上时，我们点击“布局”选项进入布局空间，一个布局代表一张图纸，这一张图纸上可以同时布置不同比例的几张图进行打印，布局空间显示图形打印输出后的效果。

### 1.2.2 常用操作

CAD中有几百条命令，不同命令的功能当然不一样，具体操作也各不相同。下面简单介绍CAD的常用操作方法。

1. 命令操作

CAD中命令可以通过鼠标、键盘等方式输入。当用户输入命令后，系统将在命令行给出下一步提示，用户根据命令行的提示进行操作，即可完成该命令的操作。命令操作过程中注意以下几点。

(1) “/”：命令行提示中的分隔符号，将命令中不同选项分开，每一个选项圆括号内有一个或者两个大写字母，直接输入该字母就可执行该选项。

(2) “[ ]”：方括号内为系统默认值（也称缺省值）或当前要执行的选项，如不符合用户要求，可输入新值。

(3) 中途退出命令可直接按【Esc】键。

(4) 执行完命令后，使用【空格】键、【Enter】键、鼠标右键，可重复执行该命令。

（5）一个命令完全结束，命令行提示【命令：】时才可开始新命令。

2. 鼠标操作

CAD中，鼠标左键一般执行选择图形实体的操作，鼠标右键一般执行显示快捷菜单或回车确认的操作，其基本操作方法如下：

（1）单击鼠标左键→选择命令：将鼠标光标移至下拉式菜单，鼠标滑过菜单底色变蓝，这时单击鼠标左键将选中此菜单；将鼠标光标移至工具条，鼠标滑过的图标按钮将浮起，这时单击鼠标左键将执行此命令。

（2）单击鼠标左键→选择对象：将鼠标光标放在所要选择的对象上，单击鼠标左键即选中此对象。

（3）按照鼠标左键→拖动：将鼠标光标移至工具栏或对话框上，按住鼠标左键并拖动，可以将工具栏或对话框移到新位置。

（4）单击鼠标右键→快捷菜单：鼠标光标在绘图区时，单击鼠标右键，会出现快捷菜单；将鼠标光标放在工具栏上，单击鼠标右键，会弹出工具栏设置对话框，用户可以按照自己的要求定制工具栏。

（5）单击鼠标右键→确认操作：命令行输入完毕后，单击鼠标右键表示确认。

3. 鼠标光标

CAD中，鼠标在绘图区移动时，通常情况下光标为一带小方框的十字光标，但在某些情况下，光标形状会相应改变。表1-1列出了鼠标光标常见形状和相应可执行的操作情况。

**鼠标光标常见形状** **表1-1**

| 鼠标光标形状 | 可执行操作 |
|---|---|
|   | 正常绘图状态,用户可以输入命令 |
| 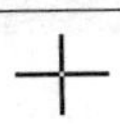  | 系统等待状态,用户按照命令行提示操作 |
|  | 用户可以选择对象 |
|   | 用户可以正常选择菜单 |
|   | 系统忙,正在进行某项操作,不能执行其他命令 |

4. 操作习惯

为了方便快捷地绘制图形，CAD的初学者应该养成一个良好的操作习惯，即左手键盘、右手鼠标的操作方式。

CAD有很多快捷键，左手操作起来十分方便。比如说键盘上的【空格】键，与【Enter】键的功能是等同的，CAD操作中时可以按【空格】键确认，也可以按【Enter】键确认。【空格】键的标准操作指法是左手大拇指点按，【Enter】键的标准操作指法是右手小拇指点按。当我们绘图过程中在命令行输入一个命令需要确认时，在右手鼠标的情况下，当然选择采用左手大拇指点按【空格】键确认，操作方便。

5. 快捷键

CAD 绘图过程中，掌握快捷键将大大加快操作速度。CAD 中的不少快捷键方式对 Word、Excel 等其他软件也都是同样有效的，属于通用命令，值得下功夫记住，对我们帮助会很大。以下是使用频率较高的通用快捷键。

Ctrl+C：复制　　　　Ctrl+V：粘贴

Ctrl+X：剪切　　　　Ctrl+A：全选

Ctrl+S：保存　　　　Ctrl+Z：撤销操作

### 1.2.3 文件管理

CAD 中常用的文件管理命令有新建图形文件（New）、打开图形文件（Open）、保存图形文件（Qsave/Saveas）、关闭图形文件（Quit）等。



1. 新建图形文件（New）

◆鼠标左键单击下拉菜单栏【文件】，选择点击【新建】。

◆或者在标准工具栏点击“新建”按钮（图 1-8）。

◆或者在命令行提示【命令:】栏输入：**New**，并确认。

图 1-8 “新建”按钮

命令输入后，系统弹出一个“选择样板文件”对话框（图 1-9）。CAD 提供了不少样板图，初次绘图可以选择 zwcad 作为样板。

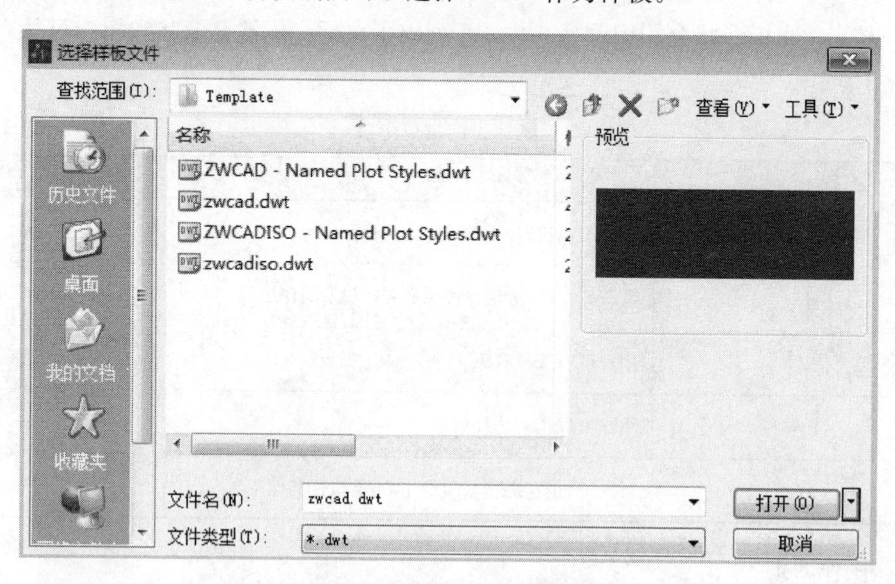


图 1-9 “选择样板文件”对话框

如果不需要样板，单击“▼”按钮，在下级选项中选择“无样板打开一公制”，对话框将关闭并回到绘图状态，可以开始绘图。

样板图也可以自己制作，根据自己专业绘图的要求，设置单位类型、精度、图层、线型、标注样式、文字样式等，然后将作好的样板图保存到 CAD 目录的 Template 子目录文件夹内，绘制新图时就可以直接选用符合自己需要的样板图了。

当采用样板图工作后，系统将记住，下次启动或新作图时，仍会采用该样板图。

2. 打开图形文件（Open）

◆鼠标左键单击下拉菜单栏【文件】，选择点击【打开】。

◆或者在标准工具栏点击“打开”按钮（图 1-10）。

◆或者在命令行提示【命令:】栏输入：**Open**，并确认。

图 1-10 “打开”按钮

命令输入后，系统会弹出一个“选择文件”对话框（图 1-11）。

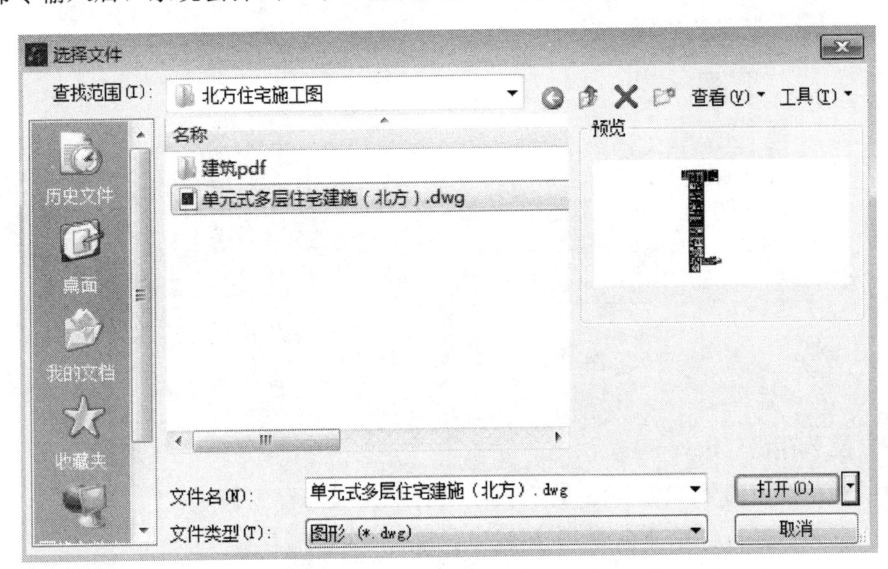


图 1-11 “选择文件”对话框

对话框中常用选项说明如下：

【搜索】：点取下拉式列表框，可以改变搜索图形文件的目录路径。

【名称】：在文件列表框中点取图形文件名称，或者在【文件名】对话框中输入文件名，然后点取“打开”按钮，即可打开图形文件。

【预览】：选择图形文件后，可以从预览窗口浏览将要打开的图样。

【文件类型】：显示文件列表框中文件的类型。

3. 保存图形文件（Qsave/Saveas）

（1）快速存盘（Qsave）

◆鼠标左键单击下拉菜单栏【文件】，选择点击【保存】。

◆或者在标准工具栏点击“保存”按钮（图 1-12）。

◆或者在命令行提示【命令:】栏输入：**Qsave**，并确认。

图 1-12 “保存”按钮

命令输入后：

1）如果当前图形文件已经命名，系统将以原文件名保存，同时产生后缀为 bak 的同名备份文件。当图形文件损坏，可用此文件恢复上一次保存的图形文件，直接修改后缀 bak 为 dwg 即可。

2）如果当前图形文件没有命名，系统将弹出“图形另存为”对话框（图 1-13），此时对话框中【文件名】显示默认图形文件名（Drawing N），用户可在此输入图形文件名，并选择图形文件保存路径，完成后单击“保存”按钮。

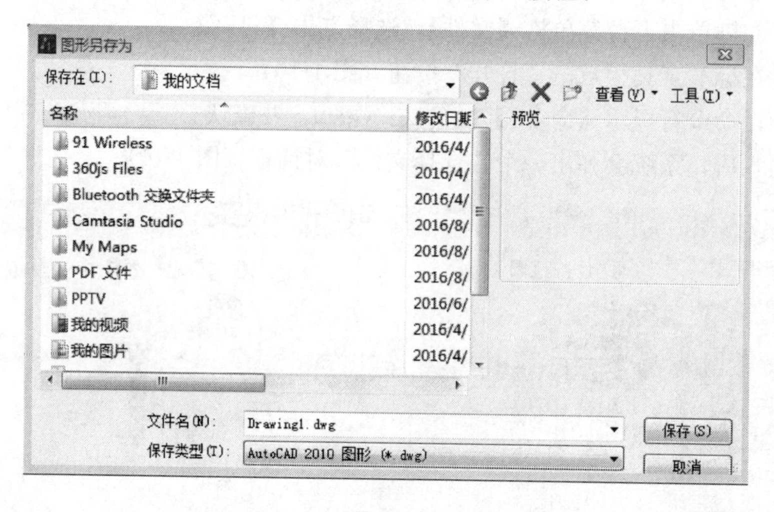


图 1-13 “图形另存为”对话框



（2）换名存盘（Saveas）

◆鼠标左键单击下拉菜单栏【文件】，选择点击【另存为】。

◆或者在命令行提示【命令:】栏输入：**Saveas**，并确认。

命令输入后，系统将弹出“图形另存为”对话框（图 1-13），用户可在此输入图形文件名，并选择图形文件保存路径，完成后单击“保存”按钮。

（3）自动存盘

绘制一张图纸需要很长时间，用户在绘图过程中如果没有经常保存文件，一旦遇到死机、停电等意外情况，就会丢失文件，系统为此提供了自动存盘的功能。

鼠标左键单击下拉菜单栏【工具】，选择点击【选项】，系统将弹出“选项”对话框（图 1-14）。点击【打开和保存】选项，打开“自动保存”功能，在“保存间隔分钟数”输入自动保存的间隔时间，系统将自动为你保存一个以 zw $ 为后缀的文件。这个文件存放在指定的目录里面，碰到异常情况，可将此文件更名为 dwg 为后缀的文件，就可以在 CAD 中打开了。

系统自动保存文件的指定目录如觉得不合适，用户可在“选项”对话框中点击【文件】选项，点击列表框中“自动保存文件位置”，设置自动保存文件的路径。

系统自动保存文件的临时指定名称为 FileName _ zwxxxxx. zw $，xxxxx 为随机数字。

4. 关闭图形文件（Quit）

◆鼠标左键单击下拉菜单栏【文件】，选择点击【退出】。

◆或者在命令行提示【命令:】栏输入：**Quit**，并确认。

命令输入后：

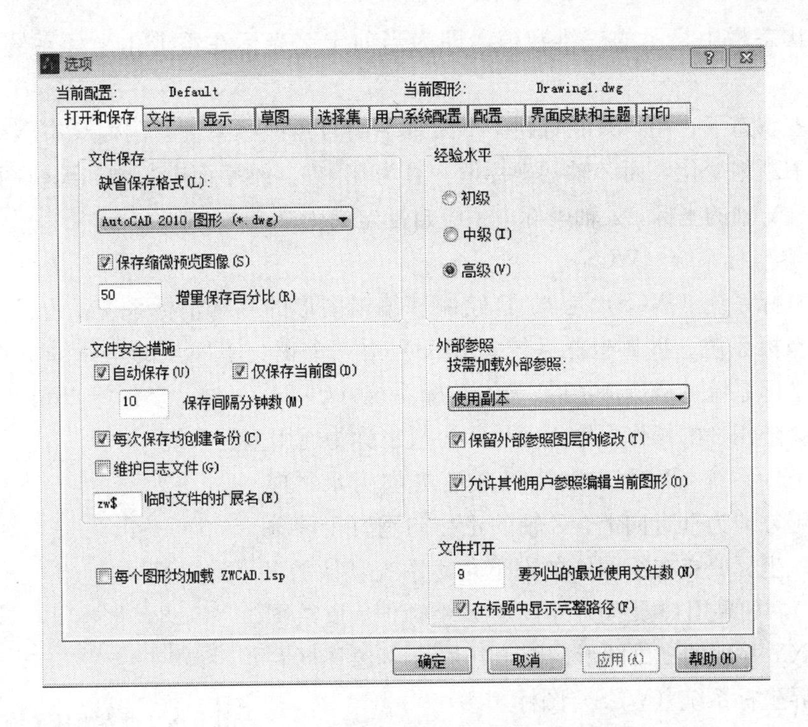


图 1-14　“选项”对话框

(1) 如果已命名的图形文件未改动，则立即退出系统。

(2) 如果已命名的图形文件有改动或未命名图形文件，系统会弹出一个“退出提示”对话框（图 1-15）。

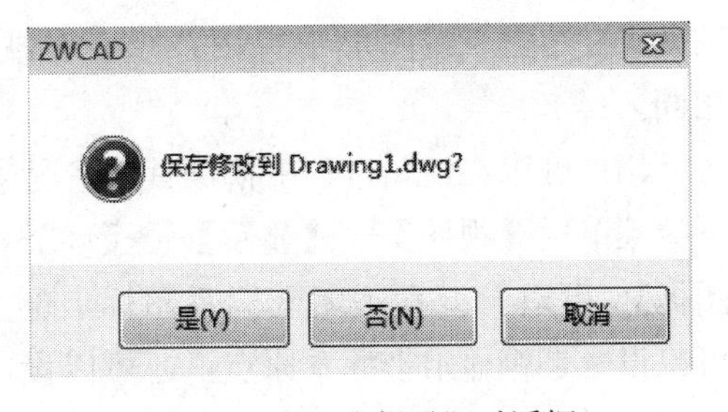


图 1-15　“退出提示”对话框

单击“是（Y）”按钮，对已命名的文件存盘并退出系统；对未命名的文件，则弹出“图形另存为”对话框（图 1-13），在对话框将文件命名后存盘并退出系统。

单击“否（N）”按钮，对图形所作的绘制编辑改动将不作保存并退出系统。

单击“取消”按钮，则取消关闭图形文件的命令，并返回图形绘制编辑状态。

### 1.2.4　坐标系统

CAD 系统确定某点位置时采用坐标系统定位。CAD 的坐标系统有笛卡尔坐标系统（CCS)、世界坐标系统（WCS)、用户坐标系统（UCS)。

1. 笛卡尔坐标系统（CCS)

任何一个物体都是三维体，物体上的任一点都是三维的。只要给定一个点的三维坐标值，就可以确定该点的空间位置。CAD 采用笛卡尔坐标系统（CCS）来定位。用户启动 CAD，系统自动进入笛卡尔右手坐标系的第一象限，即世界坐标系统（WCS)。在工作界面状态栏中显示的三维数值，即为当前十字光标在笛卡尔坐标系统中的三维坐标。

在缺省状态下，用户只能看到一个二维平面直角坐标系统，因而只有 X 轴和 Y 轴的坐标在不断地变化，而 Z 轴的坐标值一直为 0。在二维平面上绘制和编辑图形时，只需输入 X、Y 轴的坐标，Z 轴坐标由系统自动定义为 0。

2. 世界坐标系统（WCS）

世界坐标系统（WCS）是 CAD 绘制和编辑图形的基本坐标系统，也是进入 CAD 后的缺省坐标系统。世界坐标系统（WCS）由三个正交于原点的坐标轴 X、Y、Z 组成。世界坐标系统（WCS）与笛卡尔坐标系统（CCS）一样，坐标原点和坐标轴是固定的，不会随用户的操作而发生变化，一般也称为通用坐标系统。



世界坐标系统（WCS）默认 X 轴正方向为水平向右，Y 轴正方向为垂直向上，Z 轴的正方向垂直于屏幕指向用户。坐标原点在绘图区的左下角，系统默认的 Z 坐标值为 0，如果用户没有另外设定 Z 坐标值，所绘图形只能是 XY 平面的二维图形。图 1-16 所示为绘图区左下角的世界坐标系统（WCS）图标。

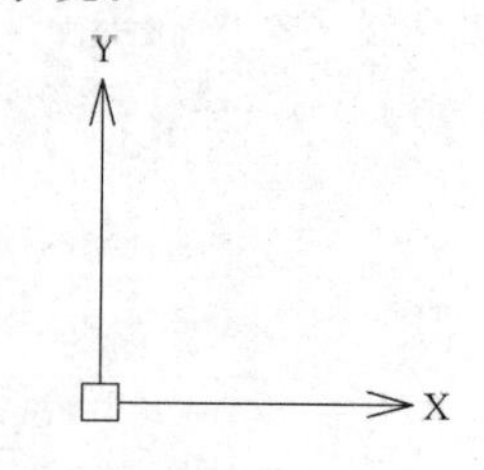


图 1-16　世界坐标系统（WCS）

3. 用户坐标系统（UCS）

CAD 提供了可变的用户坐标系统（UCS）。为方便用户绘图，用户坐标系统（UCS）在通用坐标系统内任意一点上，可根据用户需要以任意角度旋转或倾斜其坐标轴，它在绘制三维图形中应用广泛。在缺省状态下，用户坐标系统与世界坐标系统相同。

用户可以在绘图过程中根据具体情况来定义用户坐标系统（UCS）。鼠标左键单击下拉菜单栏【视图】⟶【显示】⟶【UCS 图标】，可以打开和关闭坐标系图标，也可以设置是否显示坐标系原点，还可以设置坐标系图标的样式、大小及颜色。

4. 图形单位

CAD 系统中绘制的所有图形都是根据图形单位进行测量的。开始绘图前，必须基于要绘制的图形确定一个图形单位代表的实际大小，然后根据设定惯例绘制实际大小的图形。例如，一个图形单位的距离通常表示实际单位的一毫米、一厘米、一英寸或一英尺。

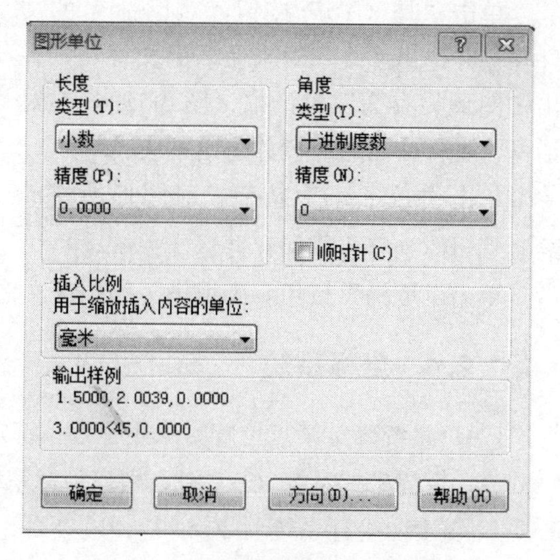


图 1-17　“图形单位”对话框

鼠标左键单击下拉菜单栏【格式】，选择点击【单位】，系统将弹出“图形单位”对话框（图 1-17），用户可以进行长度、角度等图形单位的设置。

5. 坐标输入方式

用CAD绘图时用户可以用鼠标直接定位坐标点，但不是很精确，采用键盘输入坐标值的方式可以更精确地定位坐标点。系统提供了四种坐标点定位方式：绝对坐标、相对坐标、绝对极坐标和相对极坐标。

（1）绝对坐标

绝对坐标是以当前坐标系统原点为基准点，输入点的“x，y，z”坐标都是相对于坐标系原点（0，0，0）为基准确定的。在二维图中，系统自动定义z=0，因此不需再输入Z轴的坐标值，用户采用绝对坐标时的输入格式为“x，y”。比如用户需要绘制点A，输入：**10，15**（中间用逗号隔开），就定义了该点A的位置（图1-18）。

（2）相对坐标

相对坐标是以前一个点为参考点，输入点的坐标值是以前一点为基准确定的。在二维图中，用户采用相对坐标时的输入格式为“@Δx，Δy”。比如用户以前面的A点为参考点，输入：**@10，15**，就定位了B点（图1-19），表示该点相对于A点的位置为X轴方向向右10，Y轴方向向上15。



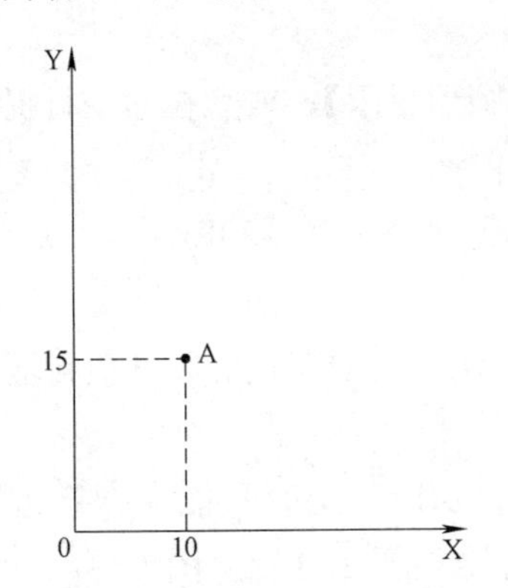

图1-18 “绝对坐标”输入方式

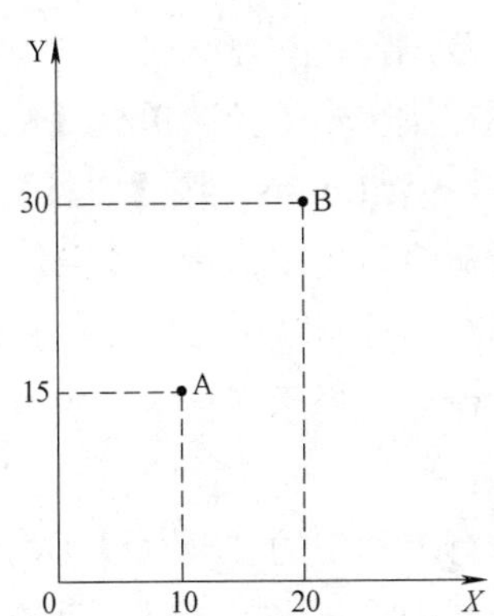

图1-19 “相对坐标”输入方式

（3）绝对极坐标

绝对极坐标是以原点为极点，输入相对于极点的距离和角度来定位。用户采用绝对极坐标时的输入格式为“距离＜角度”。比如用户输入：**20＜30**，就定位了C点（图1-20）。

（4）相对极坐标

相对极坐标是以前一个点为极点，输入相对于前一个点的距离和角度来定位。用户采用相对极坐标时的输入格式为“@距离＜角度”。比如用户以C点为参考点，输入：**@25＜90**，就定位了D点（图1-21）。

在绘图过程中不是自始至终只使用一种坐标模式，而是将多种坐标模式混合在一起使用。用户可先以绝对坐标开始，然后改为相对坐标、相对极坐标。绘制过程中应该根据需要灵活选择最有效的坐标方式。

注：除了这四种数据输入方式，系统还有一种直接距离输入法，即通过移动光标指示方向，然后输入距离来指定点。这种输入法通常在正交模式打开的状态下应用，相当便捷。我们将在单元2绘制多段线的操作示例中进行介绍。

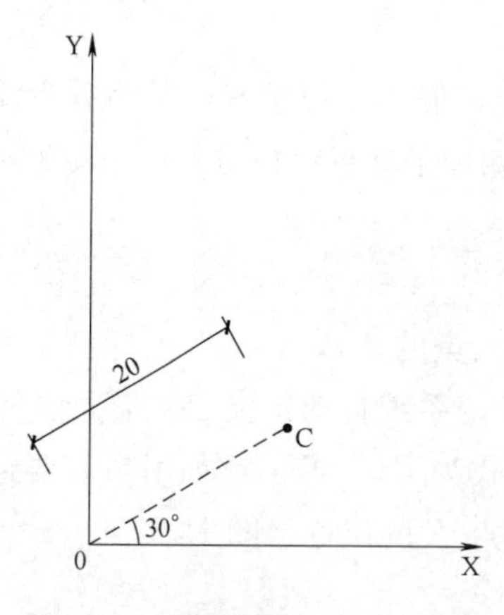


图 1-20 “绝对极坐标”输入方式

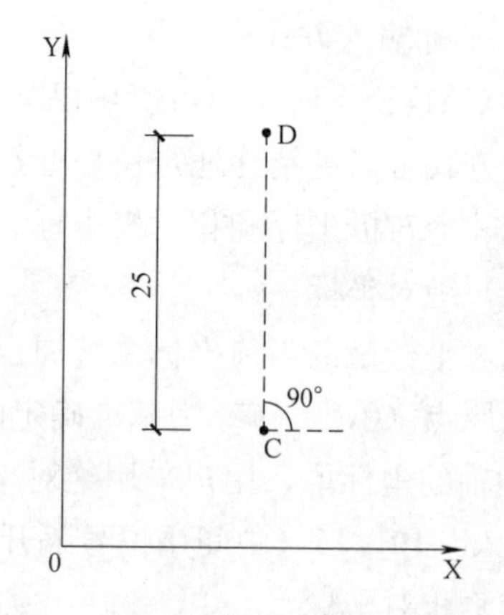


图 1-21 “相对极坐标”输入方式



### 1.2.5 图形界限设置（Limits）

CAD 图形界限设置是确定图纸的边界和绘图工作区域，以避免用户所绘制的图形超出指定范围。

鼠标左键单击下拉菜单栏【格式】，选择点击【图形界限】；或者在命令行提示【命令:】栏输入：**Limits**，按【空格】键确认。

此时命令行出现提示：【指定左下点或界限［开（ON）/关（OFF）］<0，0>:】，用户可回车接受默认值或输入坐标值并确认。

此时命令行提示【指定右上点<420，297>:】，用户可回车接受默认值或输入坐标值并确认。

命令行提示中的“开（ON）”代表打开边界检验功能，此时只能在指定范围内绘图，当绘制图形超出范围时，系统拒绝执行，并在命令行提示【超出图形界限】。

命令行提示中的“关（OFF）”代表关闭边界检验功能，此时绘制图形不受指定范围限制。

注：由于边界检验是检查点坐标的输入值是否超限，所以当绘制不需要输入点坐标的图形时，系统不会拒绝，将仍旧执行命令。比如绘制圆，当超出范围时仍旧能绘制出来，但是圆的一部分位于图形界限之外。

### 1.2.6 绘图辅助工具

为提高绘图精度和效率，CAD 提供了对象捕捉、对象选择、图形缩放等多种绘图辅助工具。

1. 对象捕捉（Osnap）

绘图中经常要指定某点，而这个点恰好是已有图形上的端点、圆心或交点等，这时如果只是仅凭用户的观察来确认该点，无论怎样小心，都不可能非常精确地找到这个点。为此，CAD 提供了对象捕捉功能，可以帮助用户准确地捕捉图形上某些特殊点（如端点、圆心，交点等），以便精确地绘制图形。

◆鼠标左键单击下拉菜单栏【工具】，选择点击【草图设置】。

◆或者在命令行提示【命令:】栏输入：**Osnap**，并确认。

◆或者光标移动到状态栏的【对象捕捉】图标按钮，鼠标右键单击，在弹出的对话框中选择点击【设置】。

命令输入后，系统将弹出“草图设置”对话框，选择【对象捕捉】按钮，如图1-22所示。系统提供了端点、中点、圆心等 13 种对象捕捉模式。选择所需的一种或多种捕捉模式，绘图时可实现特殊点的捕捉。

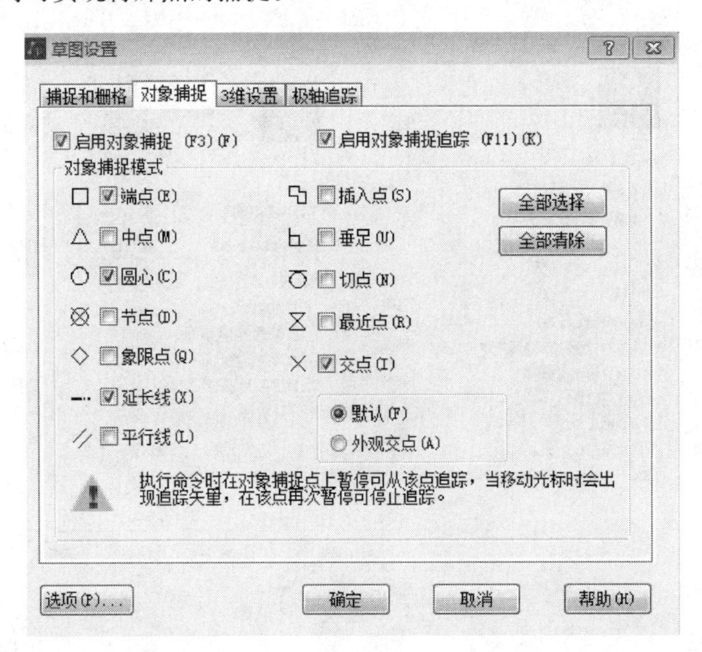


图 1-22 “草图设置”对话框

绘图中，如果临时需要增加一种对象捕捉模式，也可以左手按住 Shift 键，右手点击鼠标右键，或者打开“对象捕捉”工具栏（图 1-23），系统都将显示 17 种对象捕捉模式，使用时直接单击所需的一种捕捉模式，但该捕捉功能仅一次有效。

图 1-23 “对象捕捉”工具栏

2. 对象选择

图形编辑时需要先选择编辑的对象，然后再进行编辑。

CAD 中选择对象的常用方法：（1）通过单击对象逐个选取；（2）从左到右拉细实线围成的矩形窗口，即 W 窗口（内部窗口），W 窗口只有全部在选择窗口之内的对象才能被选中；（3）从右到左拉细虚线围成的矩形窗口，即 C 窗口（交叉窗口），C 窗口选中的不仅有窗口内的对象，还包括所有与窗口边界相交的对象，这是效率最高的选择方法。

用户选择对象后，所有被选中的对象轮廓线都变成虚线，非常醒目，方便用户辨识。被选中的对象通常称为选择集。

鼠标左键单击下拉菜单栏【工具】，选择点击【选项】，系统将弹出“选项”对话框，点击【选择集】按钮，如图 1-24 所示。用户可以根据需要对图形目标的选择模式等进行设置。

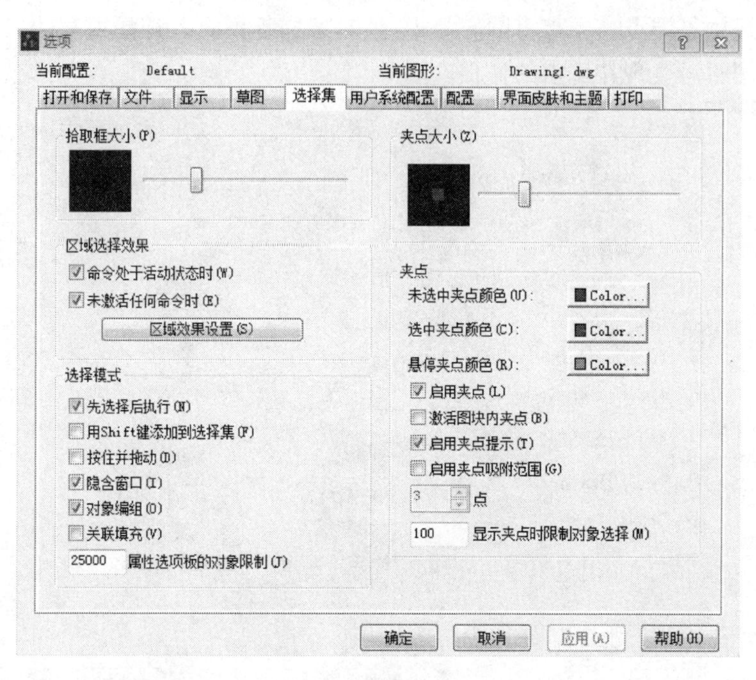


图 1-24 “选项”对话框

对话框中常用选项说明如下：

【先选择后执行】：用来设置选择对象和执行编辑命令这两个操作的先后顺序。如选中此项，则可以先选择编辑对象，再执行编辑命令，也可以先执行编辑命令，再进行对象选择。否则，只能先执行编辑命令，再选择对象。

【用 Shift 键添加到选择集】：如选中此项，则选中一个对象后，再次选择对象时必须按住 Shift 键，否则前面选中的对象都将取消。

【按住并拖动】：如选中此项，则必须按住鼠标左键，采用拖动的方式才能拉出矩形窗口。

【隐含窗口】：如选中此项，系统除了单击对象逐个选取方式外，同时也默认窗口选取方式：即 W 窗口（内部窗口）和 C 窗口（交叉窗口）。否则，在命令行提示【选择对象:】时，必须输入 W 或 C 才能用窗口方式选择对象。

【对象编组】：如选中此项，当选中某个对象组中的一个对象时，将会选中这个对象组中的所有对象。

【关联填充】：如选中此项，当选中填充图案时，也选中填充图案时的边界线。

【夹点】：当先选择对象，再执行编辑命令时，选中的对象上会出现称为夹点的小方块。夹点显示对象的关键点，夹点的位置取决于选择的对象类型。比如直线的夹点出现在直线的端点和中点，圆的夹点出现在四分之一点和中心点。

注：用户在选择对象时可能会误操作，一不小心把不需要选择的对象也一起选取了，这时不必放弃本次操作，继续选择对象直到全部选中，然后按住 Shift 键，选取需要删除的对象或者在命令行提示【选择对象:】栏输入：R，并确认；此时命令行提示【删除对象:】，就可以选取需要删除的对象，选中的对象轮廓线由虚线变成实线，表示已经不再被选中了。

3. 视图缩放（Zoom）

CAD 中绘制和编辑图形时都是在屏幕视窗的可见绘图区内进行的。由于屏幕视窗大小受限，绘制图形或大或小，往往无法在视窗内看清楚图形。为此，CAD 提供了视图缩放这一显示控制命令。视图缩放只是改变图形的显示效果，即视觉效果，并不改变图形的实际大小和位置。

启动视图缩放（Zoom）命令有以下三种方式：

（1）下拉菜单栏方式

鼠标左键单击下拉菜单栏【视图】，选择点击【缩放】，将出现 11 个下级选项（图 1-25）。

实时(R)
上一个(P)
窗口(W)
动态(D)
比例(S)
中心点(C)
对象(B)
放大(I)
缩小(O)
全部(A)
范围(E)

图 1-25 “视图缩放”选项

1）【实时（R）】：屏幕光标变成放大镜形状，按住鼠标左键向屏幕上方移动光标，图形放大，向下移动光标，图形缩小。按 Esc 键或回车键退出视图缩放命令。

在实时缩放状态下，单击鼠标右键会弹出一个实时缩放快捷菜单（图 1-26）。在该菜单中，可单击退出命令，或执行图形的缩放、平移命令。

退出
平移
✓ 缩放

图 1-26 “实时缩放平移”快捷菜单

2）【上一个（P）】：恢复上一次显示的视图。

3）【窗口（W）】：拉矩形窗口，将窗口内选择的图形充满当前视窗。

4）【动态（D）】：临时将全部图形显示出来，以动态方式在屏幕上建立窗口，此时屏幕上出现 3 个视图框：蓝色虚线框、绿色虚线框、白色实线框。

蓝色虚线框（图纸的范围），表示图纸的边界或者图形实际占据的区域。

绿色虚线框（当前屏幕区），表示上一次在屏幕上显示的图形区域相对于整个作图区域的位置。

白色实线框（选取窗口），中间有“×”标记，该框的大小和位置是可变的，可以通过操作选取合适的图形显示大小和位置。

5）【比例（S）】：以一定的比例来缩放视图。

6）【中心点（C）】：鼠标在绘图区选择一点为中心点，然后按照指定的比例因子或指定的高度值显示图形。

7）【对象（B）】：直接选取对象，并将选取的所有对象最大化地显示在当前视窗。

8）【放大（I）】：将当前图形显示放大一倍后显示。

9）【缩小（O）】：将当前图形显示缩小一半后显示。

10）【全部（A）】：按照图形界限或图形范围的尺寸显示图形。

11）【范围（E）】：将当前图形文件中的全部图形最大限度地充满当前视窗。

（2）标准工具栏方式

在“标准”工具栏中，有 3 个“视图缩放”按钮（图 1-27）。从左到右分别为“实时缩放”、“窗口缩放”、“缩放上一个”。

“实时缩放”、“缩放上一个”分别与前面下拉菜单选项中介绍的【实时（R）】命令和【上一个（P）】命令相同。

“窗口缩放”按钮是个嵌套按钮，将光标移到该按钮上并按住鼠标左键，将出现一组下拉图标按钮，共 9 个（图 1-27），分别与下拉菜单选项中介绍的 3）～11）相对应。自上而下依次为：窗口缩放、动态缩放、比例缩放、中心缩放、缩放对象、放大、缩小、全部缩放、范围缩放。



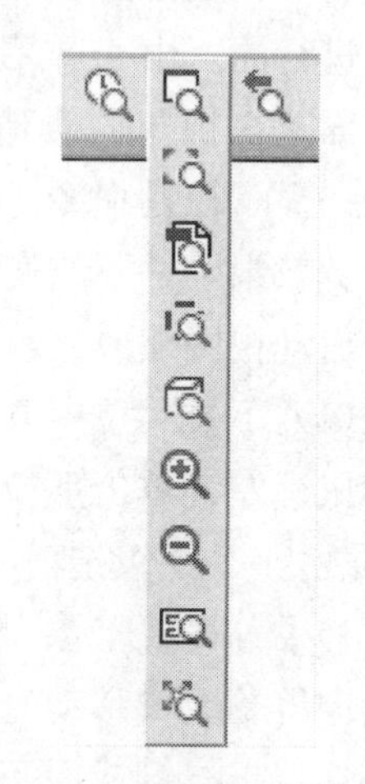

图 1-27 “视图缩放”按钮

标准工具栏中的命令与下拉菜单栏中的命令功能完全相同，此处不再重复介绍。

（3）命令行输入方式

在命令行提示【命令:】栏输入：**Zoom** 或 **Z**，确认后，命令行将出现一行提示为：【［全部（A）/中心（C）/动态（D）/范围（E）/上一个（P）/比例（S）/窗口（W）/对象（O）］<实时>:】，共有 9 个选项，其中“实时”为默认选项。这 9 个选项对应的命令功能与下拉菜单中的命令相同，此处也不再重复介绍。

注：（1）视图缩放的功能选项很多，但最常用的是三个功能：将当前全部图形最大限度地充满当前视窗；放大；缩小。为此系统提供了比下拉菜单、工具栏、命令行输入更为便捷的操作方式：1）双击鼠标滚轮即可将当前图形充满视窗。2）保持鼠标不动，用手指向下滚动滚轮，可将视图以当前鼠标的位置为中心进行缩小。3）保持鼠标不动，用手指向上滚动滚轮，可将视图以当前鼠标的位置为中心进行放大。

（2）初学者需要注意的是，有时发现滚轮向下滚动好几圈，图形缩小效果还是不明显，或者系统提示“已无法进一步缩小”，那是因为图形相对当前视窗实在太大了。此时最简单的办法就是先双击鼠标滚轮，将图形充满视窗显示，然后再进行视图缩放。

4. 视图平移（Pan）

视图平移就是在不改变缩放系数的情况下，上下左右移动图纸以便观察。视图平移与视图缩放一样，都只是改变图形的显示效果，即视觉效果，并不改变图形的实际位置。

启动视图平移（Pan）命令有以下三种方式：

（1）下拉菜单栏方式

鼠标左键单击下拉菜单栏【视图】，选择点击【平移】，将出现 6 个下级选项（图 1-28）。

1)【实时】：选择此项，屏幕上出现一个手形符号，拖动鼠标，可将图形跟着鼠标拖动方向移动显示。按 Esc 键或回车键退出平移命令。

在实时平移状态下，单击鼠标右键会弹出一个实时平移快捷菜单（见图 1-26）。在该菜单中，可单击退出命令，或执行图形的平移、缩放命令。

2)【定点（P）】：用定点方式确定图形平移的位移量。

3)【左（L）】、【右（R）】、【上（U）】、【下（D）】：将图形分别向左、右、上、下平移一段距离。

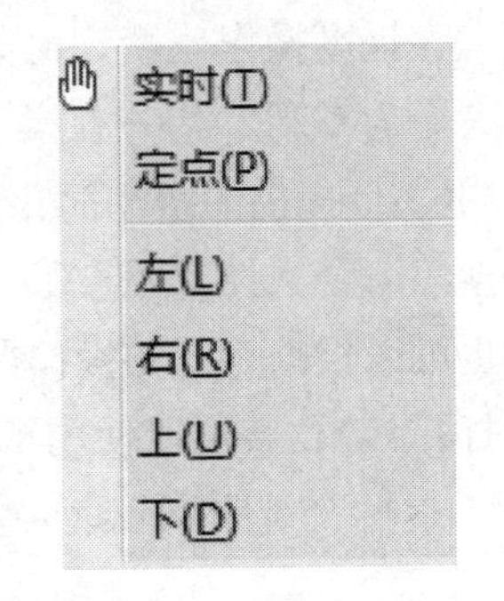


图 1-28 “视图平移”选项



（2）标准工具栏方式

在“标准”工具栏中，选择“视图平移”按钮（图 1-29），与实时平移功能相同，不再重复介绍。

（3）命令行输入方式

在命令行提示【命令:】栏输入：**Pan** 或 **P**，确认，与实时平移功能相同，也不再重复介绍。

图 1-29 “视图平移”按钮

注：为实现视图平移还有一个更加便捷的方法。按住鼠标中间滚轮，十字光标变成手的形状，此时可随意拖动鼠标来移动视图。

## 1.3　CAD 基本命令

### 1.3.1　命令启动

1. 启动方式

在 CAD 中绘制图形和编辑修改图形时应先输入相应的命令，命令的启动通常有三种方式：下拉菜单栏、工具栏、命令行输入。比如绘制直线可采用以下三种方式：

◆在下拉菜单栏中选择。鼠标左键单击【绘图】，选择【直线】，即可执行绘制直线命令。

◆选择“绘图”工具栏（图 1-6）上的图标按钮。鼠标左键单击“直线”图标按钮，同样可以执行绘制直线命令。

◆在命令行直接输入，输入：**Line**，同样可以执行绘制直线命令。

三种输入方式中，我们提倡采用在命令行直接输入的方式，充分利用左手，养成左手键盘、右手鼠标的操作习惯，可以提高操作效率。

2. 简化命令

在命令行输入命令的全名比较麻烦，CAD为常用命令提供了更为快捷的简化命令，可大大提高操作速度。比如绘制直线（Line）的简化命令为L，绘制圆（Circle）的简化命令为C等。用户在操作时只需输入一个字符或两个字符即可激活相应的命令。

CAD提供的常用简化命令还有很多，这里不再逐一列举，用户可以在CAD文件夹下搜索一个文件ZWCAD. pgp，打开这个文件就可以看到所有的简化命令。另外，用户也可以根据自己的操作习惯设置简化命令，只要在文件中直接修改，保存退出后再重新打开CAD就可以使用了。比如：较为常用的复制命令系统默认的简化命令是CO或CP，这两个键距离较远，左手操作不便，比较多的使用者会将复制命令修改为C。

### 1. 3. 2　删除命令（Erase）和删除恢复命令（Oops）



1. 删除命令（Erase）

我们在介绍绘图命令前先熟悉一下几个常用命令，都是在绘图过程中难免要用到的。比如用户在绘图过程中经常会删除一些不需要的图形，这时采用删除命令（Erase）就可以用来删除选取的对象。具体操作步骤为：

**第1步**：◆在命令行输入：**Erase**或**E**，并确认。

◆或者鼠标左键单击下拉菜单栏【修改】，选择点击【删除】。

◆或者在“修改”工具栏点击“删除”按钮（图1-30）。

**第2步**：此时命令行提示：【选择对象：】，用户连续选取需要删除的对象，按【空格】键退出。删除命令完成。

图1-30 “删除”按钮

删除命令（Erase）的简化命令就是一个E，左手点按键盘字母【E】，左手大拇指点按【空格】即可执行该命令，非常方便，建议采用这个操作方式。

2. 删除恢复命令（Oops）

如果删除完毕发现删错了，可以用删除恢复命令（Oops）恢复删除对象，但只能恢复最后一次的删除对象。在命令行输入：Oops，并确认，即可执行此操作。

### 1. 3. 3　放弃命令（U）、多重放弃命令（Undo）和重做命令（Redo）

我们在绘图前还有两个必须学会的常用命令：放弃命令（U）和重做命令（Redo），另外还有一个多重放弃命令（Undo）虽然不太使用，但是在这里与放弃命令（U）一起作个介绍比较一下，以免混为一谈。

1. 放弃命令（U）

放弃命令（U）可以取消上一次命令，并在命令行显示取消的命令名称。操作方式为：

◆在“标准”工具栏点击“放弃”按钮（图1-31）。

◆或者在命令行输入：**U**，并确认。

◆或者鼠标左键单击下拉菜单栏【编辑】，选择点击【放弃】。

图1-31 “放弃”按钮

放弃命令（U）可重复执行，依次向前取消所有的命令操作，直到系统提示【已放弃所有操作】。

2. 多重放弃命令（Undo）

多重放弃命令（Undo）可以一次性取消n个已完成的命令操作。具体操作步骤为：

**第1步**：命令行输入：Undo，并确认。

**第2步**：命令行出现提示：

【输入要放弃的操作数目或［自动(A)/控制(C)/开始(BE)/结束(E)/标记(M)/后退(B)］<1>:】

用户输入放弃操作数目或选其他项，其他各项说明如下：

（1）自动（A）：自动状态，可设置是否将上一次菜单选择项操作作为一个命令。

（2）控制（C）：该选项可关闭Undo命令或将其限制为只能一个步骤或一个命令。

（3）开始（BE）和结束（E）：这两个选项结合使用，可将多个命令设置为一个命令组，Undo命令将这个命令组视为一个命令来处理。BE选项标记命令组开始，E选项标记命令组结束。

（4）标记（M）和后退（B）：这两个选项结合使用，标记（M）可以在命令的输入过程中设置标记；后退（B）向上返回，消除命令操作至标记（M）设置的标记处，并清除标记。

我们实际操作中一般很少用到多重放弃命令（Undo），大家了解一下就可以了。

3. 重做命令（Redo）

在放弃命令（U）和多重放弃命令（Undo）操作后，紧接着使用重做命令（Redo），可以使这两个命令的操作失效。操作方式为：

◆在“标准”工具栏点击“重做”按钮（图1-32）。

◆或者在命令行输入：Redo，并确认。

◆或者鼠标左键单击下拉菜单栏【编辑】，选择点击【重做】。

图1-32 “重做”按钮

重做命令（Redo）可重复执行，依次向前取消所有的放弃命令（U）和多重放弃命令（Undo）操作，直到系统提示：【无操作可重做】。

### 1.3.4 视图重画命令（Redraw）和图形重生成命令（Regen）

1. 视图重画命令（Redraw）

在绘图区经常会出现一些杂乱无用的显示点，主要是在绘图操作过程中留下的标识拾取点的点标记，虽然这些标记都是临时标记，事实上图形文件中并不存在，但是操作时有碍观感。视图重画命令（Redraw）可以删除这些内容，重新刷新当前视图。操作方式为：

◆鼠标左键单击下拉菜单栏【视图】，选择点击【重画】。

◆或者在命令行输入：Redraw或R，并确认。

2. 图形重生成命令（Regen）

图形重生成命令（Regen）不仅可以刷新当前视图，而且重新计算所有对象的屏幕坐标并重新生成整个图形。操作方式为：

◆鼠标左键单击下拉菜单栏【视图】，选择点击【重生成】。

◆或者在命令行输入：Regen 或Re，并确认。

用户在绘图和编辑过程中，如果要刷新当前图形显示，可选用视图重画命令（Redraw）或者图形重生成命令（Regen）。由于图形重生成命令（Regen）重生成复杂的图形需要花很长时间，所有一般情况下我们都采用视图重画命令（Redraw），只要在命令行输入：R，并确认，就可以快速刷新视图，非常便捷。

### 1.3.5 绘制点（Point）

1. 功能



点（Point）命令可以绘制单个点或多个点。

2. 操作步骤

(1) 绘制单个点

**第 1 步**：◆鼠标左键单击下拉菜单栏【绘图】，移动光标到【点】，再选择点击【单点】。

◆或者在命令行输入：Point 或Po，并按【空格】键确认。

**第 2 步**：◆此时命令行提示：

【指定点定位或［设置（S）/多次（M）］:】

用鼠标左键在绘图区点击点绘制的位置，绘图区的该位置即出现一个点。

◆或者在命令行提示【指定点:】栏输入点的二维坐标，并按【空格】键确认。

(2) 绘制多个点

**第 1 步**：◆鼠标左键单击下拉菜单栏【绘图】，移动光标到【点】，再选择点击【多点】。

◆或者在“绘图”工具栏点击“点”按钮（图 1-33）。

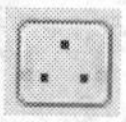

**第 2 步**：◆此时命令行提示：

【指定点定位或［设置（S）/多次（M）］:】

用鼠标左键在绘图区连续点击点绘制的位置，绘图区的上述位置即连续出现多个点，完毕后按【Esc】键退出。

◆或者在命令行输入第一个点的二维坐标，确认后，连续分栏输入其余点的二维坐标，完毕后按【Esc】键退出。

图 1-33 “点”按钮

注：绘制多点也可以采用命令行输入的方式，在命令行输入：Point 或 Po，确认，再输入 M，并确认。

3. 相关链接

CAD 提供了多种形式的点，用户可以根据需要选择点的形式，具体操作步骤如下：

**第 1 步**：◆鼠标左键单击下拉菜单栏【格式】，移动光标到【点样式】并用鼠标左键点击。

◆或者在命令行输入：**Ddptype**，并确认。

**第 2 步**：此时屏幕上弹出"点样式"对话框（图 1-34）。在该对话框中，用户可以选择自己需要的点样式，并在"点大小"编辑框内输入数值调整点的大小。该对话框下方的两个选项"相对于屏幕设置大小"和"按绝对单位设置大小"分别表示以相对尺寸和绝对尺寸设置点的大小。

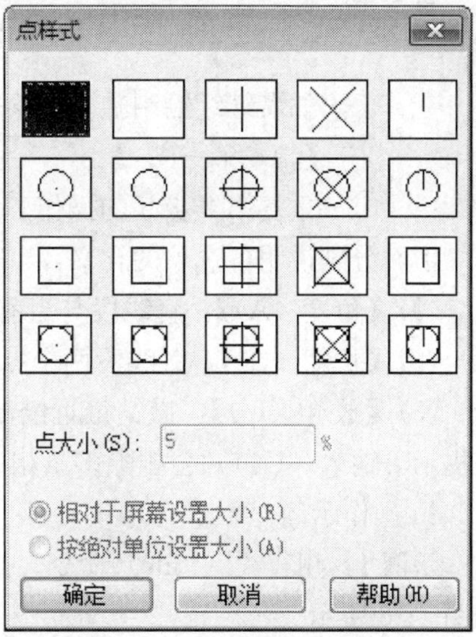

绘制点在我们实际绘图中并没有多少实际意义，但点是绘图中的重要辅助工具，尤其是在命令【定数等分】和【定距等分】的应用中，这两个命令的作用相当于手工绘图的分规工具，可对图形对象进行定数等分或定距等分。用户可以在后面的单元 2 中自行学习使用。

点样式
点大小(S)：5 %
相对于屏幕设置大小(R)
按绝对单位设置大小(A)
确定　取消　帮助(H)

图 1-34 "点样式"对话框



### 1.3.6 绘制直线（Line）

1. 功能

直线（Line）命令可以绘制二维直线，该命令可以一次画一条直线，也可以连续画多条直线，各直线是彼此独立实体。直线的起点和终点通过鼠标或键盘确定。

直线（Line）命令是 CAD 中使用最频繁的命令，也是最基础的绘图命令。

2. 操作步骤

**第 1 步**：◆鼠标左键单击下拉菜单栏【绘图】，选择点击【直线】。

◆或者在"绘图"工具栏点击"直线"按钮（图 1-35）。

◆或者在命令行输入：**Line** 或 **L**，并确认。

图 1-35 "直线"按钮

**第 2 步**：◆此时命令行提示：

【指定第一点：】

用鼠标左键在绘图区点击直线第一点绘制的位置，确定直线起点，此时移动鼠标，会出现一条橡皮筋线，从起点连到光标位置。橡皮筋有助于看清要画的线及其位置，光标移动过程中始终连着橡皮筋，直到选下一点或终止绘制直线命令。

◆或者在命令行输入起点的二维坐标，并确认。

**第 3 步**：◆此时命令行提示：

【指定下一点或［角度（A）/长度（L）/放弃（U）］：】

用鼠标左键在绘图区点击直线终点绘制的位置，绘图区即出现一条直线。

◆或者在命令行提示下输入：终点的二维坐标，并确认。

**第 4 步**：此时命令行提示：

【指定下一点或［角度（A）/长度（L）/放弃（U）］：】

如继续绘制与第一条直线相连的直线，则重复第 3 步操作，否则按【空格】键退出。

**第5步**：此时命令行提示：

【命令：】

如需继续绘制独立的第二条直线，再按【空格】键，此时命令行提示：

【指定第一点：】

重复第2步起的操作。全部直线绘制完毕，按【空格】键退出。

下面分别说明各选项的含义：

(1)【角度（A）】：直线段与当前坐标的X轴之间角度。

(2)【长度（L）】：直线段两个点之间的距离。

(3)【放弃（U）】：撤销最近绘制的一条直线段，重新指定直线段的终点。多次在该提示下输入：U，则会删除多条相应的直线，一直后退到起始第一点。

3. 操作示例



**示例1**：用直线（Line）命令，并结合相对坐标输入法绘制边长为6000的正方形，如图1-36所示。

**第1步**：在命令行输入：**L**，并确认。

**第2步**：命令行提示：

【指定第一点：】

在绘图区任意选取一点鼠标左键单击。

图1-36　用L命令绘制正方形

**第3步**：命令行提示：

【指定下一点或［角度（A）/长度（L）/放弃（U）］：】

输入：**@6000，0**，并确认。

**第4步**：命令行提示：

【指定下一点或［角度（A）/长度（L）/放弃（U）］：】

输入：**@0，6000**，并确认。

**第5步**：命令行提示：

【指定下一点或［角度（A）/长度（L）/闭合（C）/放弃（U）］：】

输入：**@－6000，0**，并确认。

**第6步**：命令行提示：

【指定下一点或［角度（A）/长度（L）/闭合（C）/放弃（U）］：】

输入：**C**。绘制完毕。

注：(1) 操作完毕如遇到当前视窗不能显示全部图形，且采用滚轮缩小失效时，双击滚轮即可将图形充满当前视窗，此时再滚动滚轮可进行视图缩放或平移。

(2) 对于初学者来说，为了避免图形跑到视图区外造成绘图不便，也可以在绘图前先设置图形界限。设置图形界限的尺寸应根据绘制图形的大小而确定，图形界限应大于绘制图形的尺寸。本单元绘图前根据单元2中的图形尺寸，可预先设置图形界限大小为80000mm×60000mm。具体操作可参考单元1.2.5和单元2.3.1。

**示例2**：用直线（Line）命令，并结合极坐标输入法绘制A3图纸的图幅，如图1-37所示，图框的左下角点定位为原点处。

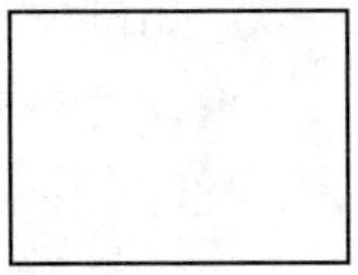

**第 1 步**：在命令行输入：**L**，并确认。

**第 2 步**：命令行提示：

【指定第一点:】

输入：**0，0**，并确认。

图 1-37　用 L 命令绘制 A3 图幅

**第 3 步**：命令行提示：

【指定下一点或［角度（A）/长度（L）/放弃（U）]:】

输入：**@420＜0**，并确认。

**第 4 步**：命令行提示：

【指定下一点或［角度（A）/长度（L）/放弃（U）]:】

输入：**@297＜90**，并确认。

**第 5 步**：命令行提示：

【指定下一点或［角度（A）/长度（L）/闭合（C）/放弃（U）]:】

输入：**@420＜180**，并确认。

**第 6 步**：命令行提示：

【指定下一点或［角度（A）/长度（L）/闭合（C）/放弃（U）]:】

输入：**C**。绘制完毕。

注：根据国家制图标准，A3 图纸的图幅标准尺寸为 420mm×297mm。

4. 相关链接

（1）绘制直线时，当确定直线第一点后，在任何命令行提示下按【空格】键，直线绘制命令都将执行结束。

（2）绘制直线时，当命令行提示：【指定第一点:】，直接按【空格】键，则上一次直线命令下绘制的直线终点将作为本次绘制直线的起点。

（3）绘制相连直线时，当输入第三个点以后，将增加一个“闭合（C）”选项，命令行提示：【指定下一点或［角度（A）/长度（L）/闭合（C）/放弃（U）]:】下输入：C，表示当前光标点与起点连接，并结束绘制直线命令。

### 1.3.7　绘制多段线（Polyline）

1. 功能

多段线（Polyline）命令是 CAD 中的常用命令，可绘制由若干直线和圆弧连接而成的不同宽度的曲线或折线，并且无论该多段线中含有多少条直线或圆弧，只是一个实体。

2. 操作步骤

**第 1 步**：◆鼠标左键单击下拉菜单栏【绘图】，选择点击【多段线】。

◆或者在“绘图”工具栏点击“多段线”按钮（图 1-38）。

◆或者在命令行输入：**Pline** 或 **PL**，并确认。

**第 2 步**：◆此时命令行提示：

【指定多段线的起点或＜最后点＞:】

图 1-38　“多段线”按钮

用鼠标左键在绘图区点击直线第一点绘制的位置，确定直线起点。

◆或者输入起点的二维坐标，并确认。

**第3步**：此时命令行窗口出现两行提示：

第一行【当前线宽为 0.0000】

第二行【指定下一个点或［圆弧（A）/距离（D）/半宽（H）/宽度（W）］:】

第二行提示中选项较多，根据绘图要求来选择，直至多段线绘制完毕。

下面分别说明各选项的含义。

(1)【指定下一个点】：程序默认选项，指定多段线第二点。

(2)【圆弧（A）】：输入：**A**，从直线方式改成圆弧方式绘制多段线，此时命令行提示【指定圆弧的端点或［角度（A）/圆心（CE）/方向（D）/半宽（H）/直线（L）/半径（R）/第二个点（S）/宽度（W）］:】，此处选项中“半宽（H）”、“宽度（W）”与刚才的同名选项含义相同，在（4）、（5）中说明，其余各选项的说明如下：



1）指定圆弧的端点：默认选项，指定端点作为圆弧的终点。

2）角度（A）：输入**A**，指定圆弧的圆心角。

3）圆心（CE）：输入**CE**，指定圆心。

4）方向（D）：输入**D**，取消直线与弧的相切关系设置，改变圆弧的起始方向，重定圆弧的起点切线方向。

5）直线（L）：输入**L**，从圆弧方式返回直线方式绘制多段线。

6）半径（R）：输入**R**，指定圆弧的半径。

7）第二个点（S）：输入**S**，绘制圆弧为三点画弧方式，指定三点画弧的第二点。

(3)【距离（D）】：输入**D**，用输入距离和角度的方法绘制下一段多段线。

(4)【半宽（H）】：输入**H**，指定多段线的半宽值，CAD将提示输入多段线的起点半宽值与终点半宽值。在绘制多段线的过程中，每一段都可以重新设置半宽值。

(5)【宽度（W）】：输入**W**，指定多段线的宽度值，CAD将提示输入多段线的起点宽度值与终点宽度值。在绘制多段线的过程中，每一段都可以重新设置宽度值。

3. 操作示例

**示例1**：用多段线（Polyline）命令并结合直接距离输入法绘制箭头，如图1-39所示。箭头直线段长度500，宽度50，箭头三角形底边长度150，垂足高度300。

**第1步**：在命令行输入：**PL**，并确认。

**第2步**：此时命令行提示：

【指定多段线的起点或 <最后点>:】

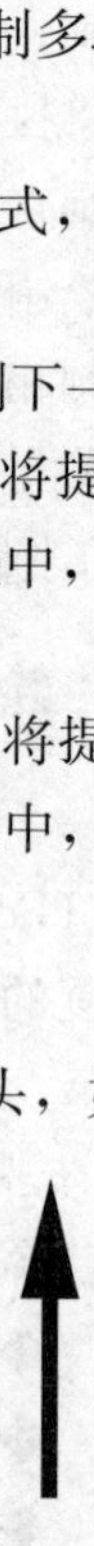

图1-39 用PL命令绘制箭头

用鼠标左键在绘图区点击直线第一点绘制的

位置，确定直线起点。

**第3步**：此时命令行窗口出现两行提示：

第一行【当前线宽为 0.0000】

第二行【指定下一个点或［圆弧（A)/距离（D)/半宽（H)/宽度（W)］:】

输入：**W**；

命令行提示：

【指定起始宽度<0.0000>:】

输入：**50**，并确认；

命令行提示：

【指定终止宽度<50.0000>:】

直接确认；

命令行提示：

【指定下一个点或［圆弧（A)/距离（D)/半宽（H)/宽度（W)］:】

按【F8】键，提示：

<正交 开>

鼠标移动指定绘制方向向上，输入：**500**，并确认。

**第4步**：此时命令行提示：

【指定下一个点或［圆弧（A)/距离（D)/半宽（H)/宽度（W)/撤销（U)］:】

输入：**W**；

命令行提示：

【指定起始宽度<50.0000>:】

输入：**150**，并确认；

命令行提示：

【指定终止宽度<150.0000>:】

输入：0，并确认；

命令行提示：

【指定下一个点或［圆弧（A)/距离（D)/半宽（H)/宽度（W)/撤销（U)］:】

鼠标移动，指定绘制方向向上，输入：**300**，并确认。箭头绘制完毕，按【空格】键退出。

**示例2**：用多段线（Polyline）命令绘制拱窗图形，如图 1-40 所示，其中 AB 段长度 1200，宽度为 0，BC 段长度 1200，宽度为 0，CD 段为半圆弧，圆弧直径 1200，起点宽度为 0，端点宽度为 80，DA 段长度 1200，宽度为 80。

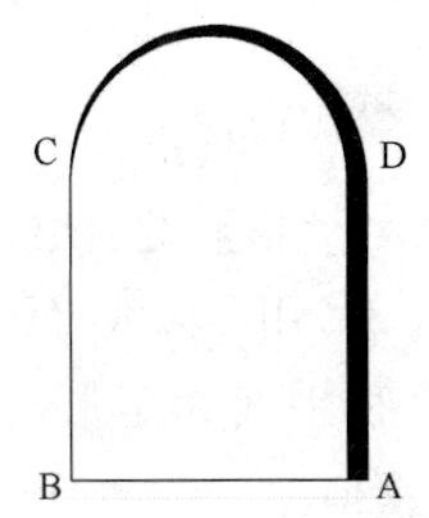

图 1-40 用 PL 命令绘制拱窗图形

**第1步**：在命令行输入：**PL**，并确认。

**第2步**：此时命令行提示：

【指定多段线的起点或 <最后点>:】

用鼠标左键在绘图区点击 A 点绘制的

位置，确定直线AB段的起点。

**第3步**：此时命令行窗口出现两行提示：

第一行 【当前线宽为0.0000】

第二行 【指定下一个点或［圆弧（A）/距离（D）/半宽（H）/宽度（W）］：】

按【F8】键，提示＜正交开＞，鼠标移动，指定绘制方向向左，输入：**1200**，并确认，直线AB段形成。

**第4步**：此时命令行提示：

【指定下一个点或［圆弧（A）/距离（D）/半宽（H）/宽度（W）/撤销（U）］：】

鼠标移动，指定绘制方向向上，输入：**1200**，并确认，直线BC段形成。

**第5步**：此时命令行提示：

【指定下一个点或［圆弧（A）/闭合（C）/距离（D）/半宽（H）/宽度（W）/撤销（U）］：】



输入：**A**，并确认，从直线方式改成圆弧方式绘制多段线；

命令行提示：

【指定圆弧的端点或［角度（A）/圆心（CE）/闭合（CL）/方向（D）/半宽（H）/直线（L）/半径（R）/第二个点（S）/宽度（W）/撤销（U）］：】

输入：**W**，并确认；

命令行提示：

【指定起点宽度＜0.0000＞：】

直接确认；

命令行提示：

【指定终止宽度＜0.0000＞：】

输入：**80**，并确认；

鼠标移动，指定绘制方向向右，输入：**1200**，并确认，半圆弧线CD段形成。

**第6步**：此时命令行提示：

【指定圆弧的端点或［角度（A）/圆心（CE）/闭合（CL）/方向（D）/半宽（H）/直线（L）/半径（R）/第二个点（S）/宽度（W）/撤销（U）］：】

输入：**L**，并确认，从圆弧方式改为直线方式。

命令行提示：

【指定下一个点或［圆弧（A）/闭合（C）/距离（D）/半宽（H）/宽度（W）/撤销（U）］：】

鼠标点击A点，并确认，直线DA段形成。拱窗图形绘制完毕，按【空格】键退出。

**示例3**：用多段线（Polyline）命令绘制总平面图中的新建建筑物，如图1-41所示，新建建筑物平面为矩形，长度32m，宽度10m，粗实线绘制。总平面图出图比例为1∶500。

**第1步**：在命令行输入：**PL**，并确认。

**第2步**：此时命令行提示：

【指定多段线的起点或＜最后点＞：】

鼠标左键单击，在绘图区确定起点绘制位置。

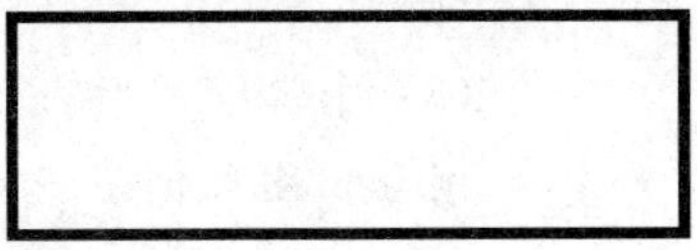

图1-41 用PL命令新建建筑物

**第3步**：此时命令行窗口出现两行提示：

第一行 【当前线宽为0.0000】

第二行 【指定下一个点或［圆弧（A）/距离（D）/半宽（H）/宽度（W）］：】

在第二行下输入：**W**；

命令行提示：

【指定起点宽度＜0.0000＞：】

输入：**250**，并确认；

命令行提示：

【指定终止宽度＜250.0000＞：】

直接确认；

命令行提示：

【指定下一个点或［圆弧（A）/距离（D）/半宽（H）/宽度（W）］：】

按【F8】键，提示＜正交开＞，鼠标移动，指定绘制方向向右，输入：**32000**，并确认。



**第4步**：此时命令行提示：

【指定下一个点或［圆弧（A）/距离（D）/半宽（H）/宽度（W）/撤销（U）］：】

鼠标移动，指定绘制方向向上，输入：**10000**，并确认。

**第5步**：此时命令行提示：

【指定下一个点或［圆弧（A）/闭合（C）/距离（D）/半宽（H）/宽度（W）/撤销（U）］：】

鼠标移动，指定绘制方向向左，输入：**32000**，并确认。

**第6步**：此时命令行提示：

【指定下一个点或［圆弧（A）/闭合（C）/距离（D）/半宽（H）/宽度（W）/撤销（U）］：】

输入：**C**，并确认。绘制完毕，按【空格】键退出。

注：(1) 根据《房屋建筑制图统一标准》GB/T 50001—2010和《建筑制图标准》GB/T 50104—2010，图线可分为粗、中粗、中、细四种，线宽比为$b$∶0.7$b$∶0.5$b$∶0.25$b$。绘制简单的图样时，可采用两种线宽的线宽组，其线宽比宜为$b$∶0.25$b$。初学者用CAD绘图时，通常细线用Line绘制，粗线用Pline绘制。

(2) 手工绘图时，绘图比例与出图比例是相同的，但是CAD绘图时，这两个比例并不一定相同。以示例3为例，总平面图出图比例为1∶500，新建建筑物平面为32m×10m的矩形。手工绘制时将实际尺寸缩小500倍，绘制矩形尺寸为64mm×20mm。而CAD绘图时，通常为避免换算比例的麻烦，绘图比例都采用 1∶1，按照实际尺寸绘制，矩形尺寸为 32000mm×10000mm。

(3) 手工绘图时，绘制的粗线线宽为 0.5mm。CAD 绘图时，由于绘图比例和出图比例不一定相同，线宽必须根据二者关系进行换算。以示例 3 为例，绘图比例 1∶1，出图比例 1∶500，则线宽设置时为 0.5mm×500=250mm。

(4) 图纸全部绘制完成后，打印出图时我们设置出图比例为 1∶500，这样在 CAD 中绘制的矩形 32000mm×10000mm，线宽 250mm，打印出图时都将缩小 500 倍，成为 64mm×20mm，线宽 0.5mm，与手工绘图效果相同。

(5) 在 CAD 绘图过程中，我们对工程中的实物尺寸，都可以直接按照实际尺寸1∶1绘制，但是对于图纸中由于制图标准要求而添加的内容，比如线宽、文字、索引符号等的大小，我们在绘图时，必须根据绘图比例和出图比例的关系进行调整。



4. 相关链接

(1) 绘制多段线时，系统默认的线宽值为 0，多段线中每段线的宽度可以不同，可分别设置，而且每段线的起点和终点的宽度也可以不同。多段线起点宽度以上一次输入值为默认值，而终点宽度值则以起点宽度为默认值。

(2) 在指定多段线的第三点之后，将增加一个【闭合（C)】选项，该选项用于在当前位置到多段线起点之间绘制一条直线段以闭合多段线，并结束多段线命令。

(3) 多段线的宽度大于 0 时，要绘制一条闭合的多段线，必须键入闭合选项，才能使其完全封闭，否则，起点与终点重合处会出现缺口。

(4) 多段线由彼此首尾相连、不同宽度的直线段或弧线组成，但都是一个实体，作为单一对象使用。采用多段线编辑（Pedit）命令，可编辑多段线及其组成单元；采用分解（Explode）命令可以将多段线变成若干单独的线或圆弧。这些命令在单元 2 中详细介绍 。

(5) 我们后面用矩形（Rectang)、正多边形（Polygon)、圆环（Donut）等命令绘制的矩形、正多边形和圆环等均属于多段线对象。

### 1.3.8 绘制矩形（Rectang）

1. 功能

矩形（Rectang）命令除了绘制常规的矩形之外，还可以绘倒角或圆角的矩形。

2. 操作步骤

**第 1 步**：◆鼠标左键单击下拉菜单栏【绘图】，移动光标到【矩形】。

◆或者在“绘图”工具栏点击“矩形”按钮（图 1-42)。

◆或者在命令行输入：**Rectang** 或 **REC**，并确认。

**第 2 步**：◆此时命令行提示：

【指定第一个角点或［倒角（C)/标高（E)/圆角（F)/旋转（R)/正方形（S)/厚度（T)/宽度

图 1-42 “矩形”按钮

(W)]:】

提示选项中【指定第一个角点】为默认选项，此时直接用鼠标左键在绘图区点击角点绘制的位置，就可确认矩形的第一个角点。

◆或者在命令行直接输入角点的二维坐标，并确认。

提示中还有其他选项，可根据绘图要求来选择，输入括号内字母进行相应的操作，下面分别说明各选项的含义：

(1)【倒角（C)】：设置矩形四角为倒角模式，并确定倒角大小。

(2)【标高（E)】：设置三维矩形在三维空间内的基面高度。

(3)【圆角（F)】：设置矩形四角为圆角，并确定半径大小。

(4)【旋转（R)】：设置图形旋转角度，逆时针为正。

(5)【正方形（S)】：绘制正方形。

(6)【厚度（T)】：设置三维矩形的厚度，即Z轴方向的高度。

(7)【宽度（W)】：设置绘制矩形的线条宽度。



**第3步**：此时命令行提示：

【指定其他角点或［面积（A)/尺寸（D)/旋转（R)]:】

提示选项的各项操作如下：

(1)【指定其他角点】为默认选项。

◆此时直接用鼠标左键在绘图区点击矩形另一个角点绘制的位置，绘图区即出现一个矩形，矩形绘制完毕。

◆或者在命令行提示【指定另一个角点或［面积（A)/尺寸（D)/旋转（R)]:】栏输入另一个角点的二维坐标，并确认。

(2)【面积（A)】：输入矩形面积选项。后续提示依次为：

【输入以当前单位计算的矩形面积<默认值>:】，输入面积数值，并确认；

【计算矩形标注时根据［长度（L)/宽度（W)］<长度>:】，输入**L**或**W**，并确认；

【输入矩形长度<默认值>:】或【输入矩形宽度<默认值>:】，输入数值，并确认矩形绘制完成。

(3)【尺寸（D)】：输入矩形长度和宽度尺寸的选项。后续提示依次为：

【输入矩形长度<默认值>:】，输入数值，并确认；

【输入矩形宽度<默认值>:】，输入数值，并确认；

【指定另一个角点或［面积（A)/尺寸（D)/旋转（R)]:】，指定另一个角点，矩形绘制完成。如选择其他选项，则取消刚才操作，重新开始绘制矩形。

(4)【旋转（R)】：输入矩形旋转角度选项。后续提示依次为：

【指定旋转角度或［拾取点（W)］<默认值>:】，输入数值，或通过拾取点确定旋转角度；

【指定另一个角点或［面积（A）/尺寸（D）/旋转（R）］:】，确定另一个角点，矩形绘制完成。

3. 操作示例

**示例 1**：用矩形（Rectang）命令绘制直角矩形，如图 1-43 所示，长度 2000，宽度 1000。

**第 1 步**：在命令行提示输入：**REC**，并确认。

**第 2 步**：此时命令行提示：

【指定第一个角点或［倒角（C）/标高（E）/圆角（F）/旋转（R）/正方形（S）/厚度（T）/宽度（W）］:】

用鼠标左键在绘图区点击矩形第一个角点绘制的位置。

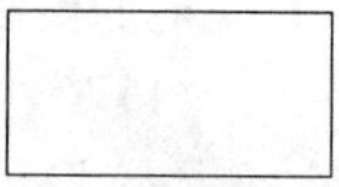

图 1-43 用矩形命令绘制直角矩形



**第 3 步**：此时命令行提示：

【指定其他角点或［面积（A）/尺寸（D）/旋转（R）］:】

输入：**@2000，1000**，并确认。绘制完毕。

**示例 2**：用矩形（Rectang）命令绘制倒角矩形，如图 1-44 所示，长度 2000，宽度 1000，倒角距离均为 200。

**第 1 步**：在命令行输入：**REC**，并确认。

**第 2 步**：此时命令行提示：

【指定第一个角点或［倒角（C）/标高（E）/圆角（F）/旋转（R）/正方形（S）/厚度（T）/宽度（W）］:】

输入：**C**，并确认。

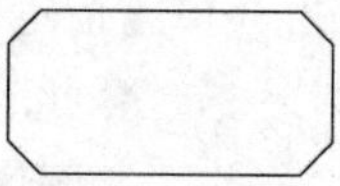

图 1-44 用矩形命令绘制倒角矩形

**第 3 步**：此时命令行提示：

【指定所有矩形的第一个倒角距离或［缺省（D）］<默认值>:】

输入：**200**，并确认。

**第 4 步**：此时命令行提示：

【指定所有矩形的第二个倒角距离<默认值>:】

输入：**200**，并确认。

**第 5 步**：此时命令行提示：

【指定第一个角点或［倒角（C）/标高（E）/圆角（F）/旋转（R）/正方形（S）/厚度（T）/宽度（W）］:】

用鼠标左键在绘图区点击矩形第一个角点绘制的位置。

**第 6 步**：此时命令行提示：

【指定其他角点或［面积（A）/尺寸（D）/旋转（R）］:】

输入：**@2000，1000**，并确认。绘制完毕。

**示例 3**：用矩形（Rectang）命令绘制圆角矩形，如图 1-45 所示，长度 2000，宽度 1000，圆角半径为 200。

**第1步**：在命令行输入：**REC**，并确认。

**第2步**：此时命令行提示：

【指定第一个角点或［倒角（C）/标高（E）/圆角（F）/旋转（R）/正方形（S）/厚度（T）/宽度（W）］：】

输入：**F**，并确认。

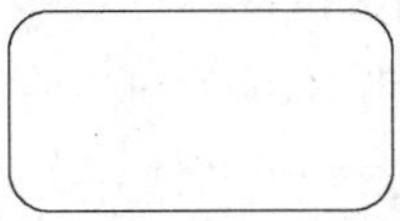

图1-45　用矩形命令绘制圆角矩形

**第3步**：此时命令行提示：

【指定所有矩形的圆角距离＜默认值＞：】

输入：**200**，并确认。

**第4步**：此时命令行提示：

【指定第一个角点或［倒角（C）/标高（E）/圆角（F）/旋转（R）/正方形（S）/厚度（T）/宽度（W）］：】

用鼠标左键在绘图区点击矩形第一个角点绘制的位置。

**第5步**：此时命令行提示：

【指定其他角点或［面积（A）/尺寸（D）/旋转（R）］：】

输入：**@2000，1000**，并确认。绘制完毕。

**示例4**：用矩形（Rectang）命令绘制线宽50的直角矩形，如图1-46所示，长度2000，宽度1000。

**第1步**：在命令行输入：**REC**，并确认。

**第2步**：此时命令行提示：

【指定第一个角点或［倒角（C）/标高（E）/圆角（F）/旋转（R）/正方形（S）/厚度（T）/宽度（W）］：】

输入：**W**，并确认。

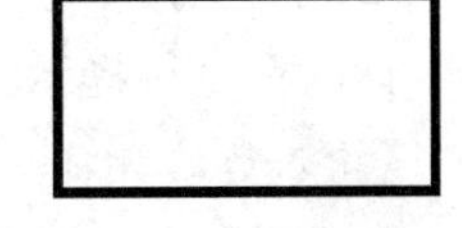

图1-46　用矩形命令绘制线宽50的直角矩形

**第3步**：此时命令行提示：

【指定所有矩形的宽度＜默认值＞：】

输入：**50**，并确认。

**第4步**：此时命令行提示：

【指定第一个角点或［倒角（C）/标高（E）/圆角（F）/旋转（R）/正方形（S）/厚度（T）/宽度（W）］：】

用鼠标左键在绘图区点击矩形第一个角点绘制的位置。

**第5步**：此时命令行提示：

【指定其他角点或［面积（A）/尺寸（D）/旋转（R）］：】

输入：**@2000，1000**，并确认。绘制完毕。

提示：如果画完示例3的圆角矩形，再画示例4的线宽50的矩形，圆角默认值为200，绘出来的矩形为圆角矩形，需要对圆角默认值进行设置，修改为0。

4. 相关链接

用矩形（Rectang）命令绘制的矩形可采用多段线编辑（Pedit）命令进行编辑。但是矩形作为一个实体，实际上只是一条多段线，其四条边是不能分别编辑的，可以采用分解（Explode）命令使之分解成若干单独的线。

用多段线（Polyline）、矩形（Rectang）、正多边形（Polygon）命令绘制的封闭图形与直线（Line）命令绘制的封闭图形还有一个区别是，这类多段线形成的封闭图形可以在三维空间中进行实体拉伸。

### 1.3.9 绘制正多边形（Polygon）

1. 功能

正多边形（Polygon）命令可以绘制 3～1024 条边组成的正多边形。



2. 操作步骤

绘制正多边形有三种方式，分别为边长方式绘制、外切圆方式绘制、内接圆方式绘制，下面分别介绍。

(1) 边长方式绘制正多边形

**第 1 步**：◆鼠标左键单击下拉菜单栏【绘图】，移动光标到【正多边形】。

◆或者在“绘图”工具栏点击“正多边形”按钮（图 1-47）。

◆或者在命令行输入：**Polygon** 或 **POL**，并确认。

图 1-47 “正多边形”按钮

**第 2 步**：此时命令行提示：

【输入边的数目<4>或［多个（M）/线宽（W）］：】

输入数值，并确认。

**第 3 步**：此时命令行提示：

【指定正多边形的中心点或［边（E）］：】

输入：**E**，并确认。

**第 4 步**：此时命令行提示：

【指定边的第一个端点：】

鼠标点取或输入坐标确认第一个端点。

**第 5 步**：此时命令行提示：

【指定边的第二个端点：】

鼠标点取或输入坐标确认第二个端点，正多边形绘制完成。

(2) 外切圆方式绘制正多边形

**第 1 步**：命令行输入：**Polygon** 或 **POL**，并确认。

**第 2 步**：此时命令行提示：

【输入边的数目<4> 或［多个（M）/线宽（W）］：】

输入数值，并确认。

**第 3 步**：此时命令行提示：

【指定正多边形的中心点或［边（E）］:】

鼠标点取或输入坐标确认中心点。

**第4步**：此时命令行提示：

【输入选项［内接于圆（I）/外切于圆（C）］＜默认值＞:】

输入：**C**，并确认。

**第5步**：此时命令行提示：

【指定圆的半径:】

鼠标点取或输入坐标确认半径值，正多边形绘制完成。

（3）内接圆方式绘制正多边形

**第1步**：命令行输入：**Polygon** 或 **POL**，并确认。

**第2步**：此时命令行提示：

【输入边的数目＜4＞或［多个（M）/线宽（W）］:】

输入数值，并确认。



**第3步**：此时命令行提示：

【指定正多边形的中心点或［边（E）］:】

鼠标点取或输入坐标确认中心点。

**第4步**：此时命令行提示：

【输入选项［内接于圆（I）/外切于圆（C）］＜默认值＞:】

输入：**I**，并确认。

**第5步**：此时命令行提示：

【指定圆的半径:】

鼠标点取或输入坐标确认半径值，正多边形绘制完成。

3. 操作示例

**示例1**：用正多边形命令（边长方式）绘制正五边形，如图1-48所示，边长为2000。

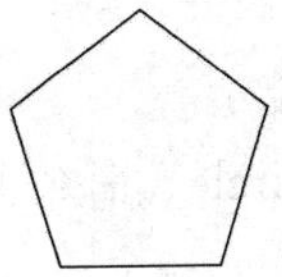

图1-48　用正多边形命令绘制正五边形

**第1步**：在命令行输入：**POL**，并确认。

**第2步**：此时命令行提示：

【输入边的数目＜4＞或［多个（M）/线宽（W）］:】

输入：**5**，并确认。

**第3步**：此时命令行提示：

【指定正多边形的中心点或［边（E）］:】

输入：**E**，并确认。

**第4步**：此时命令行提示：

【指定边的第一个端点:】

鼠标点取第一个端点。

**第5步**：此时命令行提示：

【指定边的第二个端点:】

输入：**@2000，0**，并确认。绘制完毕。

**示例 2**：用正多边形命令（外切圆方式）绘制六边形，如图 1-49 所示，外切圆半径为 2000。

**第 1 步**：命令行输入：**POL**，并确认。

**第 2 步**：此时命令行提示：

【输入边的数目 <4> 或［多个（M）/线宽（W）］:】

输入：**6**，并确认。

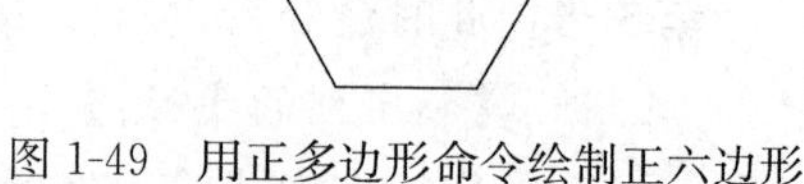

图 1-49　用正多边形命令绘制正六边形

**第 3 步**：此时命令行提示：

【指定正多边形的中心点或［边（E）］:】

鼠标点取绘图区任意点作为外切圆中心点。



**第 4 步**：此时命令行提示：

【输入选项［内接于圆（I）/外切于圆（C）］<默认值>:】

输入：**C**，并确认；

**第 5 步**：此时命令行提示：

【指定圆的半径:】

输入：**2000**，并确认。绘制完毕。

4. 相关链接

用正多边形（Polygon）命令绘制的正多边形是一条多段线，可采用多段线编辑（Pedit）命令进行编辑。但是每条边不能分别编辑，可以采用分解（Explode）命令使之分解成若干单独的线后再编辑。

### 1.3.10　绘制圆（Circle）

1. 功能

圆（Circle）命令可以绘制圆。

2. 操作步骤

绘制圆有六种方式，分别为指定圆心和半径绘圆、指定圆心和直径绘圆、指定 3 点绘圆、指定 2 点绘圆、绘制指定两个实体和指定半径的公切圆、绘制指定三个实体的公切圆。绘制圆时前面四种方式用得较多，后面两种方式用得较少，下面分别介绍。

（1）指定圆心和半径绘圆

**第 1 步**：◆鼠标左键单击下拉菜单栏【绘图】，移动光标到【圆】，选取【圆心、半径】。

◆或者在“绘图”工具栏点击“圆”按钮（图 1-50）。

◆或者在命令行输入：**Circle** 或 **C**，并确认。

图 1-50　“圆”按钮

**第 2 步**：此时命令行提示：

【指定圆的圆心或［三点（3P）/两点（2P）/相切、相切、半径（T）］:】

鼠标点取或输入坐标确认圆心。

**第 3 步**：此时命令行提示：

【指定圆的半径或［直径（D）］<默认值>：】

输入半径数值，并确认；或鼠标点取圆弧上的任一点，如图1-51（*a*）所示。圆绘制完成。

（2）指定圆心和直径绘圆

**第1步**：命令行输入：**C**，并确认。

**第2步**：此时命令行提示：

【指定圆的圆心或［三点（3P）/两点（2P）/相切、相切、半径（T）］：】

鼠标点取或输入坐标确认圆心。

**第3步**：此时命令行提示：

【指定圆的半径或［直径（D）］<默认值>：】

输入：**D**，并确认。

**第4步**：此时命令行提示：

【指定圆的直径<默认值>：】

输入直径数值，并确认；或鼠标点取一点，该点到圆心的距离即为直径，如图1-51（*b*）所示。圆绘制完成。

（3）指定3点绘圆

**第1步**：命令行输入：**C**，并确认。

**第2步**：此时命令行提示：

【指定圆的圆心或［三点（3P）/两点（2P）/相切、相切、半径（T）］：】

输入：**3P**，并确认。

**第3步**：此时命令行提示：

【指定圆上的第一个点：】

鼠标点取或输入坐标确认第一点。

**第4步**：此时命令行提示：

【指定圆上的第二个点：】

鼠标点取或输入坐标确认第二点。

**第5步**：此时命令行提示：

【指定圆上的第三个点：】

鼠标点取或输入坐标确认第三点，如图1-51（*c*）所示。圆绘制完成。

（4）指定2点绘圆

**第1步**：命令行输入：**C**，并确认。

**第2步**：此时命令行提示：

【指定圆的圆心或［三点（3P）/两点（2P）/相切、相切、半径（T）］：】

输入：**2P**，并确认。

**第3步**：此时命令行提示：

【指定圆直径的第一个端点：】

鼠标点取或输入坐标确认第一个端点。

**第 4 步**：此时命令行提示：

【指定圆直径的第二个端点：】

鼠标点取或输入坐标确认第二个端点，如图 1-51（*d*）所示。圆绘制完成。

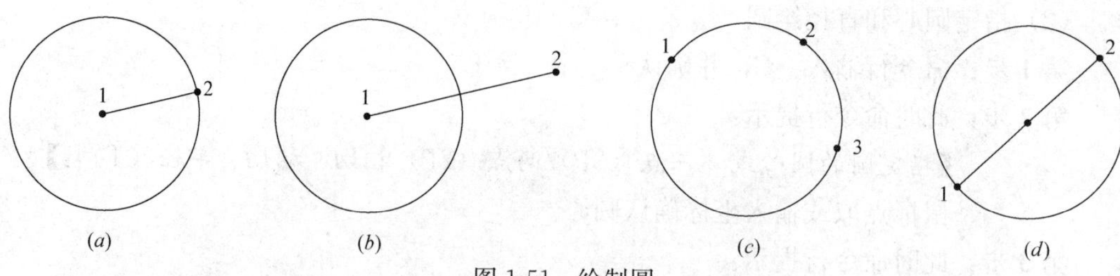


图 1-51　绘制圆

（*a*）指定圆心和半径；（*b*）指定圆心和直径；（*c*）指定 3 点；（*d*）指定 2 点

（5）相切、相切、半径绘圆

相切、相切、半径绘圆是用来绘制指定两个实体和指定半径的公切圆。

**第 1 步**：命令行输入：**C**，并确认。

**第 2 步**：此时命令行提示：

【指定圆的圆心或［三点（3P）/两点（2P）/相切、相切、半径（T）］：】

输入：**T**，并确认。

**第 3 步**：此时命令行提示：

【指定对象与圆的第一个切点：】

鼠标点取第一个切点，相切对象应为圆、圆弧或直线。

**第 4 步**：此时命令行提示：

【指定对象与圆的第二个切点：】

鼠标点取第二个切点。

**第 5 步**：此时命令行提示：

【指定圆的半径＜默认值＞：】

输入半径数值，并确认；或鼠标点取两个点，该两点的距离即为半径，如图 1-52（*a*）所示。圆绘制完成。

（6）相切、相切、相切绘圆

相切、相切、相切绘圆是用来绘制指定三个实体的公切圆。

**第 1 步**：鼠标左键单击下拉菜单栏【绘图】，移动光标到【圆】，选取【相切、相切、相切】。

**第 2 步**：此时命令行提示：

【指定圆的圆心或［三点（3P）/两点（2P）/相切、相切、半径（T）］：_3p 指定圆上的第一个点：_tan 到】

鼠标点取第一个相切对象。

**第 3 步**：此时命令行提示：

【指定圆上的第二个点：_tan 到】

鼠标点取第二个相切对象。

**第 4 步**：此时命令行提示：

【指定圆上的第三个点：_tan 到】

鼠标点取第三个相切对象，如图 1-52（*b*）所示。圆绘制完成。

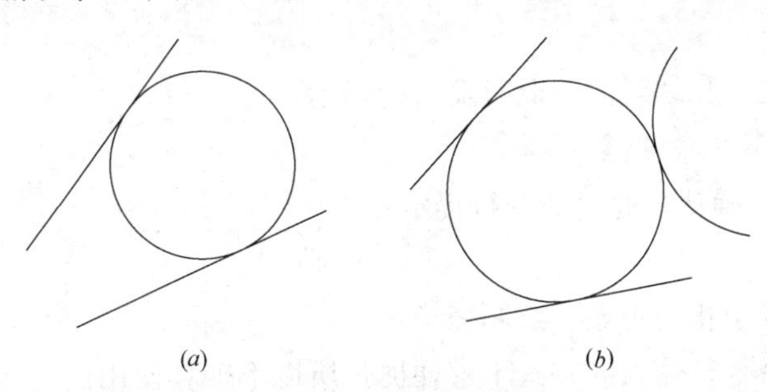

图 1-52　绘制公切圆

（*a*）相切、相切、半径绘圆；（*b*）相切、相切、相切绘圆



综上所述，绘制圆的方式有六种之多，绘图时应根据具体情况进行分析，选用最为便捷适宜的方式来绘制。

3. 操作示例

**示例 1**：用圆命令绘制半径为 800 的圆。

**第 1 步**：命令行输入：**C**，并确认。

**第 2 步**：此时命令行提示：

【指定圆的圆心或［三点（3P）/两点（2P）/相切、相切、半径（T）］:】

鼠标点取绘图区任意点确认圆心。

**第 3 步**：此时命令行提示：

【指定圆的半径或［直径（D）］＜默认值＞:】

输入：**800**，并确认。绘制完毕。

4. 相关链接

（1）相切、相切、半径绘圆时，选取的切点只需大致定位就可以绘出公切圆，不必精确定位，事实上在公切圆画出前也难以做到精确定位。

（2）相切、相切、半径绘圆时，如果输入半径值太大或太小，CAD 会提示【圆不存在】，并直接退出圆命令的执行。

（3）相切、相切、相切绘圆时，前面介绍的是在下拉菜单栏中输入命令的方式，也可以采用命令行输入，具体步骤如下：

命令行输入：**C**，并确认；此时命令行提示：

【指定圆的圆心或［三点（3P）/两点（2P）/相切、相切、半径（T）］:】

输入：**3P**，并确认；此时命令行提示：

【指定圆上的第一个点:】

输入：**tan**，并确认；

此时命令行提示：

【切点】

鼠标点取第一个相切对象；此时命令行提示：

【指定圆上的第二个点：】

输入：**tan**，并确认；此时命令行提示：

【切点】

鼠标点取第二个相切对象；此时命令行提示：

【指定圆上的第三个点：】

输入：**tan**，并确认；此时命令行提示：

【切点】

鼠标点取第三个相切对象，绘制完毕。

可以看出，命令行输入的方式不够便捷，所以不推荐使用。



### 1.3.11 绘制圆弧（Arc）

1. 功能

圆弧（Arc）命令可以绘制圆弧。

2. 操作步骤

启动圆弧命令的方法：

◆鼠标左键单击下拉菜单栏【绘图】，移动光标到【圆弧】。

◆或者在“绘图”工具栏点击“圆弧”按钮（图1-53）。

◆或者在命令行输入：**Arc 或 A**，并确认。

图1-53 “圆弧”按钮

绘制圆弧有多种方式，我们可以在下拉菜单栏的子菜单中看到总共有11种之多（图1-54）。

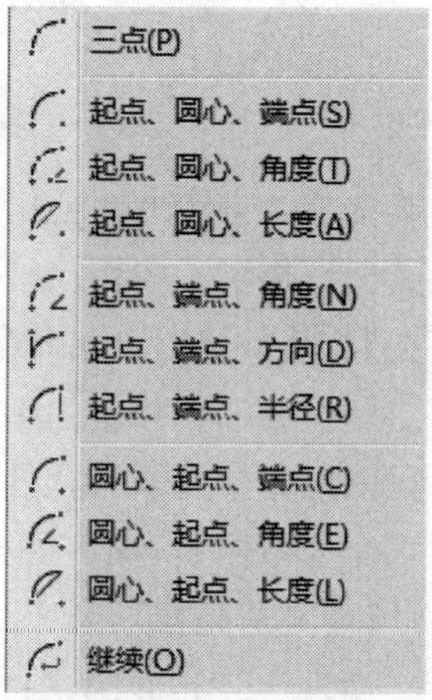

三点(P)
起点、圆心、端点(S)
起点、圆心、角度(T)
起点、圆心、长度(A)
起点、端点、角度(N)
起点、端点、方向(D)
起点、端点、半径(R)
圆心、起点、端点(C)
圆心、起点、角度(E)
圆心、起点、长度(L)
继续(O)

图1-54 “圆弧”子菜单

(1)【三点（P）】

用户按顺序输入三个点：圆弧的起点、第二点、端点，就可以确定一段圆弧。该圆弧通过这三个点，端点即圆弧的终点。端点输入时，可以采用拖动方式将圆弧拖至所需的位置。

(2)【起点、圆心、端点（S）】

用户先输入圆弧的起点和圆心，圆弧的半径就已经确定，再输入端点，此端点只决定弧的长度，不一定是圆弧的终点，端点和圆心的连线就是圆弧的终点处。

(3)【起点、圆心、角度（T）】

角度指此段圆弧包含的角度，顺时针为负，逆时针为正。

(4)【起点、圆心、长度（A）】

长度指此段圆弧的弦长，即连接圆弧起点到终点的直线长度。用户只能沿逆时针方向绘制圆弧，弦长为正值绘制小于180°的圆弧，弦长为负值则绘制大于180°的圆弧。

(5)【起点、端点、角度（N)】

此端点为圆弧的终点。角度同（3）中所述。

(6)【起点、端点、方向（D)】

此端点为圆弧的终点。方向指圆弧的切线方向，用户可直接指定，也可以通过输入角度值确定。

(7)【起点、端点、半径（R)】

此端点为圆弧的终点。用户只能沿逆时针方向绘制圆弧，半径为正值绘制小于180°的圆弧，半径为负值则绘制大于180°的圆弧。如图1-55所示，(*a*) 与 (*b*) 的点1和点2相同，半径值数字相同，但是 (*a*) 为正值，(*b*) 为负值。

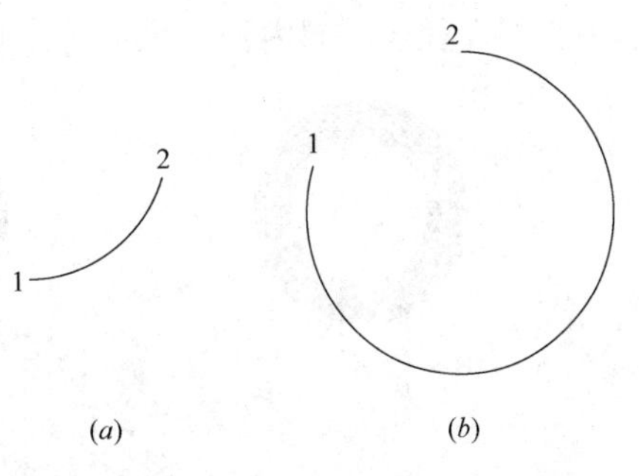


图1-55　半径为正值和负值下绘制的圆弧
(*a*) 半径为正值；(*b*) 半径为负值



(8)【圆心、起点、端点（C)】

与前面绘制的参数含义相同，不再重复介绍。

(9)【圆心、起点、角度（E)】

与前面绘制的参数含义相同，不再重复介绍。

(10)【圆心、起点、长度（L)】

与前面绘制的参数含义相同，不再重复介绍。

(11)【继续（O)】

还有最后1种方式“继续”需要解释一下，“继续”并不是指重复操作继续绘制圆弧，而是指系统以最后一次绘制的直线、圆弧或者多段线的最后一个点作为新圆弧的起始点，以最后所绘制线段方向或者圆弧终止点的切线方向为新圆弧的起始点处的切线方向，用户只要指定新圆弧的端点，即可确定新圆弧。

绘制圆弧的方式很多，我们在绘图时根据具体情况灵活选用。

### 1.3.12　绘制圆环（Donut）

1. 功能

圆环（Donut）命令可以绘制实心或空心的圆环。

2. 操作步骤

**第1步：**◆鼠标左键单击下拉菜单栏【绘图】，移动光标到【圆环】。

◆或者在命令行输入：**Donut** 或 **DO**，并确认。

**第2步：**此时命令行提示：

【指定圆环的内径＜0.5＞:】

输入内圆直径值，并确认。

**第3步：**此时命令行提示：

【指定圆环的外径＜1＞:】

输入外圆直径值，并确认。

**第4步：**此时命令行提示：

【指定圆环的中心点或<退出>:】

用户可连续指定位置。绘制完毕，按【空格】键退出。

3. 相关链接

（1）圆环（Donut）命令执行中，当输入内径为0，则绘出的是实心圆。图1-56所示为相同外径、不同内径情况下所绘制的圆环。

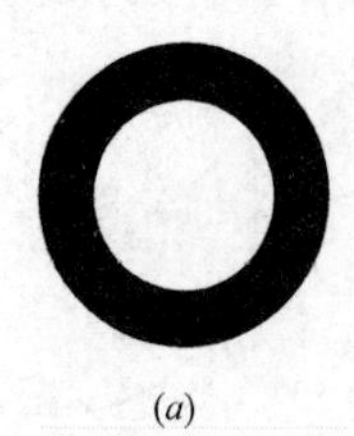

(*a*)

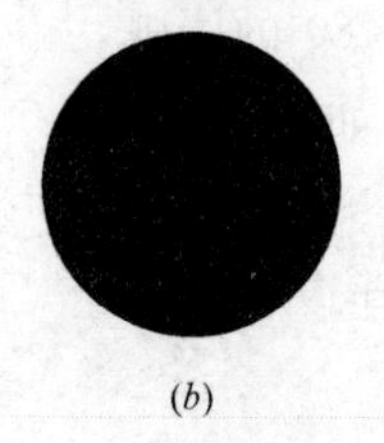

(*b*)

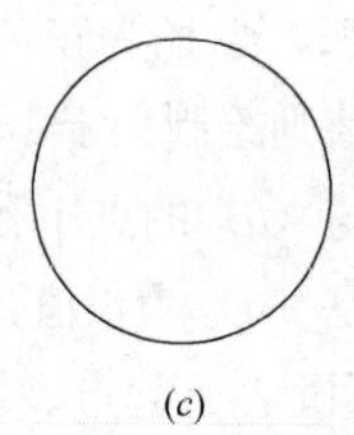

(*c*)



图1-56　相同外径、不同内径的圆环

（*a*）内径<外径；（*b*）内径=0；（*c*）内径=外径

（2）圆环体是否填充，可以通过系统变量Fillmode命令或Fill命令来设置。比如在命令行输入：**Fill**，并确认，命令行提示：【FILLMODE 已经打开：［关闭(OFF)/切换（T）］<打开>:】，输入：**Off**，并确认。则图1-56（*a*）、（*b*）中的圆环将如图1-57（*a*）、（*b*）所示。

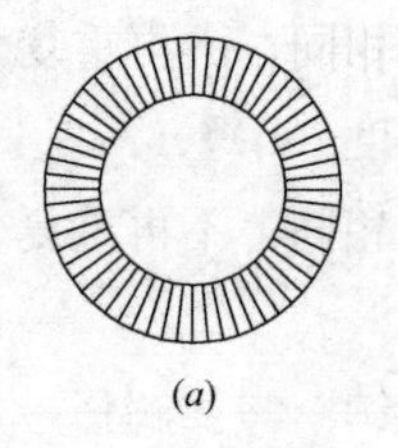

(*a*)

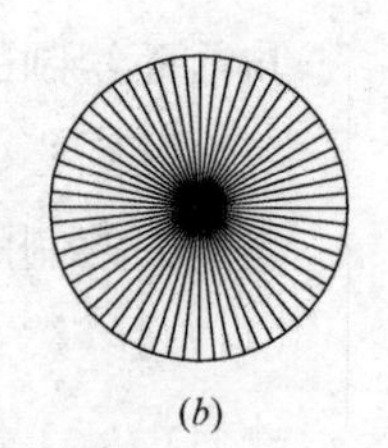

(*b*)

图1-57　填充关闭时的圆环

（*a*）内径<外径；（*b*）内径=0

（3）无论是用系统变量Fillmode命令或Fill命令，当改变填充方式后，都必须用视图重画命令（Redraw）或者图形重生成命令（Regen），才能改变圆环显示。

## 1.3.13　绘制样条曲线（Spline）

1. 功能

样条曲线（Spline）命令可以绘制通过或接近一系列给定的点的平滑曲线。能够自由编辑，可以控制曲线与点的拟合程度。常用此命令来绘制总平面图中的自由水体、曲线道路等。

2. 操作步骤

**第1步：**◆鼠标左键单击下拉菜单栏【绘图】，移动光标到【样条曲线】。

◆或者在“绘图”工具栏点击“样条曲线”按钮（图1-58）。

◆或者在命令行输入：**Spline**或**SPL**，并确认。

图1-58　“样条曲线”按钮

**第2步：**此时命令行提示：

【指定第一个点或［对象（O）］:】

如果输入：**O**，可以将多义线编辑得到的二次或三次拟合样条曲线转换成等价的样条曲线；如果按照默认选项，则指定第一个点。

**第3步：**此时命令行提示：

【指定下一点:】

用户指定下个点。

**第4步：**此时命令行提示：

【指定下一点或［闭合（C）/拟合公差（F）/放弃（U）］<起点切向>:】

用户选择其中选项，或输入下一个点，直至所有点输入完毕，空格退出。

其中各选项解释如下：

(1)【下一点】：确定样条曲线的下一个点，可以连续输入。拟合一段样条曲线至少输入三个点。

(2)【闭合（C）】：形成首尾相连的闭合样条曲线。

(3)【拟合公差（F）】：设置样条曲线偏差值。数值越大，曲线越光滑，离控制点也越远；如果该值为0，则拟合后的样条曲线将通过所有拟合点。

(4)【放弃U】：取消上一次绘制的y样条曲线。该选项可以连续使用。

(5)【<起点切向>】：可直接输入该切线方向的正切值，但一般情况是在起点附近输入一点来确定起点处的切线方向，系统后续提示输入终点的切线方向，指定后样条曲线就确定了。

3. 相关链接

样条曲线（Spline）命令可绘制真实的Spline曲线，而用多段线编辑命令（Pedit）中的Spline选项，即样条曲线（S）选项，只能得到近似的光滑多义线，即Pline曲线。多段线编辑命令（Pedit）我们在后面的单元2.1.8中详细介绍。

## 1.3.14 图案填充（Hatch）

1. 功能

图案填充（Hatch）命令可以对图形中的某些指定区域进行图案填充。系统提供了多种图案可供选择，同时也允许使用临时定义的图案。

2. 操作步骤

**第1步：**◆鼠标左键单击下拉菜单栏【绘图】，移动光标到【图案填充】或者【渐变色】。

◆或者在"绘图"工具栏点击"图案填充"按钮（图1-59）。

◆或者在命令行输入：**Hatch**或**H**，并确认。

**第2步：**此时系统弹出"填充"对话框。在该对话框中，有"图案填充"和"渐变色"两个选项，选择"图案填充"选项，此时对话框如图1-60所示。

图1-59 "图案填充"按钮

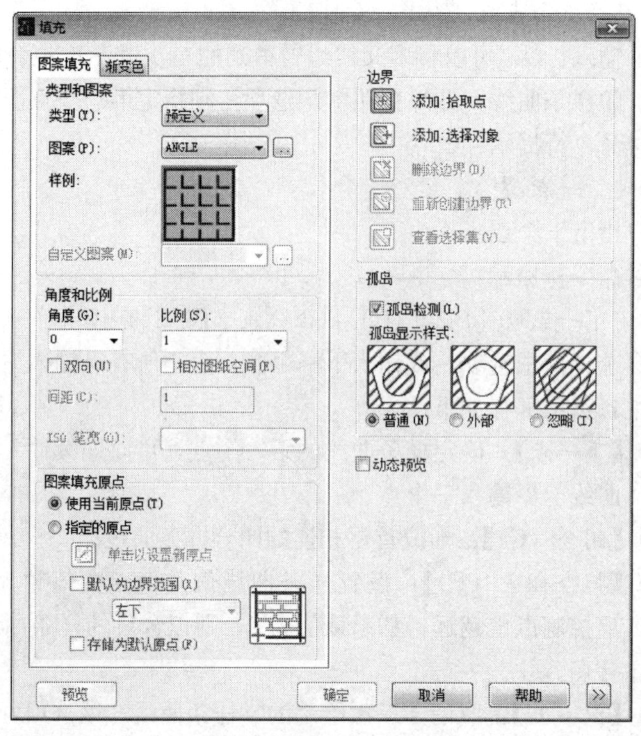


图 1-60 “填充”对话框



对话框中各选项的含义介绍如下：

(1)“类型和图案”选项

1)【类型】：设置填充的图案类型。单击右侧下拉箭头，弹出下拉列表框有 3 个选项：“预定义”、“用户定义”、“自定义”。其中“预定义”是选用系统提供的图案；“用户定义”是在选用时临时定义图案，该图案是 1 组平行线或相互垂直的 2 组平行线；“自定义”是选用自己已定义好的图案。

2)【图案】：当选择“预定义”选项，该下拉列表框才可用。单击右侧下拉箭头，在弹出的图案名称中选择。或者，也可以单击右侧的按钮，系统弹出“填充图案选项板”对话框（图 1-61）。在该对话框中，有 4 个选项：“ANSI”、“ISO”、“其他预定义”、“自定义”。图 1-61 所示就是“其他预定义”的填充图案。

3)【样例】：显示当前选中的填充图案样例。单击该窗口的填充图案样例，也可以打开“填充图案选项板”对话框。

4)【自定义图案】：当图案项选择“自定义”时，该下拉列表框才可用。单击右侧下拉箭头，在弹出的图案名称中选择。或者，也可以单击右侧的按钮，在系统弹出的“填充图案选项板”对话框选择。

(2)“角度和比例”选项

1)【角度】：设置填充图案的旋转角度，默认设置为 0。

2)【比例】：设置填充图案的比例。用户必须根据实际情况设置合适的比例。比例过大或过小，会导致填充图案过稀或过密，都是不合适的。当在【类型】中选择“用户

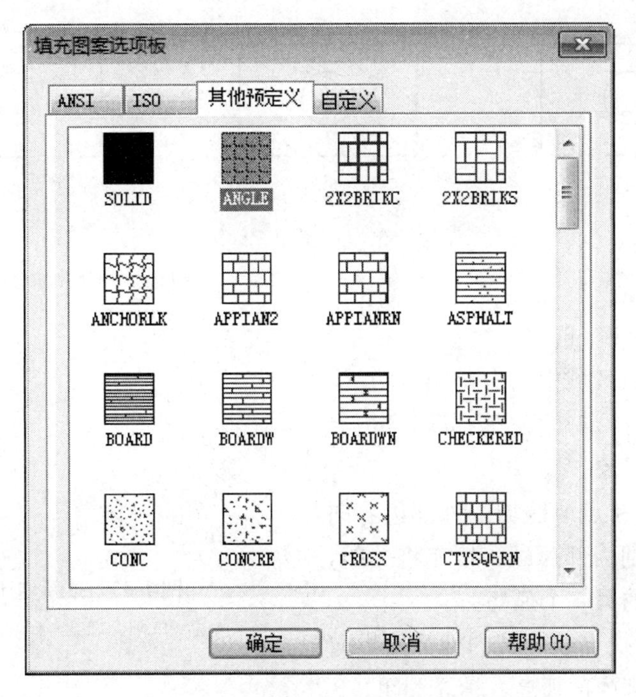


图 1-61 “填充图案选项板”对话框



定义”选项，【比例】为灰色显示，不可用。

3）【双向】：当在【类型】中选择“用户定义”选项，此项才可用。选中该项，填充图案为相互垂直的 2 组平行线；否则，为 1 组平行线。

4）【相对图纸空间】：确定比例是否为相对图纸空间的比例。

5）【间距】：当在【类型】中选择“用户定义”选项，此项才可用，设置填充平行线之间的距离。

6）【ISO 笔宽】：当在【图案】中选择“ISO”选项，此项才可用，设置笔的宽度。

(3)“图案填充原点”选项

一般情况下我们采用默认选项，使用当前原点。

(4)“边界”选项

1）【添加：拾取点】：鼠标点取需要填充区域内的一个点，系统将寻找包含该点的封闭区域填充。

2）【添加：选择对象】：鼠标选择要填充的对象。常用在有多个或多重嵌套的图形需要填充时。

3）【删除边界】：当填充区域内存在另外的封闭区域时，可将多余的对象排除在边界集外，使其不参与边界计算。如图 1-62 (*a*) 所示，在矩形封闭区域内还有 1 个圆形封闭区域，如果不用【删除边界】命令，填充效果如图 1-62 (*b*) 所示；如果用【删除边界】命令点取圆，则填充效果如图 1-62 (*c*) 所示。

4）【重新创建边界】：对无边界的已填充图案补全其边界，如图 1-63 所示。

5）【查看选择集】：点击此按钮后，可在绘图区域亮显当前定义的边界集合。

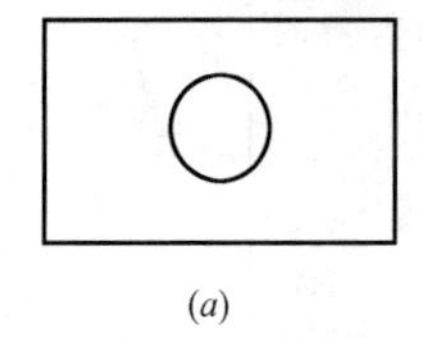
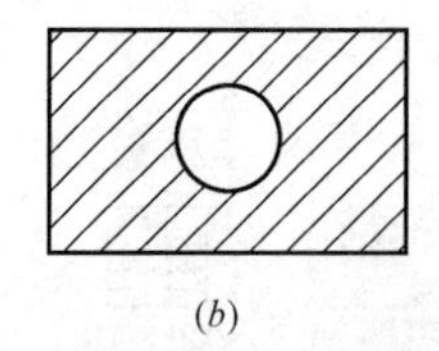
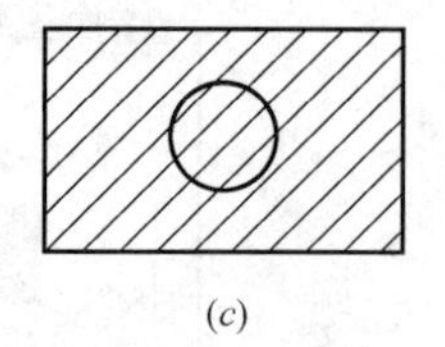

(*a*) (*b*) (*c*)

图 1-62　图案填充效果

（*a*）填充前图形；（*b*）填充效果（不删除边界）；（*c*）填充效果（删除边界）

（5）“孤岛检测”选项

孤岛是指封闭区域中的内部闭合边界。“孤岛检测”用于指定是否把内部闭合边界作为填充的边界对象。



1）【普通】：从点取区域的外部边界向内填充，如果遇到内部孤岛，填充将关闭，直到遇到孤岛中的另一个孤岛。

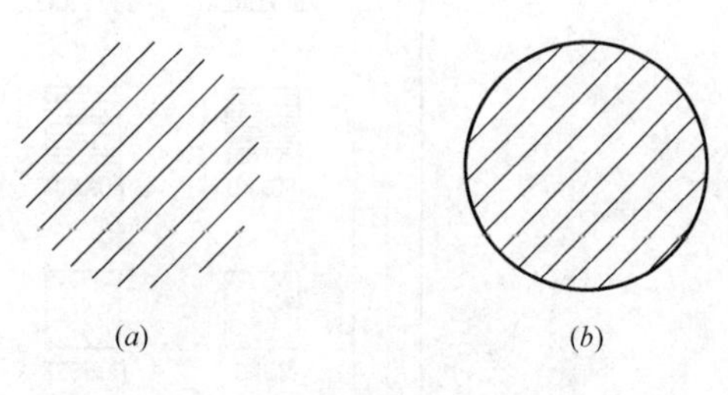

图 1-63　重新创建边界

（*a*）无边界的填充图案；（*b*）重新创建边界后

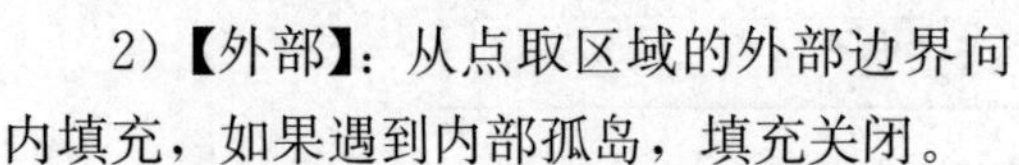

2）【外部】：从点取区域的外部边界向内填充，如果遇到内部孤岛，填充关闭。

3）【忽略】：忽略外部边界内的孤岛，全部填充。

（6）【预览】和【动态预览】

【预览】按钮可以在填充前预先浏览图案填充效果。【动态预览】可以在不关闭“填充”对话框的情况下预览填充效果，以便用户及时查看并修改填充图案。【动态预览】和【预览】选项不能同时选中，只能选择其中一种预览方法。

默认情况下，“其他选项”栏是被隐藏起来的，当点击图 1-60 右下角“其他选项”的按钮时，将其展开后可以拉出如图 1-64 所示的对话框。

1）【保留边界】：用于以临时图案填充边界创建边界对象，并将它们添加到图形中，在对象类型栏内选择边界的类型是面域或多段线。

2）【边界集】：可以指定比屏幕显示小的边界集，一般在复杂图形中须要长时间分析操作时使用此项功能。

3）【允许的间隙】：填充应在封闭区域中进行，但有些边界区域并非严格封闭，接口处存在一定空隙，而且空隙往往比较小，不易观察到，造成边界计算异常，软件考虑到这种情况，设计了此选项，使得在可控制的范围内即使边界不封闭也能够完成填充操作。

4）【继承选项】：当用户使用【继承特性】创建图案填充时，将以这里的设置来控制图案填充原点的位置。“使用当前原点”项表示以当前的图案填充原点设置为目标图案填充的原点；“使用源图案填充的原点”表示以复制的源图案填充的原点为目标图案填充的原点。

5）【关联】：选中此项，填充图案与边界保持关联。当对边界进行编辑修改后，填充图案将按照修改后的边界自动更新，以适合新的边界。

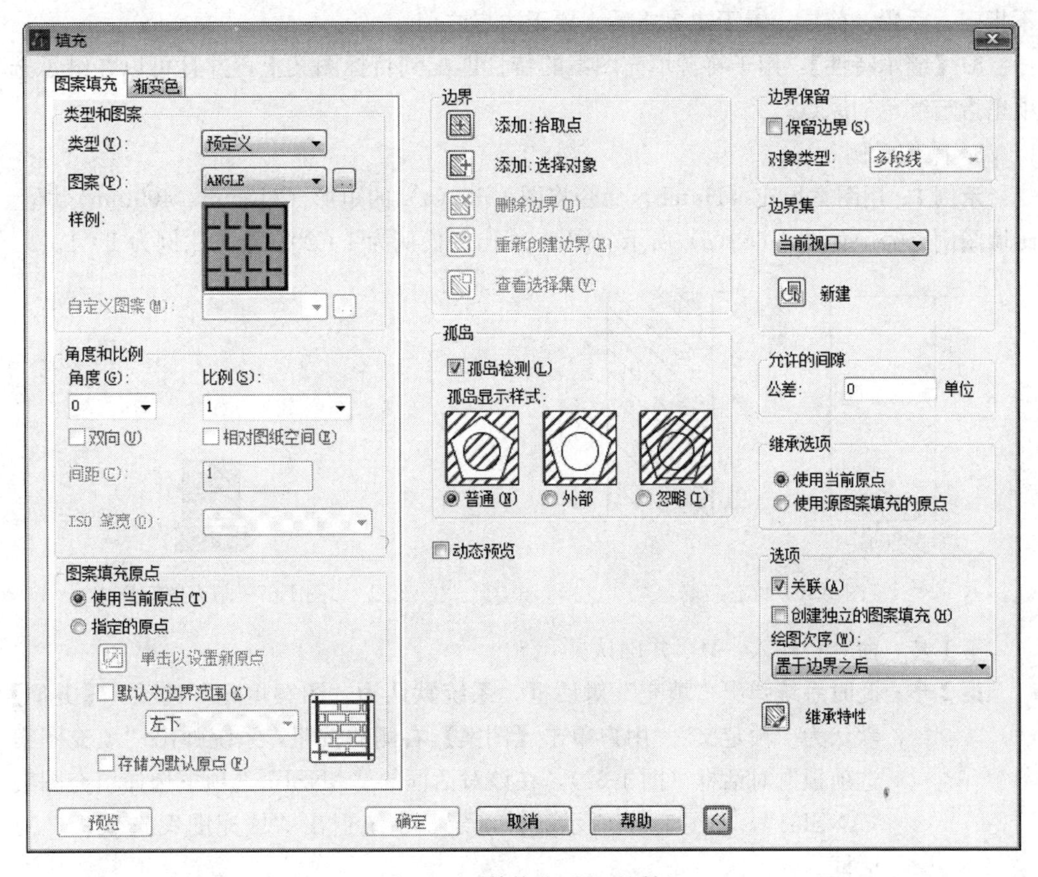


图 1-64 “其他选项”对话框

6)【创建独立的图案填充】：对于有多个独立封闭边界的情况下，用户可以选择两种方式创建填充，一种是将几个填充图案定义为一个整体，另一种是将各个填充图案独立定义。图 1-65 为选取填充图案时的显示，(*a*) 为未选择此项，矩形和圆内的填充图案是一个整体，此时如选取矩形内的填充图案，则圆内的填充图案将自动选中。图1-65 (*b*) 为选择此项，此时的 2 个填充图案是独立的，选取矩形内的填充图案时，圆内的不会同时选中。

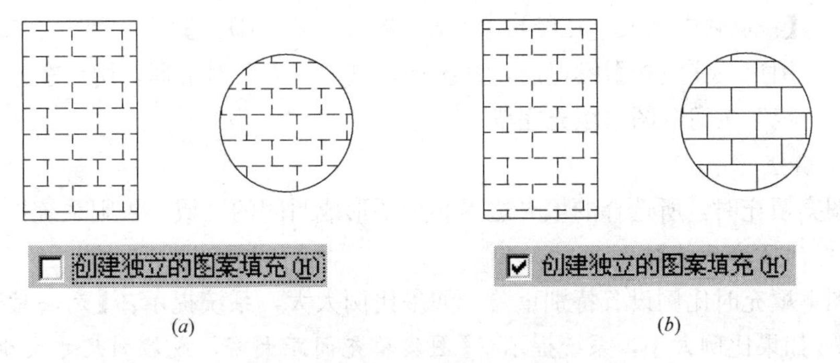


(*a*)　　　　(*b*)

图 1-65 通过选取查看填充图案是否独立

7)【绘图次序】：指定图案填充时的绘图次序，下拉列表框中有 5 个选项可供选择：

不指定、后置、前置、置于边界之后、置于边界之前。

8）【继承特性】：用于将源填充图案的特性匹配到目标图案上，并且可以在继承选项里指定继承的原点。

3. 操作示例

**示例 1**：用图案填充（Hatch）命令将图 1-66（*a*）的矩形（240mm×400mm）填上砖墙图例符号，如图 1-66（*b*）所示。图 1-66 出图比例为 1∶20，绘图比例为 1∶1。

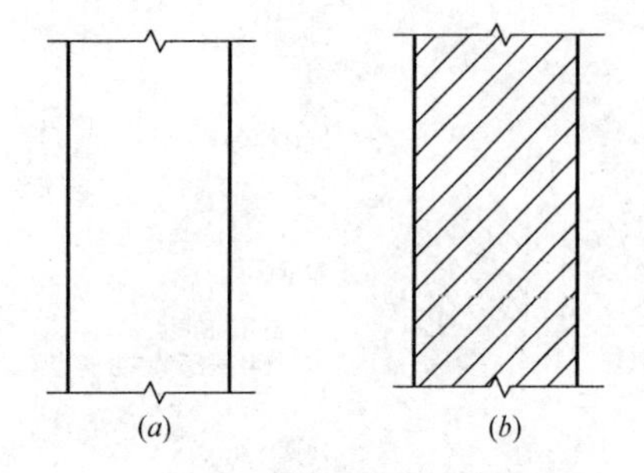

图 1-66　填充砖墙

图 1-67　填充图案样式



**第 1 步**：命令行输入：**H**，并确认。

**第 2 步**：此时系统弹出“填充”对话框，系统默认为“图案填充”选项，【类型】默认为“预定义”。用户单击【图案】右侧的按钮，系统弹出“填充图案选项板”对话框（图 1-61），在该对话框的“ANSI”选项下选择填充图案“ANSI31”，如图 1-67 所示，并确定，系统退出“填充图案选项板”对话框。

**第 3 步**：此时系统回到“填充”对话框，用户在【比例】中输入：**20**。

**第 4 步**：此时系统仍在“填充”对话框，用户点击【添加：拾取点】按钮，系统切换到绘图区。

**第 5 步**：此时命令行提示：

【拾取内部点或［选择对象（S）/删除边界（B）］：】

用户在填充区域内点取任意一点。

**第 6 步**：此时系统进行分析后，命令行继续提示：

【拾取内部点或［选择对象（S）/删除边界（B）］：】

用户按【空格】键退出，系统切换到“填充”对话框。用户在此点击“确定”按钮。图案填充完毕。

4. 相关链接

（1）图案填充时，所选择的填充边界必须要形成封闭的区域；否则系统提示警告信息：【你选择的区域无效】。

（2）图案填充时比例设置特别重要。如果比例太大，系统提示：【无法对边界进行图案填充】；如果比例太小，系统提示：【图案填充间距太密，或短划尺寸太小】，同样无法填充，用户只能多试几次才能确定合适的比例。另外，当出图比例改变时，同一图案的填充比例必须相应调整。

（3）图案填充极耗内存，而且每次视图刷新也会耗用很多时间，图案填充较多时甚至会出现死机。因此一般情况下都是在绘图的最后一步进行图案填充，或者将图案填充设置在一个单独图层中，冻结它后再进行其他绘图工作。

### 1.3.15 块的操作（Block、Insert、Wblock）

绘图时我们经常会遇到相同的内容需要重复绘制的情况，比如图框的标题栏、建筑图中的门、窗、家具等。我们可以采用复制粘贴的命令，或者采用阵列的命令，这样的确也很方便，但是如果学会了块的操作，就会发现这个命令更加便捷高效。

块就是把互相独立的多个图形集合起来成为一个整体的图形。

创建块（Block）很简单，具体操作步骤为：

**第1步：**◆鼠标左键单击下拉菜单栏【绘图】，移动光标到【块】，点击【创建】。

◆或者在“绘图”工具栏点击“创建块”按钮（图1-68）。

图1-68 “创建块”按钮

◆或者在命令行输入：**Block** 或 **B**，并确认。



**第2步：**此时系统弹出“块定义”对话框（图1-69），用户在“名称”框内输入新定义的块名。如单击右侧下拉箭头，将弹出下拉列表框，列有图形中已定义的块名。

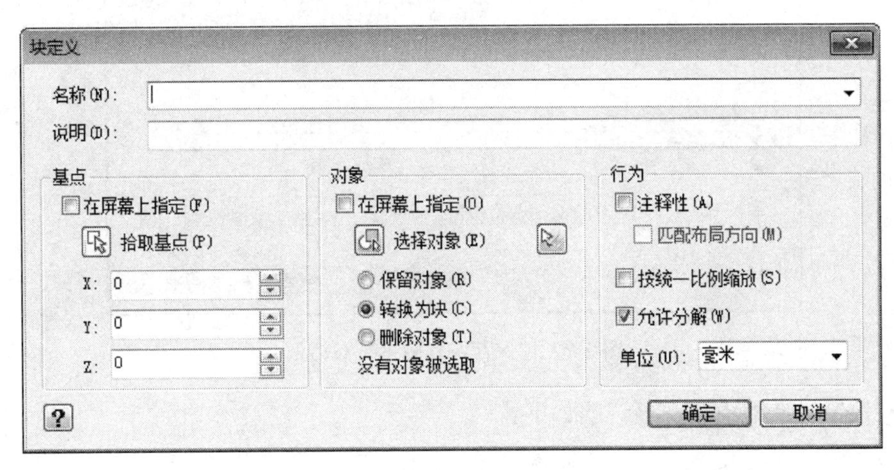


图1-69 “块定义”对话框

**第3步：**在“块定义”对话框中，单击“对象”选项组的【选择对象】按钮，系统切换到绘图区，选择图形对象，并确认。

（1）【保留对象】：创建块后，保留绘图区中组成块的各对象。

（2）【转换为块】：创建块后，保留绘图区中组成块的各对象，并转换成块。

（3）【删除对象】：创建块后，删除绘图区中组成块的各对象。

**第4步：**此时系统又切换到“块定义”对话框，单击“基点”选项组的【拾取点】按钮，系统切换到绘图区，用户指定块的插入基点。

**第 5 步：**此时系统又切换到“块定义”对话框，单击【确定】按钮。块创建完毕。

简单地说，执行“创建块”命令后，只要输入块名、选择图形对象、拾取一个块图形基点就可以完成块的创建。用创建块（Block）命令定义的图块，只能在定义图块的图形中调用，而不能被其他图形文件选用，因此用 Block 命令定义的图块被称为内部块。

为了供其他图形文件使用，我们可以用写块（WBlock）命令，WBlock 命令可将内部块或图形文件中的图形，定义为块，并以图形文件（*.dwg）的形式存盘，其他图形文件均可以将它作为块调用。WBlock 命令定义的图块是一个独立存在的图形文件，因此被称作外部块。写块（WBlock）命令的操作具体步骤如下：

**第 1 步：**在命令行输入：**WBlock** 或 **W**，并确认。

**第 2 步：**系统弹出“保存块到磁盘”对话框（图 1-70）。



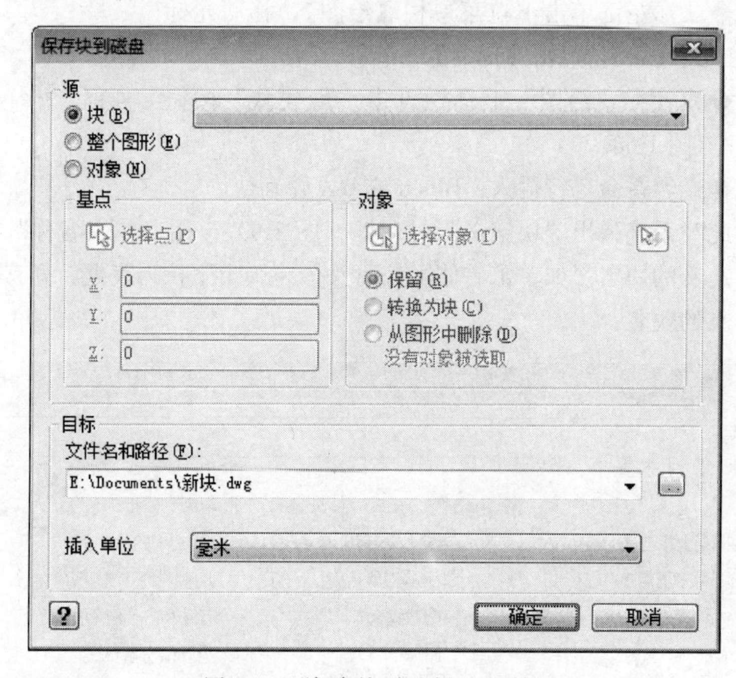


图 1-70 “保存块到磁盘”对话框

“写块”对话框中各选项说明如下：

（1）源

1）【块】：将已定义的块作为存盘源目标。可以直接输入块名，也可以单击右侧下拉箭头，在弹出的列表框中选择已定义的块名。

2）【整个图形】：将当前整个图形文件作为存盘源目标。

3）【对象】：重新定义对象作为存盘源目标。选择“对象”，并确定“基点”。

（2）目标：设置存盘块文件的文件名、储存路径。

（3）插入单位：设置存盘块文件插入时的单位制。

通过创建块（Block）和写块（WBlock）命令定义的块，在需要调用的时候，都用插入块（Insert）的命令，可将块插入到当前图形文件中。插入块（Insert）的具体操作步骤为：

**第 1 步：**◆鼠标左键单击下拉菜单栏【插入】，移动光标到【块】。

◆或者在“绘图”工具栏点击“插入块”按钮（图 1-71）。

图 1-71　“插入块”按钮

◆或者在命令行输入：**Insert** 或 **I**，并确认。

**第 2 步：**此时系统弹出“插入图块”对话框（图 1-72）。

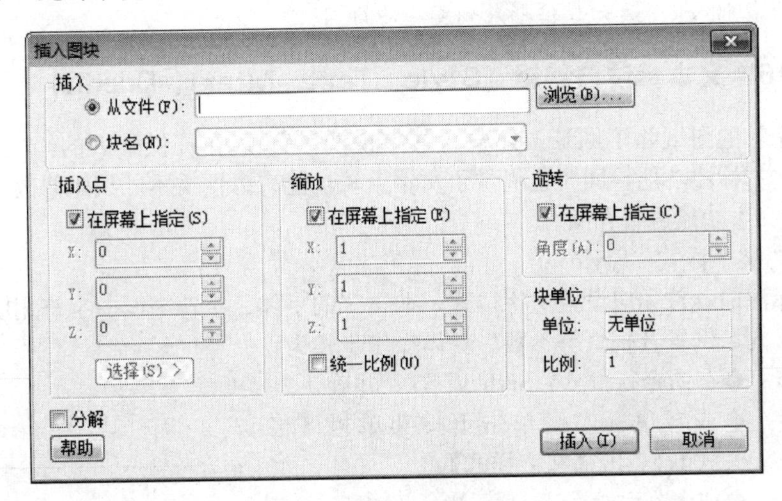


图 1-72　“插入图块”对话框

“插入图块”对话框中各选项说明如下：

（1）块名：设置要插入的块名称。如单击右侧下拉箭头，将弹出下拉列表框，列有图形中已定义的块名。单击右侧的“浏览”按钮，弹出“插入块”对话框，可以指定要插入的图形文件。

（2）从文件：显示外部图形文件的路径。只有选择外部图形文件后，该显示区才有效。

（3）插入点：确定块插入点的位置。一般选用“在屏幕上指定”。

（4）缩放

1）【在屏幕上指定】：选中此项，插入块时直接在绘图区用光标指定两点或在命令提示行输入各坐标轴的缩放比例。

2）【X、Y、Z】：输入各坐标轴的缩放比例。如果选择了“在屏幕上指定”，此处灰色显示，不能用。

3）【统一比例】：选中此项，插入块时 X、Y、Z 轴比例相同，只需输入 X 轴比例，此时 Y、Z 轴灰色显示。

（5）旋转：选择“在屏幕上指定”，则插入块时直接在绘图区用光标指定或在命令行输入角度值；“角度”文本框内也可以输入插入块的选择角度。

（6）块单位：显示块的单位和比例。

（7）分解：选中此项，将插入的块分解成组成块前的各对象。

通过创建块（Block）和写块（WBlock）命令，用户在CAD里面创建的块图形不仅在当前的文件使用，还可以把块图形存盘供其他文件使用。块的图形积累越多，绘图就越方便，效率也越高。

注：当一张图纸中须要绘制不同出图比例的图形时，我们用块的操作相当便捷。如一个图框中同时绘制一张平面图和一个节点详图，绘制比例均为1：1，但是平面图的出图比例为1：100，节点详图的出图比例为1：20，我们可以将节点详图按1：1绘制完毕后，做成Block，放大5倍插入到图框中即可。

### 1.3.16 文本标注与编辑（Style、Text、Mtext、Ddedit）

一张完整的图纸除了图形，还包含文字说明。CAD在提供强大的绘图功能以外，还提供了文本标注功能，同时也提供了文本编辑功能，方便文本的编辑修改。下面我们对CAD的文本功能进行介绍。



1. 设置文字样式（Style）

文本标注前，首先应设置文字样式，如文字的字体、字符高度、字符宽度比例、倾斜角度、反向、倒置及垂直等参数。具体操作步骤为：

**第1步：**◆在命令行输入：**Style**或**ST**，并确认。

◆或者鼠标左键单击下拉菜单栏【格式】，点击【文字样式】。

◆或者在“文字”工具栏（图1-73）点击“文字样式”按钮。

◆或者在“样式”工具栏（图1-74）点击“文字样式”按钮。

图1-73 “文字”工具栏

图1-74 “样式”工具栏

**第2步：**此时系统弹出“文字样式管理器”对话框（图1-75），用户在此设置文字样式。

（1）当前样式名

1）当前样式名下拉列表框：用户可以从下拉列表框选择已定义的样式。

2）【新建】：单击“新建”按钮，弹出“新文字样式”对话框（图1-76）。输入新建的文字样式名称，然后单击“确定”按钮，系统返回到“文字样式管理器”对话框。

3）【重命名】：单击该按钮，系统弹出“重命名文字样式”对话框（图1-77），可以更改文字样式名称。

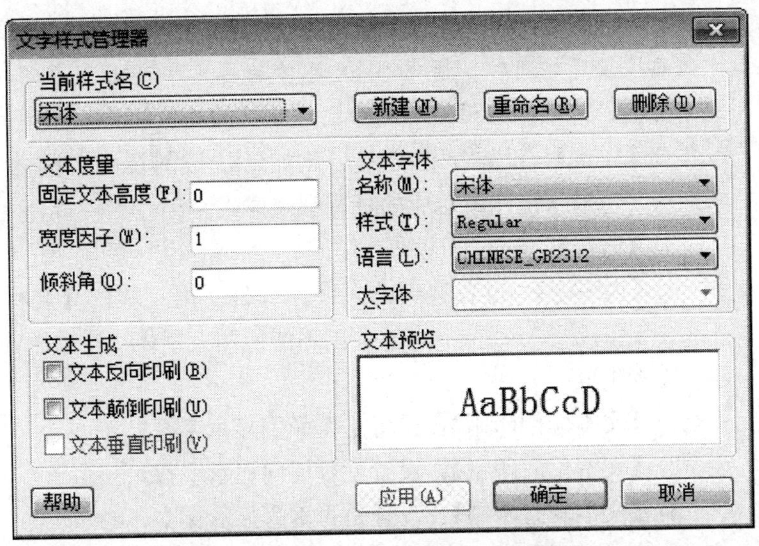


图 1-75 “文字样式管理器”对话框

图 1-76 “新建文字样式”对话框

图 1-77 “重命名文字样式”对话框

4）【删除】：用户可以删除设定的文字样式，但是不能删除已经被使用的文字样式和 Standard 样式。

（2）文本度量

1）【固定文本高度】：指定字设置文字高度。如果高度值为 0，每次输入该样式文字时，系统都将提示输入文字高度。

2）【宽度因子】：设置字符宽高比。输入小于 1 的值字符变窄，输入大于 1 的值则字符变宽。

3）【倾斜角】：设置文字的倾斜角，系统规定角度取值范围为−85°～85°。

（3）文本字体

1）【名称】：下拉列表框中列出所有字体，用户可从中选择一种。我们选择“仿宋”。这里列出的字体主要分为两大类：TrueType 字体和 SHX 字体，TrueType 字体来自 Windows 系统中 fonts 文件夹中的字体、SHX 字体来自 CAD 的 Fonts 文件夹的字体。SHX 字体是专门为 CAD 制作的字体，也称为细字体，CAD 最初的版本只有 SHX 字体。

注：(1) SHX 字体是专门为 CAD 制作的字体，占用空间小，显示速度快，但字体不够美观。TrueType 字体美观，但显示速度慢，字体实际高度不精确，另外

在移动、拷贝过程中，句子长度可能与实际长度不同，影响参考定位。

（2）字体高度设置相同时，通常 SHX 字体的英文字母比 TrueType 字体的英文字母高，大字体（SHX）的中文字比 TrueType 字体的中文字低。

2）【样式】：设置字体样式，比如常规或斜体等。刚才我们选择的“仿宋”字体，对应的只有常规样式。

3）【语言】：设置对应的语言。

4）【大字体】：设置选用的大字体文件。第一项的【名称】中如果指定的是 TrueType 字体，则不能使用大字体，这项不能选择。

（4）文本生成

1）【文本颠倒印刷】：设置是否颠倒显示字符。

2）【文本反向印刷】：设置是否反向显示字符。



3）【文本垂直印刷】：设置是否垂直显示文本，TrueType 字体的垂直定位不可用。

（5）文本预览

单击【预览】按钮，预览框中显示对话框中设置的字符样例。预览图像不反映文字高度。

**第 3 步**：上述各项完成后，单击【应用】按钮，再单击“关闭”按钮，对话框关闭。文字样式设置完毕。文本注写时将按当前设置的文字样式注写。

注：（1）我们设置文字样式时应按照国家制图标准《房屋建筑制图统一标准》GB/T 50001—2010 进行设置：1）图样及说明中的汉字，宜采用长仿宋体或黑体，同一图纸字体种类不应超过两种。长仿宋体的高宽关系应符合表 1-2 的规定，黑体字的宽度、高度应相同。2）字母和数字有直体和斜体两种，斜体字与右侧水平线的夹角为 75°。字母与数字的字高不小于 2.5mm。

（2）当须要竖排写字时，我们在【字体名】下拉列表框中选择字体时，选择字体名前有@符号的字体，系统默认为竖排字。

**长仿宋体字高宽关系（mm）** **表 1-2**

| 字高 | 3.5 | 5 | 7 | 10 | 14 | 20 |
|---|---|---|---|---|---|---|
| 字宽 | 2.5 | 3.5 | 5 | 7 | 10 | 14 |

2. 注写单行文本（Text）

注写单行文本（Text）命令可注写单行文本。该命令同时可设置文本的当前字形、旋转角度（Rotate）、对齐方式（Justify）等。具体操作步骤为：

**第 1 步**：◆鼠标左键单击下拉菜单栏【绘图】，移动光标到【文字】，点击【单行文字】。

◆或者在“文字”工具栏（图 1-73）点击“单行文字”按钮。

◆或者在命令行输入：**Text** 或 **DT**，并确认。

**第 2 步**：此时命令行提示：

【指定文字的起点或［对正（J）/样式（S）］：】

用户指定文字起点位置。系统默认的对正方式为“左对齐”，文本将由此起点向右排列。

**第3步：** 此时命令行提示：

【指定文字高度＜2.5＞：】

用户在此设置文字高度，并确认。

**第4步：** 此时命令行提示：

【指定文字的旋转角度＜0＞：】

用户在此设置文字角度，并确认。

**第5步：** 此时绘图区在位文字编辑器等待输入，用户输入文字，可换行输入多行文字，输完连续按【Enter】键两次退出。文本注写完毕。



在第2步操作中，我们提到系统默认的对正方式为“左对齐”。如果用户想调整对正方式，则在第2步时输入：**J**，命令行将提示：【［对齐（A）/调整（F）/中心（C）/中间（M）/右（R）/左上（TL）/中上（TC）/右上（TR）/左中（ML）/正中（MC）/右中（MR）/左下（BL）/中下（BC）/右下（BR）］：】，用户在此输入对正方式。此处各选项说明如下：

(1)【对齐（A）】：通过指定基线端点来指定文字的高度和方向。先指定文字基线的第一个端点，再指定文字基线的第二个端点，然后在单行文字的在位文字编辑器中输入文字。字符的大小根据其高度按比例调整。文字字符串越长，字符越矮。

(2)【调整（F）】：指定文字按照由两点定义的方向和一个高度值布满一个区域。只适用于水平方向的文字。

(3)【中心（C）】：从基线的水平中心对齐文字，此基线是由用户给出的点指定的。

(4)【中间（M）】：文字在基线的水平中点和指定高度的垂直中点上对齐，中间对齐的文字不保持在基线上。

(5)【右边（R）】：在由用户给出的点指定的基线上右对正文字。

(6)【左上（TL）】：在指定为文字顶点的点上左对正文字，只适用于水平方向文字。

(7)【中上（TC）】：以指定为文字顶点的点居中对正文字，只适用于水平方向文字。

(8)【右上（TR）】：以指定为文字顶点的点右对正文字，只适用于水平方向文字。

(9)【左中（ML）】：在指定为文字中间点的点上靠左对正文字，只适用于水平方向文字。

(10)【正中（MC）】：在文字的中央水平和垂直居中对正文字，只适用于水平方向文字。

(11)【右中（MR）】：以指定为文字的中间点的点右对正文字，只适用于水平方向文字。

(12)【左下（BL）】：以指定为基线的点左对正文字，只适用于水平方向文字。

(13)【中下（BC）】：以指定为基线的点居中对正文字，只适用于水平方向文字。

(14)【右下（BR)】：以指定为基线的点靠右对正文字，只适用于水平方向文字。

在第2步操作中，如果输入：**S**，我们还可以设置当前文字样式。

注写单行文本（Text）命令可注写一行或多行文字，但每一行文字单独作为一个实体对象。如果用户需要注写多行文字，可以在输入时按【Enter】键换行，或者重新注写，但是不管采用何种方式，有几行文字就有几个实体对象。

3. 注写多行文本（Mtext）

注写多行文本（Mtext）命令将输入的英文单词或中文字组成的长句子按用户指定的文本边界自动断行成段落，无需按【Enter】键换行，除非需要强行断行。对于连续输入的英文字母串（即中间不含空格），必须在断行处输入"\'、空格或回车符，才能断行成段落。具体操作步骤为：



**第1步**：◆鼠标左键单击下拉菜单栏【绘图】，移动光标到【文字】，点击【多行文字】。

◆或者在"文字"工具栏（图1-73）点击"多行文字"按钮。

◆或者在"绘图"工具栏点击"多行文字"按钮。

◆或者在命令行输入：**Mtext** 或 **T**，并确认。

**第2步**：此时命令行提示：

【指定第一角点：】

用户指定第一个点。

**第3步**：此时命令行提示：

【指定对角点或［对齐方式（J)/行距（L)/旋转（R)/样式（S)/字高（H)/方向（D)/字宽（W)/列（C)]：】

用户指定标注文本框的另一个角点。如需对后面的选项进行调整设置，则先进行设置，再指定角点。各选项说明如下：

(1)【对齐方式（J)】：设置文本对正方式，同单行文本（Text）命令。

(2)【行距（L)】：设置行间距。

(3)【旋转（R)】：设置文本框倾斜角度。

(4)【样式（S)】：设置字体样式。

(5)【字高（H)】：设置字体高度。

(6)【方向（D)】：每一行文字的放置方式。

(7)【字宽（W)】：设置文本框宽度。

(8)【列（C)】：设置多行文字的宽度、列间距、每列的高度。

**第4步**：此时系统同时弹出"文本格式"工具栏（图1-78）和"文字输入"窗口（图1-79）。

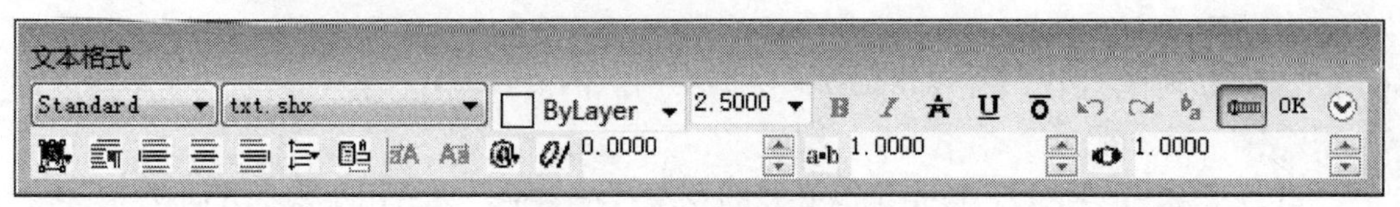


图1-78 "文本格式"工具栏

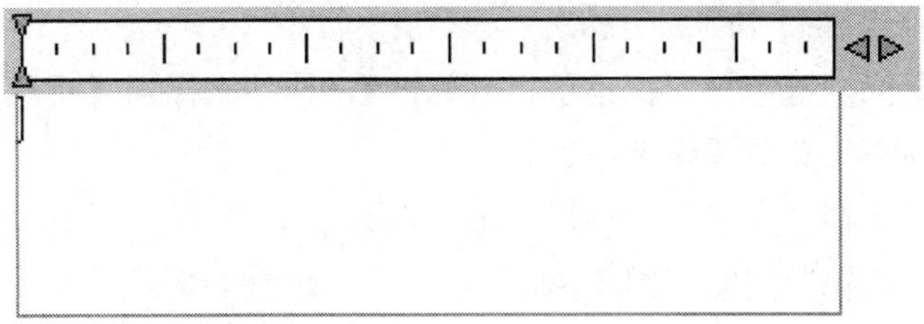

图 1-79 “文字输入”窗口

用户在“文本格式”工具栏设置文字样式、字体、高度等，在“文字输入”窗口输入多行文字，并且可以设置缩进和制表位位置。

**第 5 步：** 输入完毕，在“文本格式”工具栏上单击【确定】按钮。多行文本注写完毕。注写多行文本（Mtext）命令与注写单行文本（Text）命令有所不同，Mtext 输入的多行段落文本是作为一个实体，只能对其进行整体选择、编辑；Text 命令也可以输入多行文本，但每一行文本单独作为一个实体，可以分别对每一行进行选择、编辑。



输入文本的过程中，可对单个或多个字符进行不同的字体、高度、加粗、倾斜、下划线等设置，这点与字处理软件相同。其操作方法是：按住并拖动鼠标左键，选中要编辑的文本，然后再设置相应选项。

4. 特殊字符的输入

在标注文本时，常常需要输入一些特殊字符，如“Φ”、“±”、“°”等符号。系统提供了一些带两个百分号（%%）的控制代码来生成这些特殊符号，见表 1-3。

**特殊字符及控制代码** **表 1-3**

| 特殊字符 | 控制代码 | 说　明 |
| --- | --- | --- |
| Φ | %%P | 直径符号 |
| ± | %%C | 公差符号 |
| ° | %%D | 角度符号 |
| — | %%O | 打开或关闭文字上划线 |
| _ | %%U | 打开或关闭文字下划线 |
| Φ | %%130 | HPB300 钢符号 |
| Φ | %%131 | HRB335 钢符号 |
| Φ | %%132 | HRB400 钢符号 |

注：(1) 注写钢筋符号，必须选用 SHX 字体，如设定为宋体、黑体等 TrueType 字体无效。

(2) 注写钢筋符号，必须采用 DT 单行文本输入，多行文本输入方式无效。

(3) 注写钢筋符号，一般系统自带的字库文件 txt. shx 是无效的，必须采用专业建筑软件中的 txt. shx 字库文件，拷贝到 CAD 安装文件夹下的 Fonts 文件夹中，覆盖原有字库。如果此时 CAD 在打开状态，须要关闭，再重启 CAD 才能调用新字库。

5. 文本编辑（Ddedit）

有时我们需要对标注好的文本进行内容、样式等的调整，可采用以下几种方式：

（1）Ddedit 命令编辑

**第1步：**◆鼠标左键单击下拉菜单栏【修改】，移动光标到【对象】，再选择最后一项下级菜单【文字编辑】。

◆或者在“文字”工具栏（图1-73）点击“文字编辑”按钮（图1-80）。

图1-80　“文字编辑”按钮

◆或者在命令行输入：**Ddedit** 或 **ED**，并确认。

**第2步：**此时命令行提示：

【选择注释对象或［放弃（U）］:】

用户选择文本对象。如选取的文本为单行文本，则该单行文本变为可修改状态，用户可对文本内容进行修改；如选取的文本为多行文本，则系统同时弹出“文本格式”工具条和“文字输入”窗口，用户可以对文本进行全部编辑修改。

注：光标移动到需要编辑的文本上，文字变虚后，鼠标左键双击，也可以启动文本编辑命令。



（2）特性命令编辑

用户选取需要修改的文本，单击鼠标右键，系统弹出快捷菜单（图1-81），单击“特性”，系统弹出“特性”对话框（图1-82），用户可在此进行编辑修改。

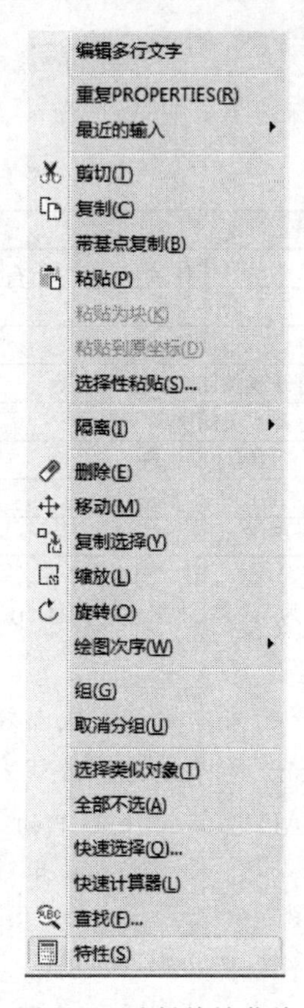


图1-81　右键快捷菜单

图1-82　“特性”对话框

或者鼠标左键单击下拉菜单栏【修改】，移动光标到【对象特性管理器】，再选取对象进行修改。

注：“对象特性管理器”还可以查看、修改 Line、Pline 等其他图形对象的属性。

6. 文本替换

CAD 提供了文本查找替换功能，可以在当前图形文件中查找指定的文字并进行替换。具体操作步骤如下：

**第 1 步：**◆鼠标左键单击下拉菜单栏【编辑】，点击【查找】。

◆或者在“文字”工具栏点击“查找”按钮（图 1-83）。

◆或者在右键快捷菜单（图 1-81）中单击【查找】。

◆或者在命令行输入：**Find**，并确认。

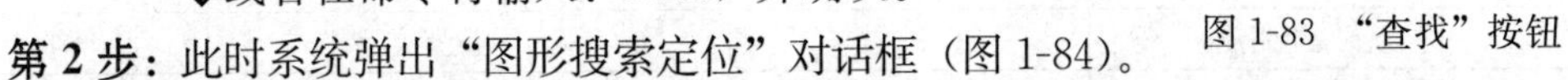

图 1-83 “查找”按钮

**第 2 步：**此时系统弹出“图形搜索定位”对话框（图 1-84）。



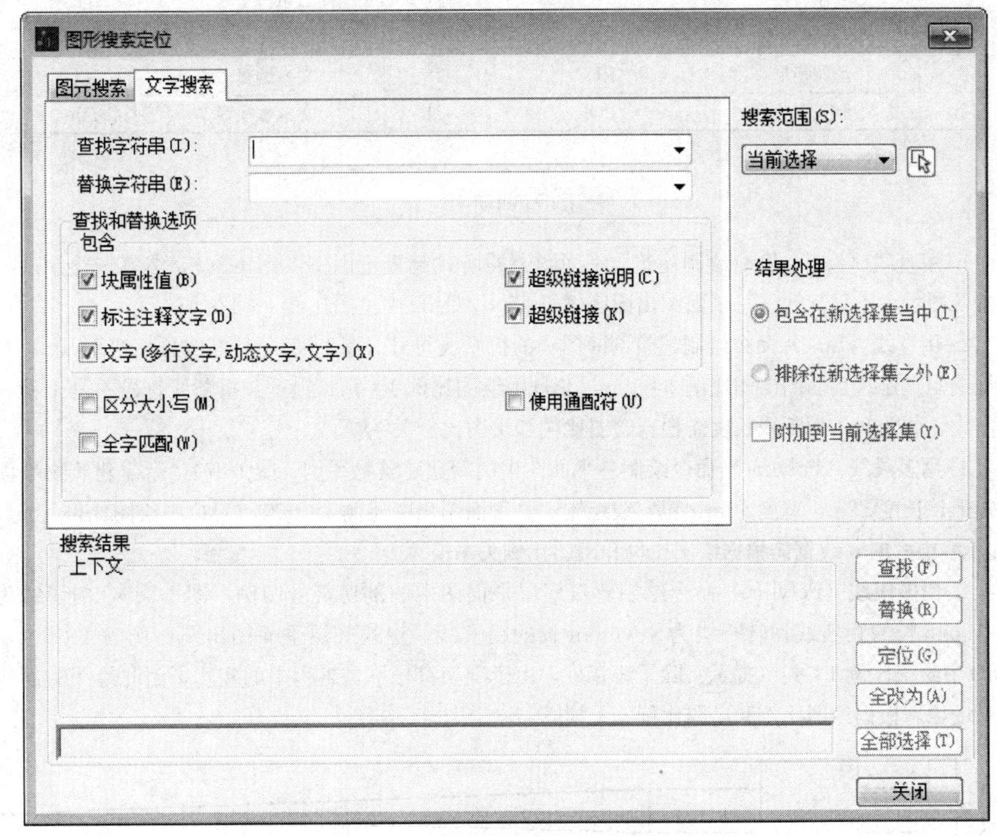


图 1-84 “图形搜索定位”对话框

用户在该对话框中，分别输入查找和替换的文本字符串，在右侧搜索范围内指定搜索区域进行查找或替换。

用户还可以根据需要，在“查找和替换选项”栏对查找和替换功能进行设置。

## 单 元 小 结

本单元是 CAD 绘图的基础。首先简略介绍了 CAD 软件的功能和发展，然后初步认识了 CAD

的工作界面、常用操作、文件管理、坐标系统、图形界限设置、绘图辅助工具等基本常识，最后着重介绍了CAD软件的24个绘图命令和编辑命令，详见表1-4。

本单元用到的绘图命令和编辑命令　　表1-4

| 序号 | 命令功能 | 命令简写 | 序号 | 命令功能 | 命令简写 |
|---|---|---|---|---|---|
| 1 | 删除 | E | 13 | 绘制圆 | C |
| 2 | 删除恢复 | Oops | 14 | 绘制弧 | A |
| 3 | 放弃 | U | 15 | 绘制圆环 | DO |
| 4 | 多重放弃 | Undo | 16 | 绘制样条曲线 | SPL |
| 5 | 重做 | Redo | 17 | 图案填充 | H |
| 6 | 视图重画 | R | 18 | 创建块 | B |
| 7 | 图形重生成 | Re | 19 | 块存盘 | W |
| 8 | 绘制点 | Po | 20 | 设置文字样式 | ST |
| 9 | 绘制直线 | L | 21 | 注写单行文本 | DT |
| 10 | 绘制多段线 | PL | 22 | 注写多行文本 | T |
| 11 | 绘制矩形 | REC | 23 | 文本编辑 | ED |
| 12 | 绘制正多边形 | POL | 24 | 文本替换 | Find |



## 能力训练题

1. 用直线（Line）命令绘制建筑总平面图中的塔式起重机图例（图1-85），细实线绘制，尺寸按照图示，不需标注。总平面图出图比例1∶500，CAD中绘图比例1∶1。

2. 用直线（Line）命令绘制建筑剖面图中的折断线符号（图1-86），折断线总长度60mm，细实线绘制。建筑剖面图出图比例1∶100，CAD中绘图比例1∶1。（提示：折断线符号不是工程中的实物，绘图时，折断线长度需根据绘图比例和出图比例关系换算。）

3. 用多段线（Polyline）命令绘制总平面图中的新建建筑物图例（图1-87），新建建筑物平面为矩形，长度32m，宽度10m，粗实线绘制。总平面图出图比例1∶500，CAD中绘图比例1∶1。（提示：绘图时，线宽需根据绘图比例和出图比例关系换算。）

4. 用多段线（Polyline）命令绘制建筑底层平面图中的剖切符号图例（图1-88），剖切线为6～10mm长的粗实线，转折线为4～6mm长的粗实线。建筑底层平面图出图比例为1∶100，CAD中绘图比例1∶1。（提示：除了线宽外，由于剖切符号不是工程中的实物，因此绘图时剖切线长度也需根据绘图比例和出图比例关系换算。）

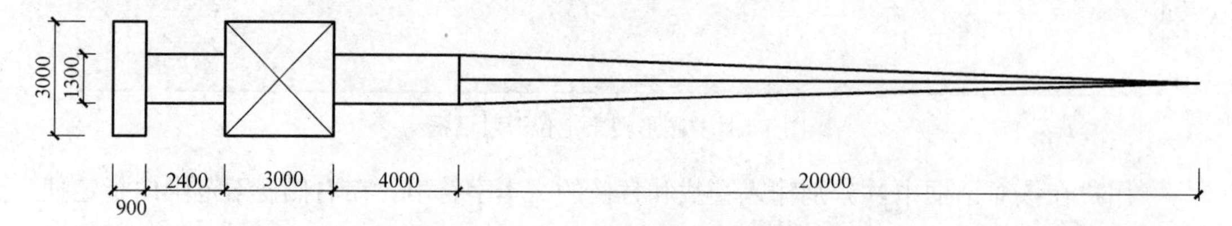


图1-85　塔式起重机

5. 用正多边形（Polygon）命令（边长方式）绘制一个边长为2000的正六边形；再用正多边形（Polygon）命令（内接圆方式）绘制一个正六边形，内接圆半径为2000。并与书中的示例2绘制的正六边形相比较，三个正六边形中哪两个大小是相同的。

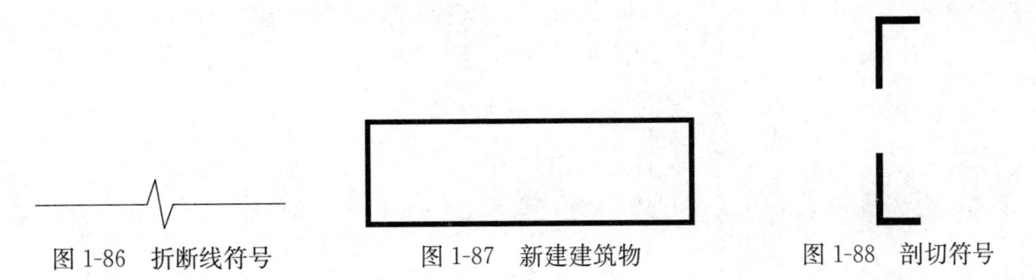

图 1-86　折断线符号　　　　图 1-87　新建建筑物　　　　图 1-88　剖切符号

6. 用直线（Line）命令、多段线（Polyline）命令、圆（Circle）命令绘制建筑平面图中的索引符号（图 1-89）。圆和水平直线均为细实线，圆直径为 10mm，剖切线为粗实线。建筑平面图出图比例为 1∶100，CAD 中绘图比例 1∶1。（提示：除了剖切线线宽外，由于索引符号不是工程中的实物，因此绘图时索引符号的大小也需根据绘图比例和出图比例关系换算。）

7. 用直线（Line）命令、弧（Arc）命令绘制建筑平面图中的双扇门图例（图 1-90）。门宽度为 1500mm。建筑平面图出图比例为 1∶100，CAD 中绘图比例 1∶1。（从第 7 题起，不再提示，请自己判断。）



8. 用圆环（Donut）命令绘制建筑详图中的详图符号（图 1-91）。圆为粗实线，直径 14mm。建筑详图出图比例为 1∶20，CAD 中绘图比例 1∶1。

9. 绘制扶手节点详图中的圆木扶手图样（图 1-92），圆木直径 60mm。扶手外轮廓为粗实线，木材料图例为细实线。扶手节点详图出图比例为 1∶5，CAD 中绘图比例 1∶1。

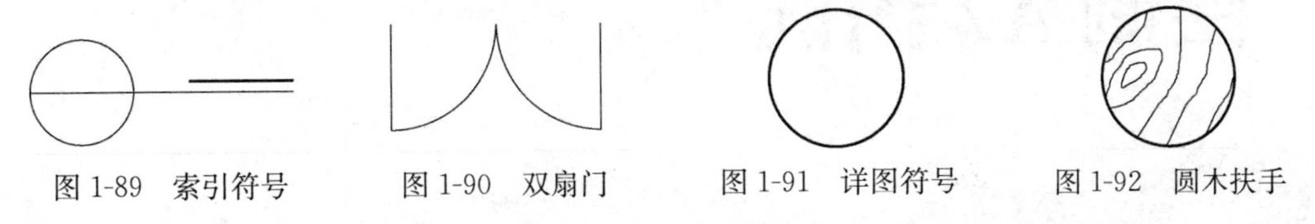

图 1-89　索引符号　　　　图 1-90　双扇门　　　　图 1-91　详图符号　　　　图 1-92　圆木扶手

10. 绘制节点详图中的梁断面（图 1-93），填充钢筋混凝土材料图例，材料图例采用 2 种组合填充。梁断面尺寸 250mm×600mm。节点详图出图比例 1∶20，CAD 中绘图比例 1∶1。

11. 绘制建筑总平面图中的指北针图例（图 1-94）。圆为细实线，直径 24mm。字体采用仿宋体，图 1-94（*a*）字高 5mm，图 1-94（*b*）字高 7mm。绘制完毕，分别定义为块，块名自定，并做块存盘自己保存。总平面图出图比例 1∶500，CAD 中绘图比例 1∶1。

12. 绘制建筑平面图中的标高符号并标注数字（图 1-95）。标高符号为细实线，直角等腰三角形高度 3mm。数字字体采用仿宋体，字高 3mm，宽度比例 0.7。绘制完毕，将标高符号定义为块，块名“标高符号”，并做块存盘自己保存。建筑平面图出图比例 1∶100，CAD 中绘图比例 1∶1。

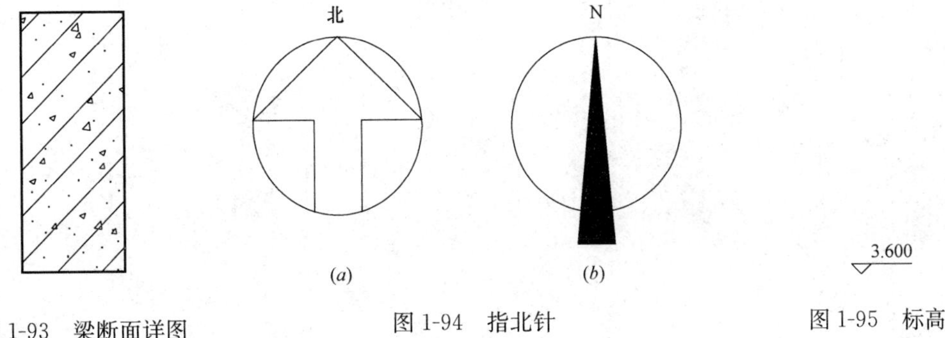


图 1-93　梁断面详图　　　　图 1-94　指北针　　　　图 1-95　标高

# 教学单元2

## 绘制A2图框

# 2.1 命令导入

CAD 在强大的绘图功能基础上，还具备丰富的图形编辑功能。图形编辑就是对图形进行复制、移动、修改、删除等操作。

系统提供了大量的图形编辑命令，比如单元 1.3.2～1.3.4 中介绍过的删除命令（Erase）、取消命令（Undo）、重做命令（Redo）、重生成命令（Redraw）。常用的图形编辑命令还有：移动命令（Move）、复制命令（Copy）、偏移命令（Offset）、分解命令（Explode）、修剪命令（Trim）等。



我们从本单元开始根据绘制任务的具体情况，将绘制时需要用到的编辑命令在绘图前的“命令导入”中进行详细介绍。

## 2.1.1 移动命令（Move）

1. 功能

移动命令（Move）可以将选择的对象移动到另一新的位置。

移动命令（Move）是 CAD 中使用最频繁的命令，也是最基础的编辑命令。

2. 操作步骤

**第 1 步：**◆鼠标左键单击下拉菜单栏【修改】，选择点击【移动】。

◆或者在“修改”工具栏点击“移动”按钮（图 2-1）。

◆或者在命令行输入：**Move** 或 **M**，并确认。

图 2-1 “移动”按钮

**第 2 步：**此时命令行提示：

【选择对象：】

选择需要移动的图形对象，选择完毕后按【空格】键退出。

**第 3 步：**此时命令行提示：

【选择基点或［位移（D）］<位移>：】

用户指定基点或输入位移量。

注：（1）基点：基点是对象移动的基准点，可以指定绘图区的任意一点。

（2）位移：方向向量，输入坐标值（x，y，z），二维平面中 z 不需输入，系统自动赋值为 0。

**第 4 步：**此时命令行提示：

【指定第二个点或<使用第一个点作为位移>：】

用户指定一点为新的位置点，或者按【空格】键确认。图形对象移动完成，系统退出移动命令。

注：按【空格】键确认，表示采用默认设置移动对象，即基准点为被移动的对象，

第 3 步中输入的坐标为移动的位移量。

3. 相关链接

（1）移动命令（Move）执行时并不会改变对象的尺寸。

（2）移动命令（Move）操作过程中用户一般都会借助目标捕捉功能来确定移动位置。

### 2.1.2 复制命令（Copy）

1. 功能

复制命令（Copy）可以将选择的对象作一次或者多次复制。

复制命令（Copy）是 CAD 中使用最频繁的命令，也是最基础的编辑命令。

2. 操作步骤



**第 1 步：**◆鼠标左键单击下拉菜单栏【修改】，选择点击【复制】。

◆或者在“修改”工具栏点击“复制”按钮（图 2-2）。

◆或者在命令行输入：**Copy** 或 **CO**、**CP**，并确认。

图 2-2 “复制”按钮

**第 2 步：**此时命令行提示：

【选择对象：】

选择需要复制的图形对象（在单元 1.2.6 中介绍过如何进行对象选择），选择完毕后按【空格】键退出。

**第 3 步：**此时命令行提示：

【指定基点或［位移（D）/模式（O）］<位移>：】

用户指定基点或输入位移量。

**第 4 步：**此时命令行提示：

【指定第二个点或<使用第一个点作为位移>：】

这时分两种情况：

（1）用户指定复制的位置，第 1 个复制对象完成。

（2）如果第 3 步中用户输入位移量，这时直接按【空格】键确认，表示采用默认设置，将按照被复制的对象作为位移量基准点，复制对象完成，系统退出复制命令。

**第 5 步：**此时命令行提示：

【指定第二个点或［退出（E）/放弃（U）］<退出>：】

用户可以继续指定复制的位置，连续复制对象，直到复制完毕，按【空格】键退出。如果复制位置有误，输入：**U**，可以逐步取消本次命令下的复制，直至回到第 4 步操作初始状态，用户重新指定复制的位置。

3. 相关链接

（1）复制命令（Copy）是在同一个图纸文件中进行多次复制。如果要在不同图纸文件之间进行复制，应采用另一个复制命令（Copyclip），即“标准”工具栏中的“复制”图标按钮（图 2-3），或者采用快捷键：Ctrl+C。它将复制对象复制到 Windows 的剪贴板上，然后在另一个图纸文件中用粘贴命令（Pasteclip），即“标准”工具栏中的“粘贴”图标按钮（图 2-4），或者采用快捷键：Ctrl＋V，将剪贴板上的内容粘贴到图纸中。

图 2-3 “复制”（Copyclip）按钮

图 2-4 “粘贴”（Pasteclip）按钮

注：系统提供了复制粘贴的快捷操作方式，当自定义右键单击设置如图 2-25 所示时，单击鼠标右键，就可打开快捷命令，建议大家练习一下剪切、复制、粘贴、粘贴为块这几个命令选项，特别是剪切、粘贴为块 2 个命令，充分理解命令的功能。

（2）复制时用户一般都会借助目标捕捉功能（单元 1.2.6 中介绍过）来确定复制的位置，非常方便快捷。

（3）有规则的多次复制可用阵列命令（Array），我们将在单元 8 中再作介绍。



### 2.1.3　偏移命令（Offset）

1. 功能

偏移命令（Offset）可以将选择的对象进行偏移复制，也称为等距离复制。

2. 操作步骤

**第 1 步：**◆鼠标左键单击下拉菜单栏【修改】，选择点击【偏移】。

◆或者在“修改”工具栏点击“偏移”按钮（图 2-5）。

◆或者在命令行输入：**Offset** 或 **O**，并确认。

图 2-5 “偏移”按钮

**第 2 步：**此时命令行出现两行提示：

【指定偏移距离或［通过点（T）］：】

此处有两项操作可以选择，我们根据选项分别介绍：

（1）指定偏移距离：

用户在第 2 步的提示栏中输入：偏移距离数值，并确认。

**第 3 步：**此时命令行提示：

【选择要偏移的对象，或［放弃（U）/退出（E）］＜退出＞：】

用户选择需要偏移的对象。

**第 4 步：**此时命令行提示：

【指定偏移方向或［两边（B）］：】

用户根据需要输入选择项：

1）当用户在要偏移的那一侧上直接指定一点，即在该侧复制了第 3 步中选择的对象。

2）当用户输入：**B**，在两侧同时复制第 3 步中选择的对象。

**第 5 步：**此时命令行提示：

【选择要偏移的对象或［放弃（U）/退出（E）］＜退出＞：】

用户根据需要输入选择项：

3）当用户选择对象时，即重复偏移命令，继续偏移新对象。

4）当用户输入：**U**，取消上一个偏移命令操作。

5）当用户输入：**E**，退出偏移命令操作。

（2）通过点（T）：

用户在第 2 步的提示栏中输入：**T**，并确认。

**第 3 步**：此时命令行提示：

【选择要偏移的对象或［放弃（U）/退出（E）］<退出>：】

用户选择需要偏移的对象。

**第 4 步**：此时命令行提示：

【通过点：】

用户在绘图区指定一点，对象偏移复制完成，且通过该点。



3. 相关链接

（1）偏移命令（Offset）选择的对象一次只能选择一个。

（2）偏移命令（Offset）选择的对象只能选择直线（Line）、多段线（Polyline）、矩形（Rectang）、正多边形（Polygon）、圆（Circle）、圆弧（Arc）、圆环（Donut）等，不能对点（Point）、图块（Block）、文本进行偏移复制。

（3）偏移命令（Offset）选择直线（Line）进行偏移复制，就相当于将直线平行移动一段距离后复制，偏移复制后的直线尺寸与源对象相同，不会改变。图 2-6 所示为将一段直线向上偏移复制 300 后的图形。

（4）偏移命令（Offset）选择对多段线（Polyline）、矩形（Rectang）、正多边形（Polygon）、圆（Circle）、圆弧（Arc）、圆环（Donut）、椭圆和曲线等进行偏移复制，就相当于同心复制，偏移复制后的对象与源对象同心，尺寸会发生改变。图 2-7 所示为分别将一多段线、圆、正多边形向外偏移复制 300 后的图形。

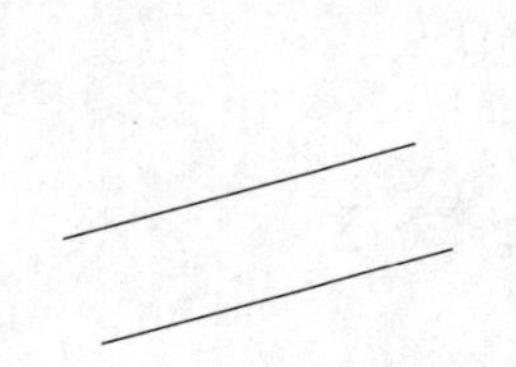

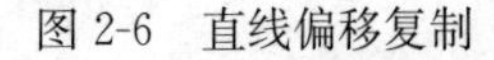

图 2-6　直线偏移复制

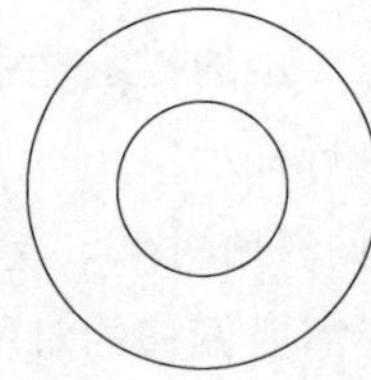

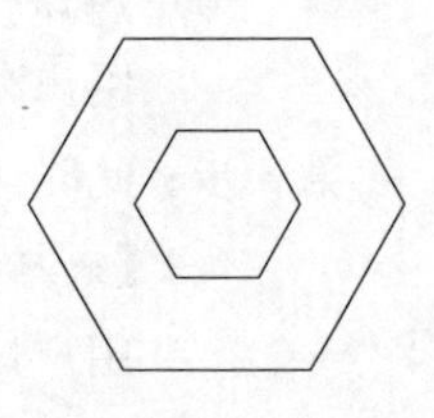

图 2-7　多段线、圆、正多边形偏移复制

### 2.1.4　分解命令（Explode）

1. 功能

分解命令（Explode）可以将多段线（Polyline）、矩形（Rectang）、正多边形（Polygon）、块、尺寸标注等复合对象分解为若干个基本组成对象。

2. 操作步骤

**第 1 步**：◆鼠标左键单击下拉菜单栏【修改】，选择点击【分解】。

◆或者在“修改”工具栏点击“分解”按钮（图 2-8）。

◆或者在命令行输入：**Explode** 或 **X**，并确认。

**第 2 步**：此时命令行提示：

【选择对象：】

用户选择需要分解的图形对象，并确认。

图 2-8 “分解”按钮

3. 相关链接

（1）分解命令（Explode）执行中用户可以连续选择多个对象进行分解。当选择的对象不能分解时，系统会提示不能分解。

（2）当具有一定宽度的多段线（Polyline）分解后，系统将放弃多段线的宽度及相关信息，分解后的多段线的宽度、线型、颜色将随当前层而改变，如图 2-9 所示。

（3）分解命令（Explode）分解带属性的图块（Block）后，将使图块的属性值消失，并还原为属性定义标签。有关属性的概念我们将在单元 3 中再作详细介绍。



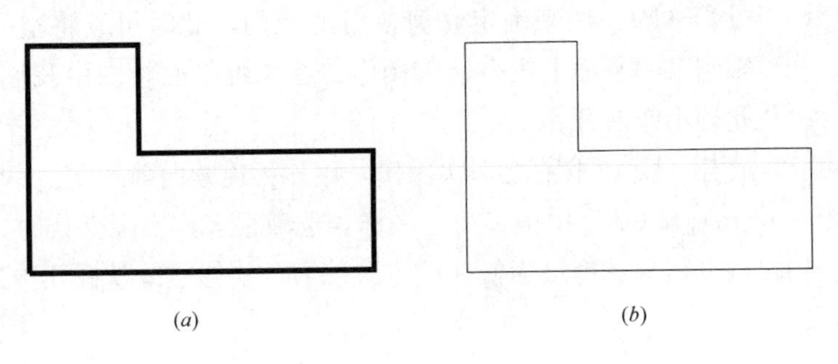

图 2-9　Explode 命令分解多段线图形

（*a*）分解前图形；（*b*）分解后图形

## 2.1.5　修剪命令（Trim）

1. 功能

修剪命令（Trim）先指定一个剪切边界，然后利用此边界去修剪指定的对象。

2. 操作步骤

**第 1 步**：◆鼠标左键单击下拉菜单栏【修改】，选择点击【修剪】。

◆或者在“修改”工具栏点击“修剪”按钮（图 2-10）。

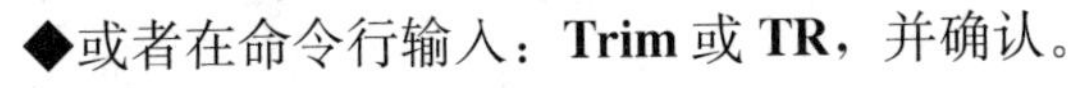

◆或者在命令行输入：**Trim** 或 **TR**，并确认。

图 2-10 “修剪”按钮

**第 2 步**：此时命令行出现三行提示：

【选取对象来剪切边界＜全选＞：】

用户选择对象作为剪切边界，并确认。用户可连续选择多个对象作为边界。如直接回车，则选中当前图形中所有对象作为修剪边界。

**第 3 步**：此时命令行提示：

【选择要修剪的实体，或按住 Shift 键选择要延伸的实体，或［边缘模式(E)/围栏（F)/窗交（C)/投影（P)/放弃（U)］：】

此处有多个选项，我们分别介绍：

（1）选择要修剪的实体：此项为默认选项，用户可直接选取需要修剪的对象。

（2）按住 Shift 键选择要延伸的实体：当选取的修剪对象与剪切边界没有相交时，系统会提示【对象未与边相交】，此时按住 Shift 键选择修剪对象，则该对象将自动延伸到剪切边界。

（3）边缘模式（E）：该选项可用于设置隐含的延伸边界来修剪对象，实际上边界和修剪对象并没有真正相交，系统会假想将剪切边界延长，然后再进行修剪。

（4）围栏（F）：以围栏方式选择，凡是与围栏相交的对象都被作为修剪对象。

（5）窗交（C）：以窗口方式选择，凡是与窗口相交的对象都被作为修剪对象。



（6）投影（P）：用来确定修剪执行的空间，此时可以将空间两个对象投影到某一平面上执行修剪操作。在二维平面绘图中我们不需要用到，此处不作展开。

（7）放弃（U）：取消上一次操作，用户可连续向前返回。

修剪命令（Trim）与 CAD 中很多命令一样，选项很多，实际操作时并不需要熟悉每一种方法，用户根据需要选择最为便捷的方式练习，能够熟练掌握几种最适合自己操作的方式就可以了。

3. 相关链接

（1）修剪命令（Trim）中剪切边界和修剪的对象可以选择除了图块（Block）、文本以外的任何对象，比如：直线（Line）、多段线（Polyline）、矩形（Rectang）、正多边形（Polygon）、圆（Circle）、圆弧（Arc）、圆环（Donut）等。

（2）修剪命令（Trim）执行中，允许将同一个对象既作为修剪边界，又作为修剪对象。

（3）有一定宽度的多段线被修剪时，修剪的交点按其中心线计算，且保留宽度信息；修剪后的多段线终点切口仍然是方的，切口边界与多段线的中心线垂直，如图2-11所示。

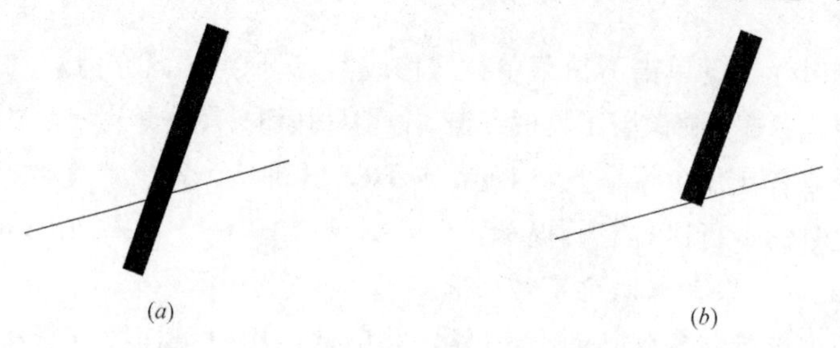

图 2-11 Trim 命令修剪多段线

（*a*）修剪前多段线；（*b*）修剪后多段线

### 2.1.6 旋转命令（Rotate）

1. 功能

旋转命令（Rotate）用于将指定对象绕给定的基点和角度进行旋转。

2. 操作步骤

**第 1 步：**◆鼠标左键单击下拉菜单栏【修改】，选择点击【旋转】。

◆或者在“修改”工具栏点击“旋转”按钮（图 2-12）。

◆或者在命令行输入：Rotate 或 RO，并确认。

图 2-12 “旋转”按钮

**第 2 步：**此时命令行提示：

【选择对象：】

选择需要旋转的图形对象，选择完毕后按【空格】键退出。

**第 3 步：**此时命令行提示：

【指定基点：】

用户输入基点。

**第 4 步：**此时命令行提示：

【指定旋转角度，或［复制（C）/参照(R)］<0>：】

此处有多项操作可以选择，各选项说明如下：

（1）指定旋转角度：用户输入想要旋转的角度数值并按【空格】键结束，选定对象会绕基点旋转该角度。

（2）复制（C）：以复制的形式旋转对象，即创建出旋转对象后仍在原位置保留原对象。

（3）参照（R）：以参照的方式旋转对象。

3. 相关链接

在默认情况下，角度为正值时沿逆时针方向旋转，反之沿顺时针方向旋转。

### 2.1.7 倒角命令（Chamfer）

1. 功能

倒角命令（Chamfer）就是用一条斜线连接两个不平行的对象。

2. 操作步骤

**第 1 步：**◆鼠标左键单击下拉菜单栏【修改】，选择点击【倒角】。

◆或者在“修改”工具栏点击“倒角”按钮（图 2-13）。

◆或者在命令行输入：**Chamfer** 或 **CHA**，并确认。

图 2-13 “倒角”按钮

**第 2 步：**此时命令行出现两行提示：

第一行【当前设置：模式＝TRIM，距离 1＝0，距离 2＝0】

第二行【选择第一条直线或［多段线（P）/距离（D）/角度（A）/方式（E）/修剪（T）/多个（M）］：】

用户选择第一条倒角的直线。

**第 3 步：**此时命令行提示：

【选择第二条对象，或按住 Shift 键选择对象以应用角点：】

用户选择第二条倒角的直线，系统按当前倒角大小对两条直线修倒角。

以上 3 步是最常见的步骤，倒角命令（Chamfer）中还有其他选项，说明如下：

（1）多段线（P）：对多段线的各顶点（交角）修倒角。

（2）距离（D）：设定倒角距离尺寸。

（3）角度（A）：根据第一个倒角距离和角度来设置倒角尺寸。

（4）方式（E）：选择倒角模式，后续提示【输入修剪方法［距离（D）/角度（A）］＜距离＞：】，此处选择以距离或者角度作为倒角的方式，并输入数值。

（5）修剪（T）：确定倒角的修剪状态，选择修剪倒角或者不修剪倒角，详见图 2-14。

（6）多个（M）：可以连续对多个对象修倒角。

（7）按住 Shift 键选择对象以应用角点：快速创建零距离倒角。

倒角命令（Chamfer）中选项也很多，实际操作时用户根据需要灵活选择，掌握几种方式能够熟悉应用即可。



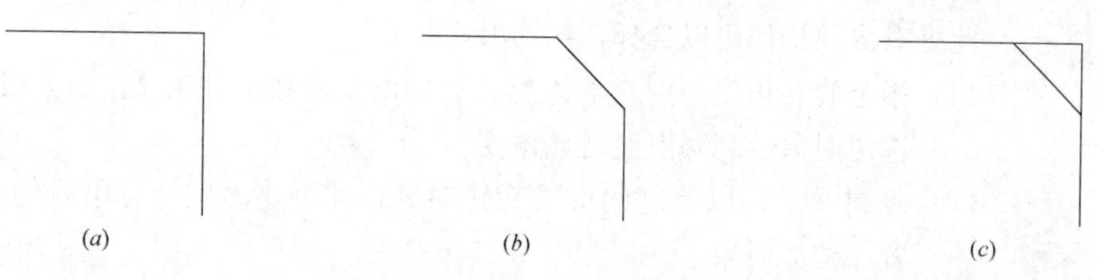


图 2-14　Chamfer 命令中的修剪（T）操作

（a）倒角前；（b）倒角后：修剪倒角；（c）倒角后：不修剪倒角

3. 相关链接

（1）直线（Line）、多段线（Polyline）可以进行倒角，而圆（Circle）、圆弧（Arc）、圆环（Donut）等则不能做倒角处理，多段线（Polyline）绘制的圆弧也不可以。

（2）当两个倒角距离均为 0 时，倒角命令（Chamfer）将延伸两条直线使之相交，但是不产生倒角，如图 2-15 所示。

（3）默认状态下，延伸超出倒角的实体部分通常被删除。

（4）如果倒角对象在同一图层，倒角命令（Chamfer）在该层中进行。如果倒角对象在不同图层，倒角命令（Chamfer）将在当前图层进行，倒角对象的颜色、线型和线宽都随图层而变化。

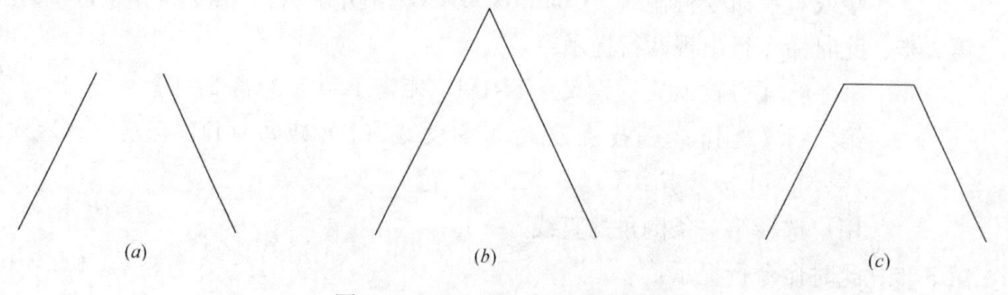


图 2-15　Chamfer 命令进行倒角

（a）倒角前；（b）倒角后：倒角距离为 0；（c）倒角后：倒角距离为 500

### 2.1.8　圆角命令（Fillet）

1. 功能

圆角命令（Fillet）就是用一段指定半径的圆弧光滑地连接两个对象。

2. 操作步骤

**第 1 步：**◆鼠标左键单击下拉菜单栏【修改】，选择点击【圆角】。

◆或者在“修改”工具栏点击“圆角”按钮（图 2-16）。

◆或者在命令行输入：**Fillet** 或 **F**，并确认。

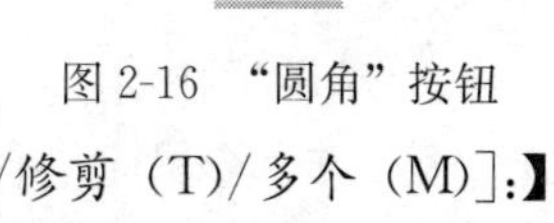

图 2-16　“圆角”按钮

**第 2 步：**此时命令行出现两行提示：

第一行【当前设置：模式＝TRIM，半径＝0】

第二行【选择第一个对象或［多段线（P）/半径（R）/修剪（T）/多个（M）］:】

用户选择第一个对象。



**第 3 步：**此时命令行提示：

【选择第二个对象，或按住 Shift 键选择对象以应用角点】

用户选择第二个对象，系统按当前半径（默认为 0）对两个对象进行圆角处理。

以上 3 步是最常见的步骤，圆角命令（Fillet）中其他选项说明如下：

（1）多段线（P）：对多段线的各顶点（交角处）进行圆角操作。

（2）半径（R）：设定圆角半径。

（3）修剪（T）：确定圆角的修剪状态，选择修剪圆角或者不修剪圆角。

（4）多个（M）：可以连续对多个对象进行圆角操作。

（5）按住 Shift 键选择对象以应用角点：快速创建零半径圆角操作。

3. 相关链接

（1）直线（Line）、多段线（Polyline）可以进行圆角操作，而圆（Circle）、圆弧（Arc）、圆环（Donut）等则不能做圆角处理，多段线（Polyline）绘制的圆弧也不可以。

（2）两个平行的对象不可以做倒角操作，但是可以做圆角操作。两个平行的对象进行圆角操作时，连接对象的圆弧为一个半圆，半径值无需输入，系统按照平行对象之间的距离自动定义，即半径为平行线间距离的一半，如图 2-17 所示。

（3）当圆角半径为 0 时，圆角命令（Fillet）将延伸两条非平行直线使之相交，但不产生倒圆。

（4）默认状态下，延伸超出圆角的实体部分通常被删除。

图 2-17　对平行直线进行圆角

（a）圆角前；（b）圆角后

（5）如果圆角对象在同一图层，圆角命令（Fillet）在该层中进行。如果圆角对象在不同图层，圆角命令（Fillet）将在当前图层进行，圆角对象的颜色、线型和线宽都随图层而变化。

### 2.1.9 多段线编辑命令（Pedit）

1. 功能

多段线编辑命令（Pedit）用于对多段线进行编辑修改。

多段线编辑命令（Pedit）的功能比较多，它也是 CAD 绘图中使用频繁的一个编辑命令。

2. 操作步骤

**第 1 步：**◆鼠标左键单击下拉菜单栏【修改】，光标移至【对象】，选择点击【多段线】。



◆或者在“修改Ⅱ”工具栏点击“编辑多段线”按钮（图 2-18）。

◆或者在命令行输入：**Pedit** 或 **PE**，并确认。

图 2-18 “编辑多段线”按钮

**第 2 步：**此时命令行提示：

【选择要编辑的多段线或［多个（M）］：】

用户直接选取 1 条需要编辑的多段线；如果有多条需要编辑，则先输入：M，并确认，在后续提示【选择对象：】下选取多个对象，选取完毕按【空格】键结束。

**第 3 步：**此时命令行提示：

【编辑顶点（E）/闭合（C）/非曲线化（D）/拟合（F）/连接（J）/线型模式（L）/反向（R）/样条（S）/锥形（T）/宽度（W）/撤销（U）/<退出（X）>：】

各选项说明如下：

（1）编辑顶点（E）：对多段线的各个顶点逐个进行编辑。

（2）闭合（C）：闭合一条开口的多段线。

（3）非曲线化（D）：将用拟合（F）或样条曲线（S）编辑过的多段线恢复成原来的形状。但是对于带有圆弧的多段线拟合后，原来的圆弧已经修改，无法恢复，可用放弃（U）选项，恢复成原来的多段线。

（4）拟合（F）：用圆弧曲线拟合多段线，如图 2-19（*b*）所示。

（5）连接（J）：将其他多条相连的多段线、直线、圆弧连接到正在编辑的多段线上，从而合并成一条多段线。

（6）线型模式（L）：控制多段线各角点的线型连续性，用于线型为虚线、点画线 等非实线状态的多段线。

（7）反向（R）：改变多线段的方向。

（8）样条（S）：用样条曲线拟合多段线，如图 2-19（*c*）所示。

（9）锥形：通过定义多段线起点和重点的宽度来创建锥形多线段。

（10）宽度（W）：设置多段线的宽度，一条多段线只能有一个宽度。

(11) 撤销 (U)：取消上次操作，用户可连续向前返回。

(12) <退出(X)>：退出 Pedit 命令。

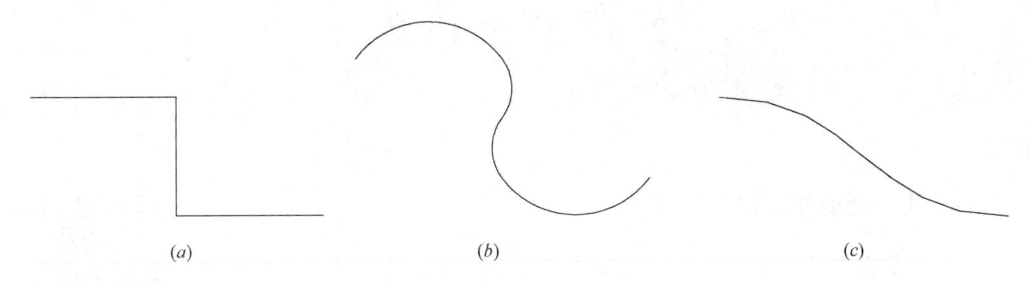


图 2-19　Pedit 命令进行多段线编辑

(a) 编辑前；(b) 拟合 (F) 编辑后；(c) 样条曲线 (S) 编辑后



3. 相关链接

多段线编辑命令 (Pedit) 执行时如果选取的对象不是多段线，系统会在命令行提示：【选择的对象不是多段线】，【是否将其转换为多段线？<Y>】，确认后，系统将其变为多段线就可以进行编辑修改。

利用此功能，我们可以将直线 (Line)、圆弧 (Arc) 命令绘制的线条先转化成多段线，然后再进行线宽修改等编辑，但是圆 (Circle)、椭圆 (Ellipse) 等不能转换为多段线。

## 2.1.10　查询距离 (Dist)

1. 功能

计算两点间距离、点之间相对位置的夹角。

2. 操作步骤

**第 1 步：**◆鼠标左键单击下拉菜单栏【工具】，移动光标到【查询】，再选择点击【距离】。

图 2-20 "距离"按钮

◆或者在"查询"工具栏点击"距离"按钮 (图 2-20)。

◆或者在命令行输入：Dist 或 DI，并确认。

**第 2 步：**此时命令行窗口提示：

【指定第一个点：】

用鼠标左键在需要量取的线段一端端点位置点击一次，命令行窗口提示：

【指定第二点：】

用鼠标左键在需要量取的线段另一端点位置点击一次，命令提示行即显示结果 (图 2-21)。

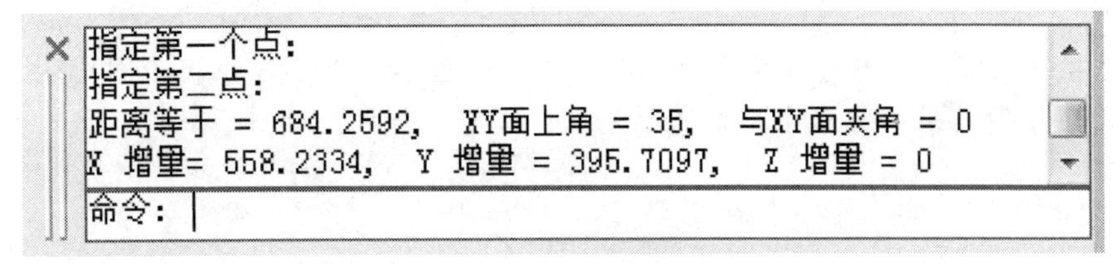


图 2-21　命令行显示

# 2.2 工作任务

## 2.2.1 任务要求

随堂微课

用CAD绘制 A2 图框，参考样图如图 2-22 所示。

## 2.2.2 绘图要求



1. 出图比例为 1∶100。

2. A2 图框的标准图幅尺寸为 594mm×420mm，装订边间距为 25mm，其余三边幅面线与图框线的间距为 10mm。标题栏详见图 2-31，会签栏详见图 2-34。

3. 字体采用仿宋体，标题栏小字高度 5mm，大字高度 7mm，会签栏字体高度 3.5mm。

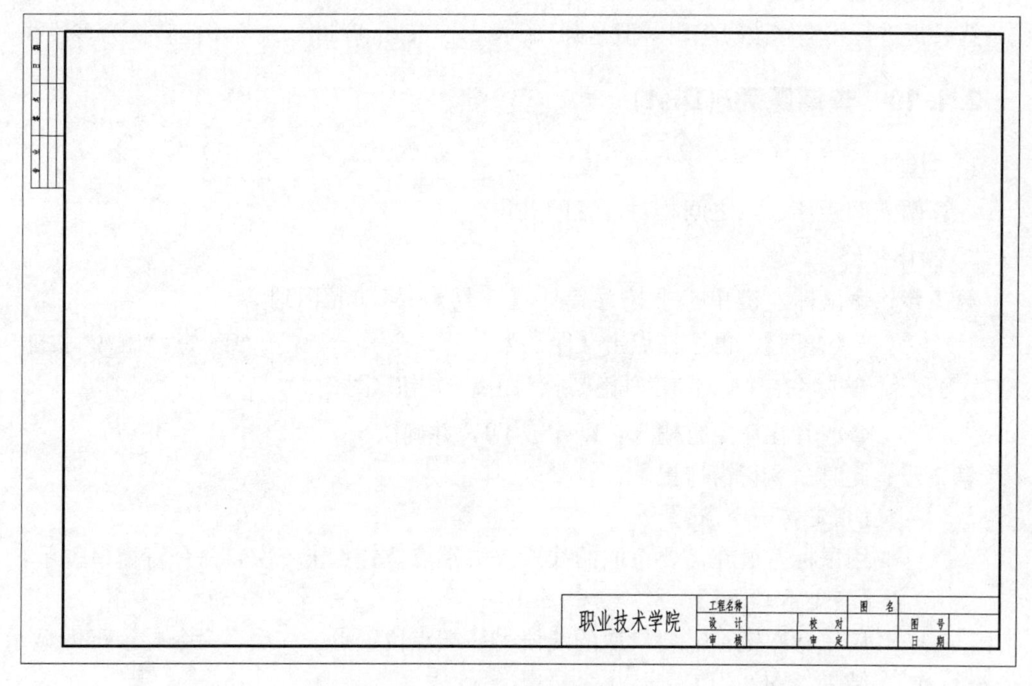


图 2-22　A2 图框

注：绘图要求中的尺寸及文字高度均为实际出图后的大小，根据出图比例 1∶100，绘制时需将绘图要求中的尺寸及高度放大 100 倍进行绘图。

# 2.3　绘图步骤

## 2.3.1　设置绘图环境

1. 设置图形界限（Limits）

对于初学者来说，为了避免图形跑到视图区外造成绘图不便，可以预先对绘图区进行设置，设置绘图区的尺寸应大于需要绘制图形的大小，保证图形都在可视的绘图区内。根据绘图要求，出图比例为1∶100，出图后A2图框的图幅实际尺寸为594mm×420mm，因此绘图时要将实际尺寸放大100倍，本图纸设置的图形界限大小为80000mm×60000mm。



注：在建筑工程图中，一般未做说明的尺寸单位均为mm。我们在后面的绘图过程中如果未特别说明，则尺寸单位均为mm。

设置图形界限的操作步骤如下：

**第1步：**◆选择下拉菜单【格式】/【图形界限】菜单项。

◆或者在命令行输入：**LIMITS**，按【空格】键确认。

**第2步：**此时命令行出现两行提示：

【指定左下点或限界［开（ON）/关（OFF）］＜0，0＞：】

按【空格】键确认。

注：［开（ON）/关（OFF）］选项用于控制界限检查功能的开关。我们在单元1.2.5中曾经介绍过，此处不再赘述。

**第3步：**此时命令行提示：

【指定右上角点＜420，297＞：】

输入：**800000，600000**，并确认。

**第4步：**在命令行输入：**Z**，并确认。

**第5步：**此时系统提示：

【指定窗口的角点，输入比例因子（nX或nXP），或者［全部（A）/中心（C）/动态（D）/范围（E）/上一个（P）/比例（S）/窗口（W）/对象（O）］＜实时＞：】

输入：**A**，并确认。

此时全屏显示所设定的图形界限，绘图区显示区域略大于图形界限的大小。图形界限设置完毕。

2. 隐藏UCS图标

CAD在默认的情况下是显示世界坐标系统WCS图标的，如果用户觉得图标影响图形显示，可以使用菜单设置将其隐藏。操作步骤：

鼠标左键单击下拉菜单栏【视图】，移动光标到【显示】→【UCS 图标】→【开】并点击，将其前面的“√”去掉，如图 2-23 所示。

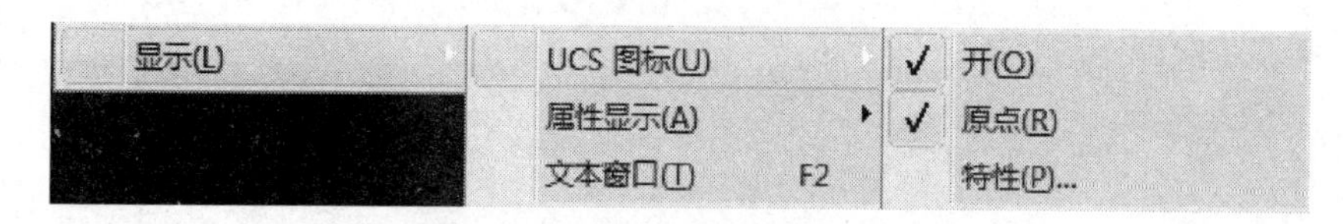


图 2-23 UCS 图标开关下拉菜单

3. 设置鼠标右键和拾取框

鼠标右键可以替代【Enter】键或者【工具】键的确认功能，使用鼠标右键来确认命令非常方便，可以提高绘图速度，但是需要在绘图之前进行右键设置。操作步骤：



**第 1 步：** 鼠标左键单击下拉菜单栏【工具】，移动光标到【选项】单击，在弹出的选项对话框里单击【用户系统配置】按钮，对话框变成如图 2-24 所示界面。

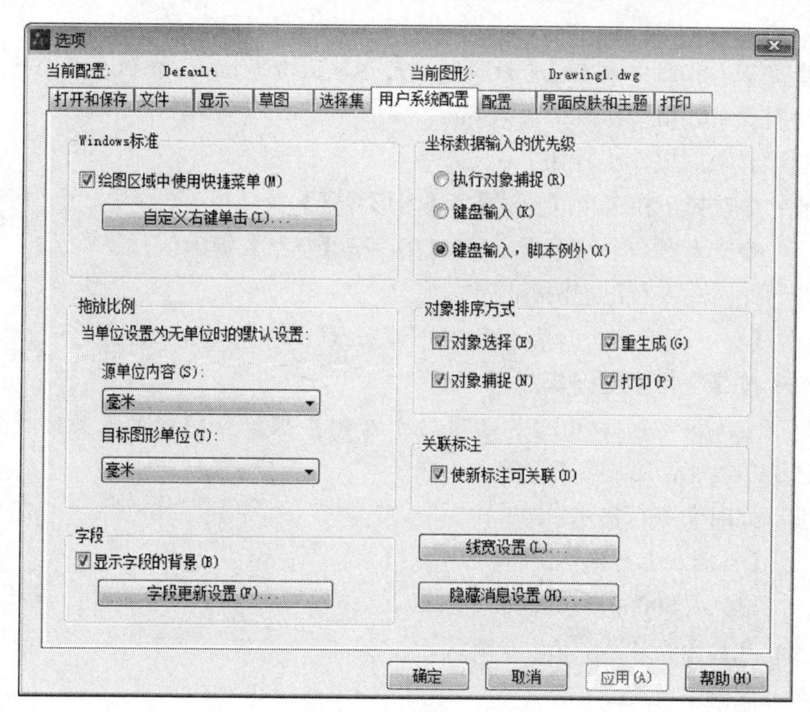


图 2-24 “选项”对话框

**第 2 步：** 点击【自定义右键单击】按钮，弹出“自定义右键单击”对话框（图 2-25）。用户可根据自己的绘图习惯进行设置，比如在【默认模式】选中“重复上一个命令”，【编辑模式】选中“快捷菜单”，在【命令模式】选中“确认”，设置完毕点击【应用并关闭】按钮退出。

**第 3 步：** 在“选项”对话框里单击【选择集】按钮，对话框变成如图 2-26 所示界面，用户可设置拾取框大小，用鼠标左键拖动拾取框右边的滑块到适当位置，最后点击【确定】退出。

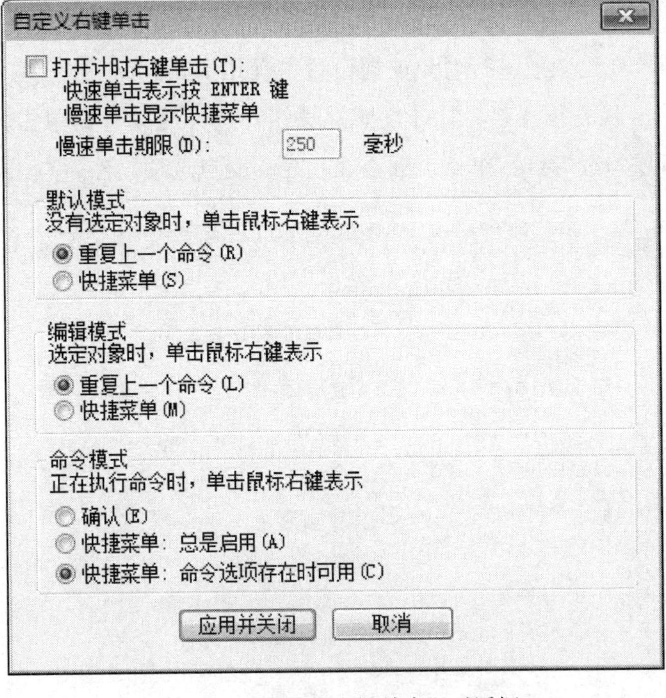


图 2-25　“自定义右键单击”对话框

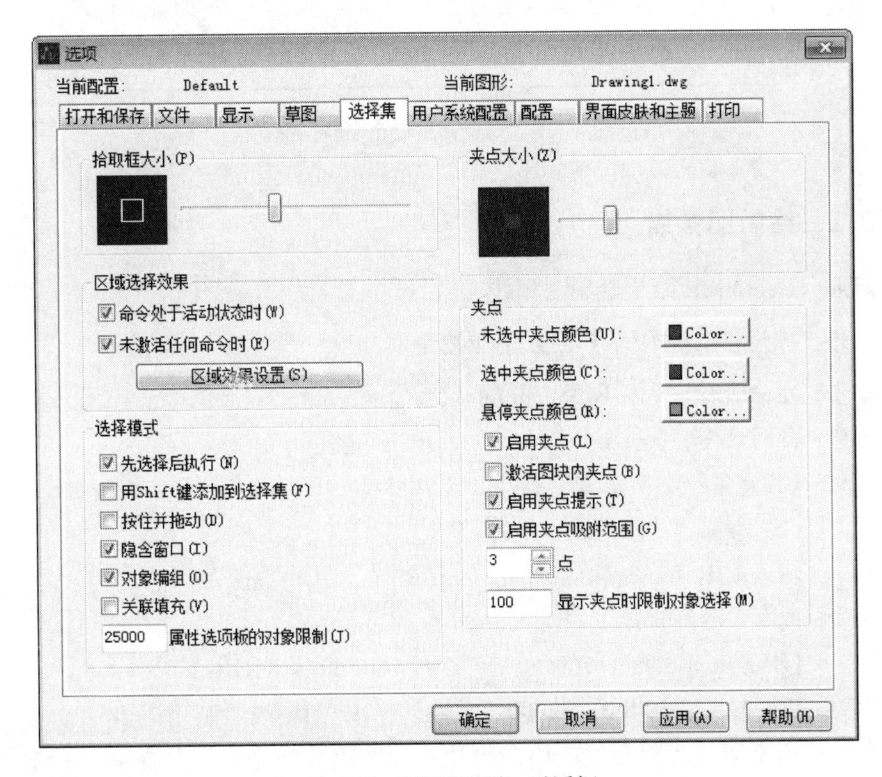


图 2-26　“选择选项”对话框

4. 设置对象捕捉

CAD 提供了端点、中点、中心、交点、切点等多种对象捕捉模式，用户需要根据自己的绘图习惯，在绘图前进行对象捕捉设置。操作步骤：

鼠标右键单击状态行【 】对象捕捉按钮，选择【设置】单击，弹出如图 2-27 所示对话框，可以勾选端点、中点、圆心、垂足、交点选项，然后点击【确定】退出。

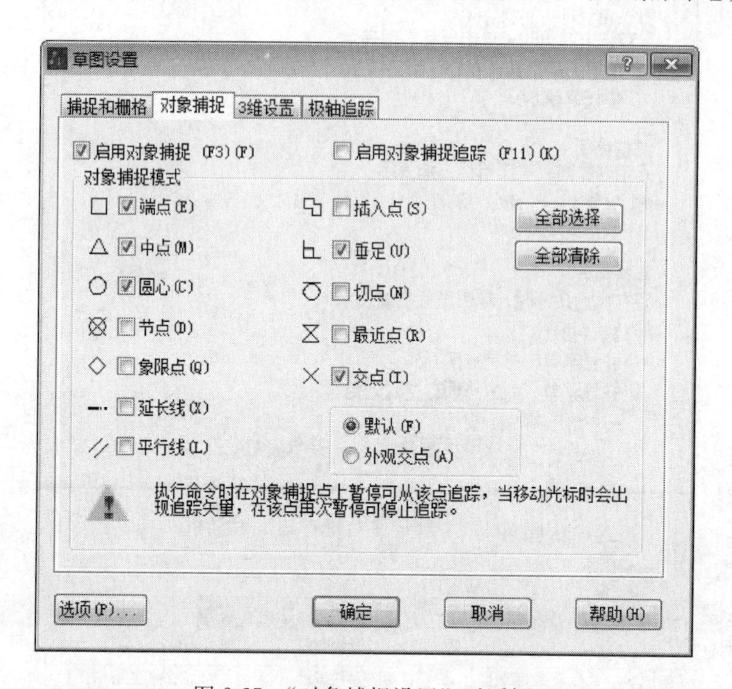


图 2-27 “对象捕捉设置”对话框

### 2.3.2 绘制图幅线

用矩形（Rectang）命令绘制图幅线。

**第 1 步**：打开状态行中的【 】正交按钮。

**第 2 步**：在命令行输入：**REC**，并确认。

**第 3 步**：此时命令行提示：

【指定第一个角点或［倒角（C）/标高（E）/圆角（F）/旋转（R）/正方形（S）/厚度（T）/宽度（W）］：】

输入：**0**，**0**，并确认。

**第 4 步**：此时命令行提示：

【指其他角点或［面积（A）/尺寸（D）/旋转（R）］：】

用户输入：**59400**，**42000**，并确认。A2 图幅线绘制完毕。

如当前视图不能看清图幅线，用户可执行视图缩放命令，比如在命令行输入：Z，并确认，并在后续提示中输入：E。就能看到图 2-28 所示的图幅线。

图 2-28 A2 图幅线



### 2.3.3 绘制图框线

1. 分解图幅线

在命令行输入：**X**，并确认。图幅线分解成 4 条线段。

注：为讲述方便，我们将这 4 条线段分别命名为 AB、BC、CD、AD。

2. 偏移图幅线

**第 1 步**：命令行输入：**O**，并确认。

**第 2 步**：命令行提示：

【指定偏移距离或［通过点（T）］：】

输入：**2500**，并确认。

**第 3 步**：命令行提示：

【选择要偏移的对象或［放弃（U）/退出（E）］<退出>：】

鼠标左键选取线段 AB。

**第 4 步**：命令行提示：

【指定偏移方向或［两边（B）］：】

鼠标左键在线段 AB 右侧任意的位置点击，得到线段 A′B′，并按【空格】键退出。

**第 5 步**：按【空格】键再次执行偏移命令，此时命令行提示：

【指定偏移距离或［通过点（T）］<2500>：】

输入：**1000**，并确认。

**第 6 步**：命令行提示：

【选择要偏移的对象或［放弃（U）/退出（E）］<退出>：】

鼠标左键点击线段 BC。

**第 7 步**：命令行提示：

【指定偏移方向或［两边（B）］：】

鼠标左键在线段 BC 下方的任意位置点击，得到线段 B′C′。

**第 8 步**：重复第 6 步、第 7 步操作，依次将线段 CD 向左偏移、线段 AD 向上偏移，得到线段 C′D′、线段 A′D′后，按【空格】键退出。此时完成如图2-29所示的图形。

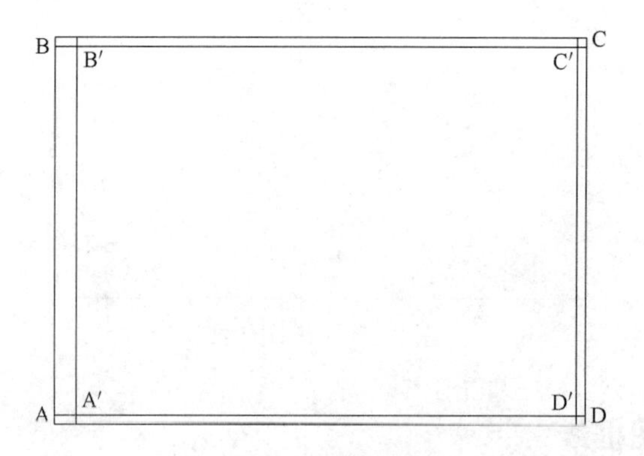




图 2-29　偏移图幅线

3. 修剪图框线

修剪图框线有多种方式，比如修剪命令（Trim）、倒角命令（Chamfer）、圆角命令（Fillet）。这里我们详细讲述采用圆角命令（Fillet）修剪图框线。还有 2 种方式大家可以自行练习，比较一下哪一种方式更为便捷。

**第 1 步：**命令行输入：**F**，并确认。

**第 2 步：**命令行出现两行提示：

第一行【当前设置：模式＝TRIM，半径＝0】

第二行【选择第一个对象或［多段线（P）/半径（R）/修剪（T）/多个（M）］：】

鼠标左键选取线段 A′B′。

**第 3 步：**命令行提示：

【选择第二个对象或按住 Shift 键选择对象以应用角点：】

鼠标左键选取线段 B′C′，图框线左上角点修剪完毕。

**第 4 步：**按【空格】键再次执行圆角命令，重复第 2 步、第 3 步操作，将图框另外 3 个角修剪完毕。此时完成如图 2-30 所示的图形。

图 2-30　A2 图幅图框

注：大家也可以在第 2 步中输入：M，练习连续对多个对象进行圆角操作，修剪速度会更快。

4. 加粗图框线

按照制图标准，图框线为特粗线，线宽一般为 1mm 左右。按照 1∶100 出图比例，我们绘图时放大 100 倍，线宽设置为 100mm。下面采用多段线编辑命令（Pedit）加粗图框线。

**第 1 步**：命令行输入：**PE**，并确认。

**第 2 步**：命令行提示：

【选择要编辑的多段线或［多个（M）］：】

输入：**M**，并确认。

**第 3 步**：命令行提示：

【选择对象：】

鼠标左键选取图框线的 4 条线段，并确认。

**第 4 步**：命令行提示：

【将线和圆弧转换为多段线？［是（Y）/否（N）］＜是＞】

确认。

**第 5 步**：命令行提示：

【输入选项［闭合（C）/打开（O）/连接（J）/宽度（W）/拟合（F）/样条曲线（S）/非曲线化（D）/线型模式（L）/反向（R）/撤销（U）］＜退出（X）＞：】

输入：**W**，并确认。

**第 6 步**：命令行提示：

【输入所有分段的新宽度：】

输入：**100**，并确认。按【空格】键退出。图框线加粗完毕。

## 2.3.4 绘制标题栏

图纸右下角都有标题栏，本图框中的标题栏样式按图 2-31 所示绘制。

| 职业技术学院 | 工程名称 | | | 图名 | | |
|---|---|---|---|---|---|---|
| | 设计 | | 校对 | | 图号 | |
| | 审核 | | 审定 | | 日期 | |



图 2-31 标题栏

1. 绘制标题栏外框线

用矩形（Rectang）命令绘制标题栏外框线。

**第 1 步**：命令行输入：**REC**，并确认。

**第 2 步**：此时命令行提示：

【指定第一个角点或［倒角（C）/标高（E）/圆角（F）/旋转（R）/正方形（S）/厚度（T）/宽度（W）］：】

鼠标左键在图框线内绘图区任意选取一点。

**第 3 步**：此时命令行提示：

【指定其他角点或［面积（A）/尺寸（D）/旋转（R）］：】

用户输入：**@26000，3000**，并确认。标题栏外框线绘制完毕。

2. 绘制标题栏分格线

先用分解命令（Explode）分解外框线，再用偏移命令（Offset）得到分格线，局部分格线采用修剪命令（Trim）进行修剪。

3. 加粗标题栏外框线



按照制图标准，标题栏外框线为粗实线，线宽一般为 0.5mm 左右。采用多段线编辑命令（Pedit）加粗，按照 1∶100 出图比例，线宽设置为 50mm。

4. 标注文字

（1）设置文字样式

用设置文字样式（Style）命令定义一个新字体，样式名称为仿宋宋体，宽度比例 0.7。

**第 1 步**：在命令行输入：**ST**，并确认。

**第 2 步**：系统弹出“文字样式管理器”对话框，用户单击【新建】按钮，在弹出的“新建文字样式”对话框中输入样式名为：仿宋体，然后单击“确定”按钮。

**第 3 步**：系统返回到“文字样式管理器”对话框，字体名称选择：仿宋，宽度因子设置为：0.7。设置完成后如图 2-32 所示。

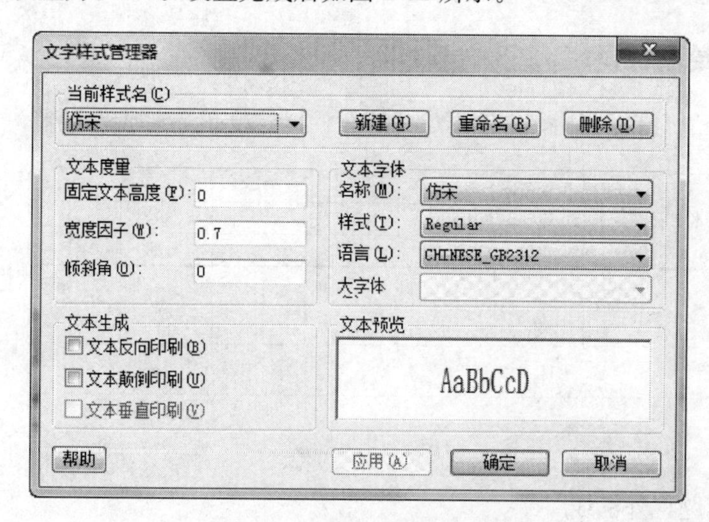


图 2-32 “文字样式”设置完成

**第 4 步**：上述各项完成后，单击【应用】按钮，再单击“关闭”按钮，对话框关闭。文字样式设置完毕。文本注写时将按当前设置的文字样式注写。

(2) 注写文字

用注写单行文本（Text）命令注写标题栏内的文字。绘图要求中规定标题栏内小字高度5mm，根据出图比例1：100，设置字体高度为500mm。

**第1步**：命令行输入：**DT**，并确认。

**第2步**：命令行提示：

【指定文字的起点或[样式(S)/对齐(A)/布满(F)/居中(C)/中间(M)/右对齐(R)/对正(J)]:】

鼠标左键单击任意点作为起点。

**第3步**：命令行提示：

【指定文字高度<2.5>:】

输入：**500**，并确认。

**第4步**：命令行提示：

【指定文字的旋转角度<0>:】

直接确认。

**第5步**：用户输入标题栏内的文字，可换行输入多行文字，输完按【空格】键退出。文本注写完毕。

(3) 移动文字

用移动命令（Move）将注写好的文字移入标题栏内适当位置，注意对齐。

注：移动文字时不易对齐，在本次操作中也可先注写好“工程名称”，并移动到格子适当位置，再复制到其他格子内相同位置，然后鼠标左键双击需要修改的文字，进行修改。

5.“标题栏”块存盘

标题栏绘制好后，因为标题栏内包含很多图形对象，为方便移动，我们用创建块（Block）命令将标题栏定义为块。按照建筑制图标准，A1～A4图框的标题栏都是相同的，因此我们用块存盘（WBlock）命令，将定义好的“标题栏”块以图形文件（标题栏.dwg）的形式再进行块存盘，可供绘制其他图框文件时调用。

(1) 创建“标题栏”块

**第1步**：命令行输入：**B**，并确认。

**第2步**：系统弹出“块定义”对话框，输入新定义的块名：标题栏。

**第3步**：单击“块定义”对话框中的【选择对象】按钮，系统切换到绘图区，选择标题栏的所有图形对象，并确认。

**第4步**：系统又切换到“块定义”对话框，单击【拾取点】按钮，系统切换到绘图区，指定标题栏右下角点为块的插入基点。

**第5步**：系统又切换到“块定义”对话框，单击【确定】按钮。“标题栏”块创建完毕。

(2)“标题栏”块存盘

**第1步**：命令行输入：**W**，并确认。

**第2步**：系统弹出“保存块到磁盘”对话框。选中“块”，并在下拉菜单中找到刚才定义好的块名“标题栏”，设置好自己收藏块文件的路径，如图2-33所示。单击【确定】按钮，“标题栏”块存盘完毕。

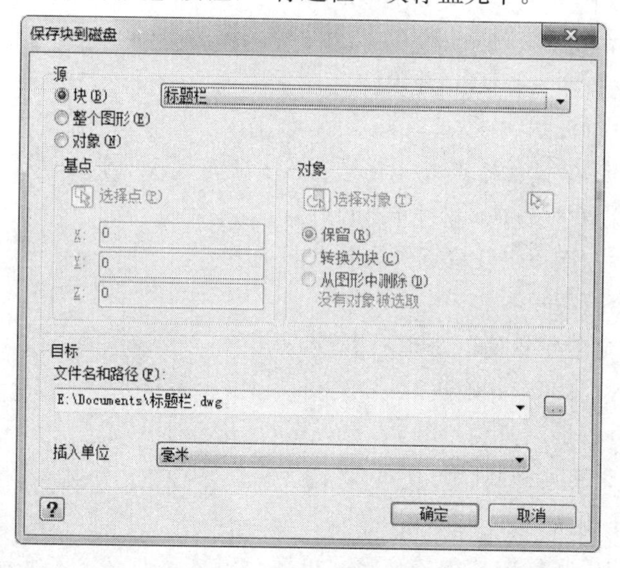


图2-33　保存“标题栏”块

(3)“标题栏”块移动

用移动命令（Move）将“标题栏”块移到图框右下角。另外，需要会签的图纸还要绘制会签栏，样式可参照图2-34所示，会签栏内的字体高度为3.5mm。

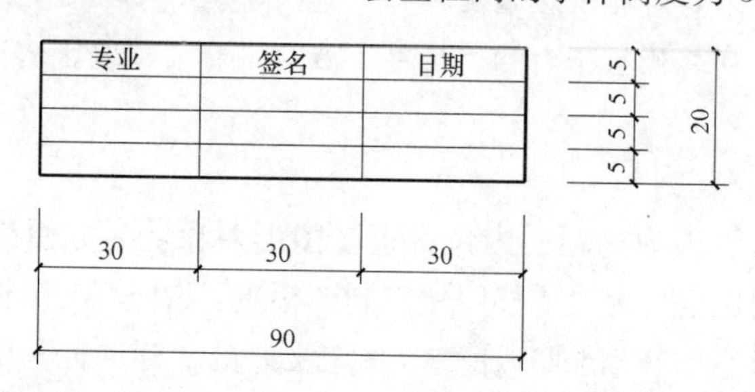


图2-34　会签栏

注：会签栏可以按照图框中的布置要求，按照图2-34旋转90°的样式绘制，也可以按图绘制完毕后旋转90°，再移动到图框右上角，旋转命令将在单元3中介绍，此处大家可以输入RO命令，按照命令行提示，自学练习。

## 2.3.5　保存图形

保存图形的快捷键为Ctrl+S，按下快捷键，由于当前图形文件没有命名，系统弹出“图形另存为”对话框，此时对话框中【文件名】显示默认图形文件名（Drawing N)，在此输入图形文件名：A2图框，并选择图形文件保存路径，完成后单击“保存”按钮。

## 单元小结

本单元引入11个新的编辑命令：移动命令（Move）、复制命令（Copy）、偏移命令（Offset）、分解命令（Explode）、修剪命令（Trim）、倒角命令（Chamfer）、圆角命令（Fillet）、多段线编辑命令（Pedit）、旋转命令（Rotate），以及绘图环境的设置介绍。

在此基础上，我们学习了A2图框的绘制方法，绘图顺序一般是先整体、后局部，先图样、后标注。

在本单元中用到的绘图和编辑命令如表2-1所示。

**本单元用到的绘图和编辑命令**　　**表2-1**

| 序号 | 命令功能 | 命令简写 | 序号 | 命令功能 | 命令简写 |
| --- | --- | --- | --- | --- | --- |
| 1 | 绘制矩形 | REC | 8 | 创建块 | B |
| 2 | 偏移 | O | 9 | 块存盘 | W |
| 3 | 分解 | X | 10 | 多段线编辑命令 | PE |
| 4 | 圆角命令 | F | 11 | 设置文字样式 | ST |
| 5 | 移动 | M | 12 | 注写单行文本 | DT |
| 6 | 合并 | Join | 13 | 定距等分 | Measure |
| 7 | 定数等分 | Divide | | | |



## 能力训练题

绘制一个标准A3图框，如图2-35所示，出图比例为1：100。

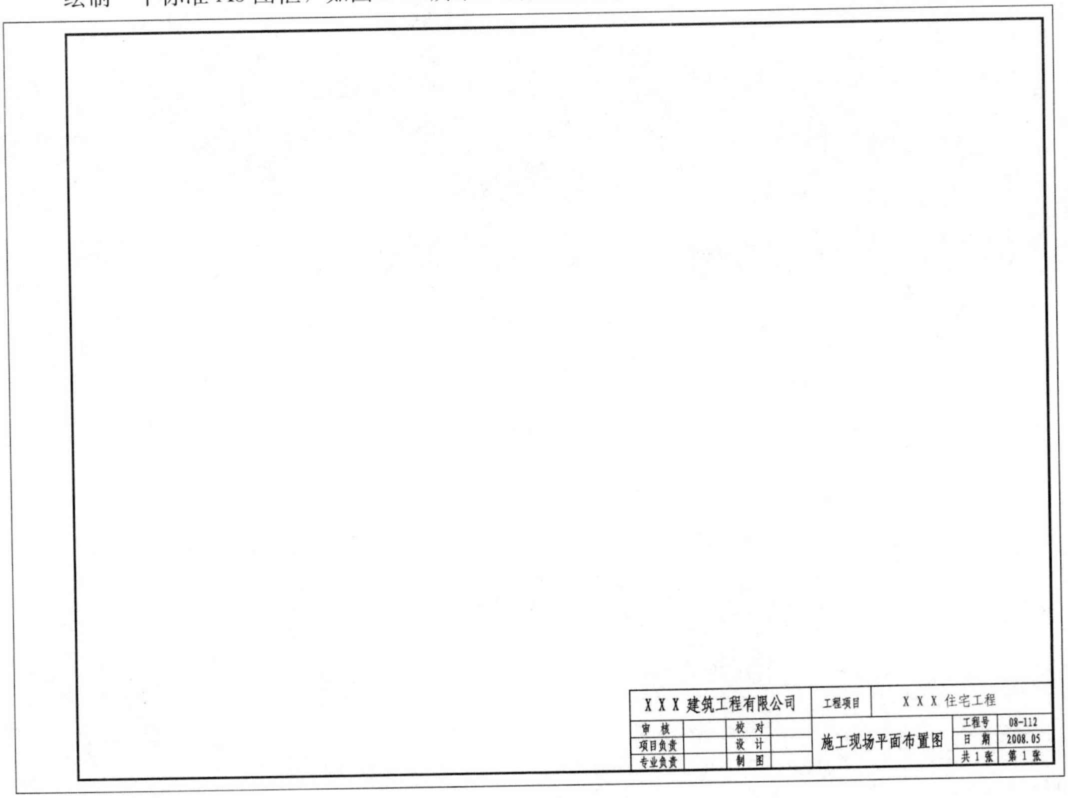

图2-35　A3图框

（1）A3图框的标准图幅尺寸为420mm×297mm，装订边间距为25mm，其余三边幅面线与图框线的间距为5mm。

（2）标题栏字体采用仿宋体，小字高度5mm，大字高度7mm。标题栏具体尺寸自己设计，会签栏不需要绘制。

# 教学单元3

# 绘制施工现场平面布置图

# 3.1 命令导入

## 3.1.1 镜像命令（Mirror）

1. 功能

镜像命令（Mirror）可以绕指定轴翻转对象，创建关于某轴对称的图形。对于轴对称图形，可以先绘制半个对象，然后将其镜像得到整个图形，从而提高绘图效率。



2. 操作步骤

**第1步**：◆鼠标左键单击下拉菜单栏【修改】，选择点击【镜像】。

◆或者在“修改”工具栏点击“镜像”按钮（图3-1）。

◆或者在命令行输入：**Mirror** 或 **MI**，并确认。

图3-1 “镜像”按钮

**第2步**：此时命令行提示：

【选择对象：】

选择需要镜像的图形对象，选择完毕后按【空格】键退出。

**第3步**：此时命令行提示：

【指定镜像线的第一点：】

用户点击镜像线的第一点。

**第4步**：此时命令行提示：

【指定镜像线的第二点：】

用户点击镜像线的第二点。

**第5步**：此时命令行提示：

【要删除源对象吗？[是（Y）/否（N）]＜否＞：】

如果需要删除源对象，输入：**Y**，并确认，如果要保留源对象，可以直接按【空格】键结束。

3. 相关链接

在默认情况下，MirrText系统变量的值为0，镜像文字时，不更改文字的方向。如果确实需要反转文字，可在命令行输入：**MirrText**，确认后输入新值为1，此时文字不可读。例如，当MirrText系统变量设置为1时，将文字“施工图”沿竖直轴线镜像得到图形如图3-2所示。因此绘图中遇到文字镜像后不可读时，就应更改当前MirrText系统变量。

施工图

图3-2 反转镜像文字

### 3.1.2　缩放命令（Scale）

1. 功能

缩放命令（Scale）用于将指定对象按给定的比例进行放大或缩小。

2. 操作步骤

**第1步**：◆鼠标左键单击下拉菜单栏【修改】，选择点击【缩放】。

◆或者在“修改”工具栏点击“缩放”按钮（图3-3）。

◆或者在命令行输入：**Scale**或**SC**，并确认。

图3-3 “缩放”按钮

**第2步**：此时命令行提示：

【选择对象：】

选择需要缩放的图形对象，选择完毕后按【空格】键退出。



**第3步**：此时命令行提示：

【指定基点：】

用户输入基点。

**第4步**：此时命令行提示：

【指定缩放比例或［复制（C）/参照（R）］＜1＞：】

此处有多项操作可以选择，各选项说明如下：

（1）指定缩放比例：确定缩放比例因子为默认项。若执行该项，即输入比例因子后按【空格】键确认，对象将按该比例相对于基点放大或缩小，当比例因子＞1时，放大选定对象，当0＜比例因子＜1时，缩小选定对象。

（2）复制（C）：以复制的形式缩放对象，即创建一个缩放对象，但原对象仍在原位置保留。

（3）参照（R）：以参照的方式缩放对象。

### 3.1.3　拉伸命令（Stretch）

1. 功能

拉伸命令（Stretch）用于拉伸或压缩指定对象，使其长度和形状发生变化。

2. 操作步骤

图3-4 “拉伸”按钮

**第1步**：◆鼠标左键单击下拉菜单栏【修改】，选择点击【拉伸】。

◆或者在“修改”工具栏点击“拉伸”按钮（图3-4）。

◆或者在命令行输入：**Stretch**或**S**，并确认。

**第2步**：此时命令行提示：

【选择对象：】

以交叉窗口或交叉多边形的方式选择需要拉伸的图形对象，选择完毕后按【空格】键退出。

**第3步**：此时命令行提示：

【指定基点或［位移（D）］＜位移＞：】

用户输入基点。

**第 4 步**：此时命令行提示：

【指定第二个点或＜使用第一个点作为位移＞：】

用户输入第二个点后，对象将沿着基点与第二个点的方向拉伸。如果在该提示下沿某一方向拉伸任意距离，并输入指定数值，对象将沿该方向拉伸该指定数值的长度，如图 3-5 所示。

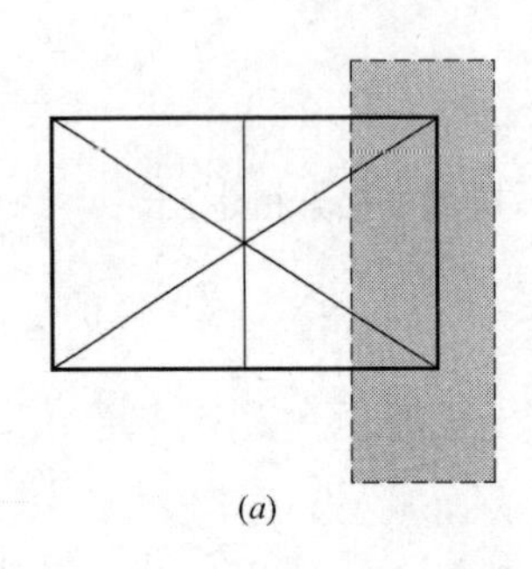

(*a*)

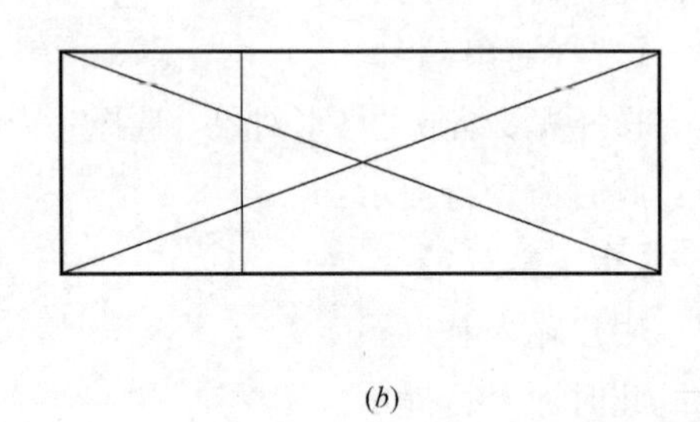

(*b*)



图 3-5 拉伸对象

（*a*）接伸前；（*b*）拉伸后

3. 相关链接

（1）拉伸操作时，必须以交叉窗口或交叉多边形的方式选择需要拉伸的图形对象端点，其他方式无效。

（2）在交叉窗口或多边形内的端点才会移动位置。窗选时如将对象全部选中，则该对象的拉伸操作相当于移动该对象。

（3）拉伸操作对圆、文字、图块等不适用。

### 3.1.4 特性（Properties）

1. 功能

特性（Properties）用于查看或修改指定对象的颜色、线型、线型比例、线宽、图层等基本属性及几何特性。

2. 操作步骤

图 3-6 “特性”按钮

**第 1 步**：◆鼠标左键单击下拉菜单栏【修改】，选择点击【特性】。

◆或者在“修改”工具栏点击“特性”按钮（图 3-6）。

◆或者在命令行输入：**Properties** 或 **MO**，并确认。

**第 2 步**：此时屏幕的右上角弹出如图 3-7 所示的特性对话框，在对话框里可以查看被选对象的基本属性和几何特性，还可以在这里修改被选对象的基本属性和几何特性。

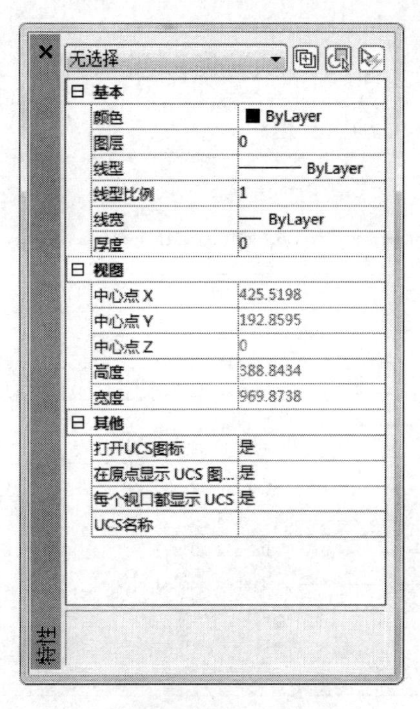


图 3-7　特性对话框



### 3.1.5　线型（LineType）

1. 功能

线型（LineType）用于对线型进行设置和管理，以满足国家制图标准。

2. 操作步骤

**第 1 步**：◆鼠标左键单击下拉菜单栏【格式】，选择点击【线型】。

◆或者在命令行输入：**LineType** 或 **LT**，并确认。

**第 2 步**：此时弹出如图 3-8 所示的【线型管理器】对话框，点击对话框下面的【加

图 3-8　线型管理器对话框

载】按钮。

第 3 步：此时弹出如图 3-9 所示的【添加线型】对话框，在该对话框里选中需要的线型，并点击【确定】退出。

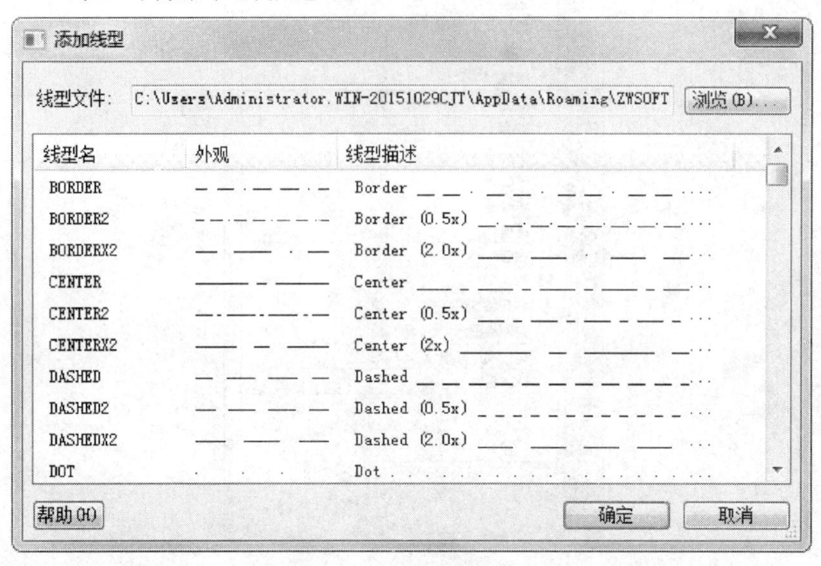


图 3-9　线型加载对话框



第 4 步：此时被加载的线型将显示在线型控制下拉框里，选择对象，在线型控制下拉框里点击需要的线型，对象的线型将被修改，如图 3-10 所示。

图 3-10　修改线型

### 3.1.6　线型比例（Ltscale）

1. 功能

线型比例（Ltscale）用于设置虚线和点画线的疏密程度。

2. 操作步骤

第 1 步：◆鼠标左键单击下拉菜单栏【格式】，选择点击【线型】。

◆或者在命令行输入：**Ltscale** 或 **LTS**，并确认。

第 2 步：用第一步的菜单栏方式调用命令时，将弹出如图 3-8 所示的【线型管理器】对话框，通过修改“全局比例因子”可以修改线型的比例。用第一步的命令方式调用命令时，会在命令行给出相应提示，用户可以按提示进行操作。

### 3.1.7　特性匹配（Matchprop）

1. 功能

特性匹配（Matchprop）能够将“源对象”的颜色、图层、线型、线型比例、线宽、文字样式、标注样式等特性复制给其他的对象。

图 3-11　“特性匹配”按钮

2. 操作步骤

**第 1 步**：◆鼠标左键单击下拉菜单栏【修改】，选择点击【特性匹配】。

◆或者在“修改”工具栏点击“特性匹配”按钮（图 3-11）。

◆或者在命令行输入：**Matchprop** 或 **MA**，并确认。

**第 2 步**：点击“源对象”，接着点击须要赋予相同属性的对象。



### 3.1.8　识别图形坐标（ID）

1. 功能

ID 命令能识别图形中任一点的坐标。显示的信息包含 X 坐标值、Y 坐标值、Z 坐标值。

2. 操作步骤

**第 1 步**：◆鼠标左键单击下拉菜单栏【工具】，移动光标到【查询】，再选择点击【点坐标】。

◆或者在“查询”工具栏点击“定位点”按钮（图 3-12）。

图 3-12　“定位点”按钮

◆或者在命令行输入：**ID**，并确认。

**第 2 步**：此时命令行窗口提示：

【指定一点：】

用鼠标左键在需要查询的点上点击一次，命令提示行即显示列表详图（图 3-13）。

图 3-13　列表详图

### 3.1.9　* 打断（Break）

图 3-14　“打断”按钮

1. 功能

在任意两点打断对象。

2. 操作步骤

**第 1 步**：◆在“绘图”工具栏点击“打断”按钮（图 3-14）。

◆或者在命令行输入：**Break** 或 **Br**，并确认。

**第 2 步**：◆此时命令行提示：

【选取切断对象:】

用鼠标左键点击要打断的对象。

**第3步**: ◆此时命令行提示:

【指定第二切断点或[第一切断点(F)]:】

此时若鼠标点击选择打断的第二点，则第一点默认第2步中的点击位置。

若输入: **F**，则重新精确地选择打断的第一点。

3. 操作示例

示例1: 用打断(Break)命令，在直线中点向左边打断2000mm，如图3-15所示。

图3-15 用打断命令打断直线

**第1步**: 在命令行输入: **Br**，并按【空格】确认。



**第2步**: 命令行提示:

【选取切断对象:】

点击绘图区的直线。

**第3步**: 命令行提示:

【指定第二切断点或[第一切断点(F)]:】

输入: **F**，重新选择第一个打断点，选择直线的中点为第一个打断点。

**第4步**: 命令行提示:

【指定第一切断点:】

鼠标向左偏移，输入: **2000**，按【空格】键完成操作。

# 3.2 工作任务

## 3.2.1 任务要求

用CAD绘制施工现场平面布置图，参考样图如图3-16所示。施工现场围墙内平面尺寸: 东西方向120m，南北方向83m; 外框线尺寸长为160m，宽为112m; 拟建的两幢建筑东西长50m，南北宽13m; 1号楼与北边围墙间距为20m，与2号楼间距为20m，两楼与东西围墙的间距相等。加工用房和材料用房的尺寸为12m×25m，配电房尺寸为5m×5m。

## 3.2.2 绘图要求

随堂微课

1. 绘图比例为1:1，出图比例为1:500，采用A3图框; 围墙线为特粗线，线宽1mm，新建建筑物为粗线，线宽0.5mm，其余均为细线。

2. 图中其余尺寸、各线路的尺寸及位置可自行估计。

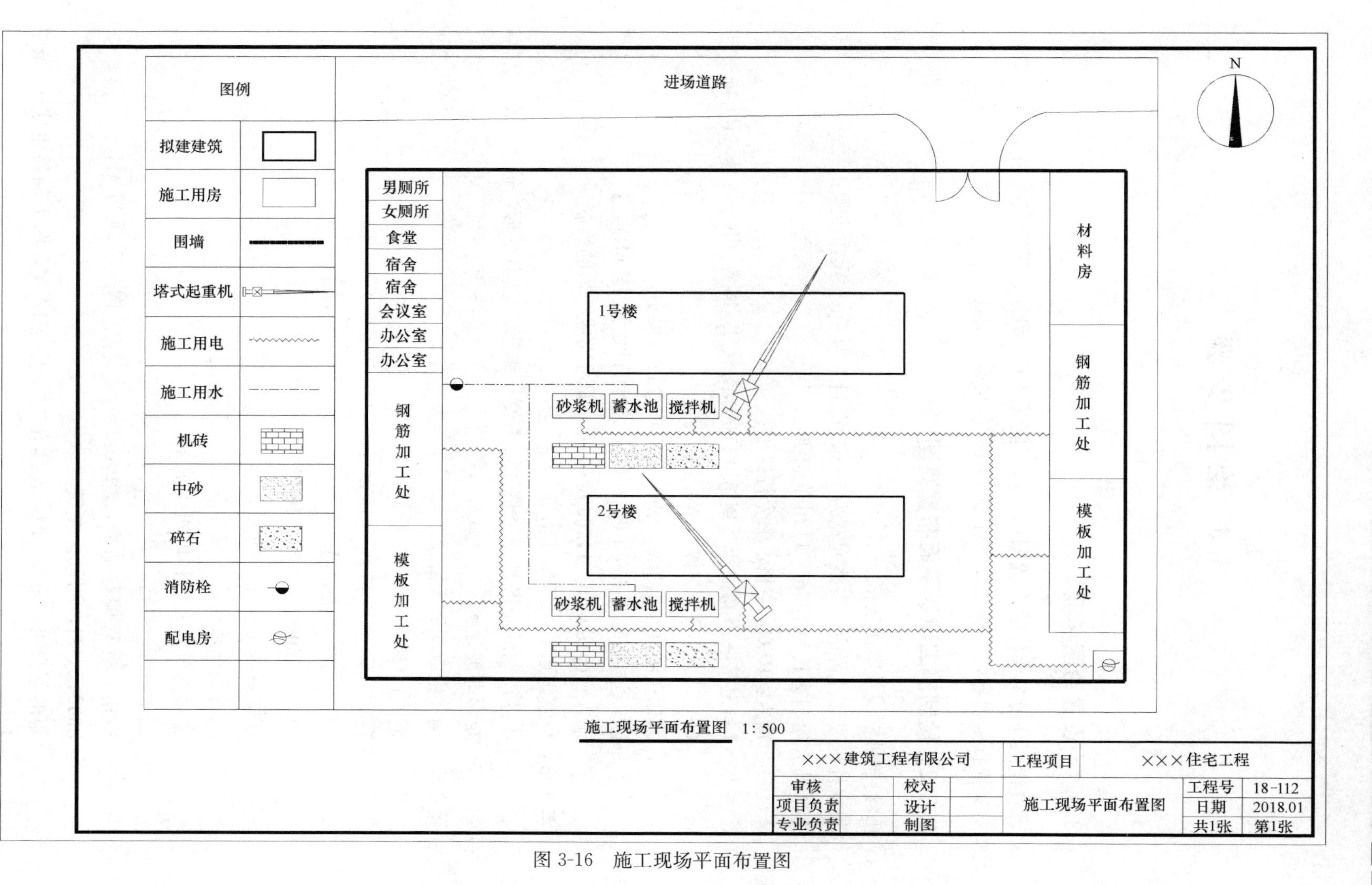


图 3-16 施工现场平面布置图

# 3.3 绘图步骤

## 3.3.1 设置绘图环境

设置绘图环境主要包括设置图形界限、隐藏 UCS 图标、设置鼠标右键和拾取框、设置对象捕捉等内容，在单元 2 有详细介绍，在此不再赘述。

## 3.3.2 绘制施工现场平面布置简图



1. 绘制外框线及图例表格

根据外框线尺寸可估计表格列宽为 15m，行间距为 8m。操作步骤：

**第 1 步**：绘制边长为 160m×112m 的矩形。

输入：**REC**，空格，命令行提示：

【指定第一个角点或［倒角（C）/标高（E）/圆角（F）/旋转（R）/正方形（S）/厚度（T）/宽度（W）］：】

鼠标在屏幕左上角点一点，接着命令行又提示：

【指定其他的角点或［面积（A）/尺寸（D）/旋转（R）］：】

输入：**@160000，112000**，空格，即可完成矩形的绘制。

**第 2 步**：分解矩形。

上述绘制的矩形是一个整体，不便于编辑。选中矩形，输入：**X**，空格，矩形即被分解。

**第 3 步**：偏移生成图例表格线。

输入：**O**，空格，命令行提示：

【指定偏移距离或［通过点（T）］<默认值>：】

输入：**15000**，空格，用鼠标左键点取矩形左边线向右偏移生成第一条列线，继续点取新生成的线向右偏移即可生成第二条列线，空格。

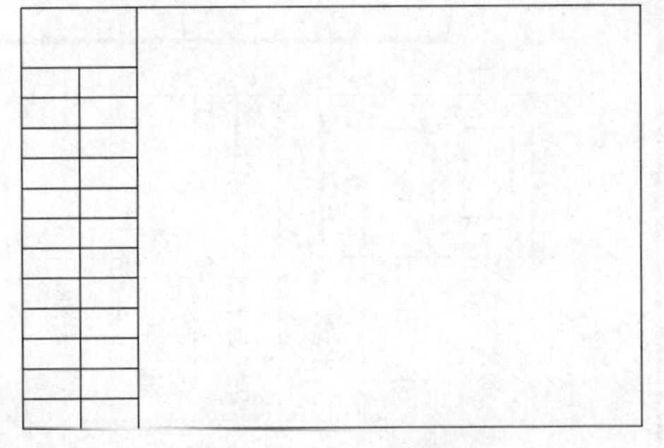

图 3-17　修剪表格

空格，重复偏移命令，输入：**8000**，空格，用鼠标左键点取矩形下边线，输入：M，连续在上方点击 12 次，向上偏移生成 12 条平行线。

**第 4 步**：修剪表格线。

输入：**TR**，两次空格，用 **C** 窗选选择所有行线右侧部分，多余线头被剪切掉，如图 3-17 所示。

**第 5 步**：绘制进场道路线。

输入：**L**，空格，用鼠标左键捕捉到左边端点并点击，然后捕捉到右边线的垂足并点击，即可绘制一条水平线。

由于原图纸上道路边线稍微倾斜，可以用拉伸命令来修改水平线达到倾斜效果。采用从下往上的窗选方式选取水平线右端点，如图 3-18 所示，输入：**S**，空格，命令行提示：【指定基点或［位移（D）］<位移>：】。

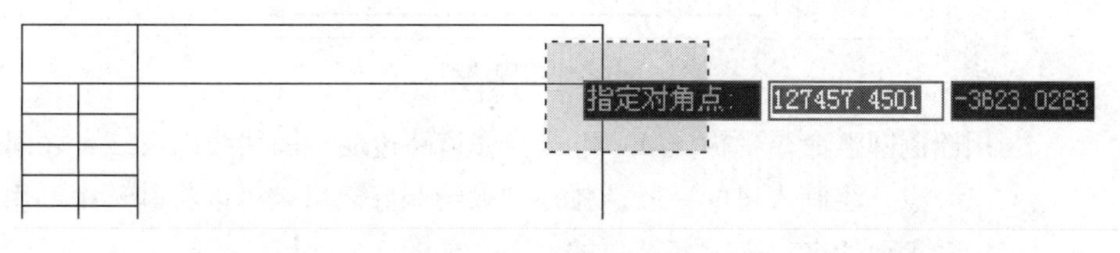


图 3-18　拉伸直线端点



按 F8 打开正交模式，任意点取一点作为基点，向上移动鼠标，输入：**2000**，空格，水平线即可拉伸成斜线，如图 3-19 所示。

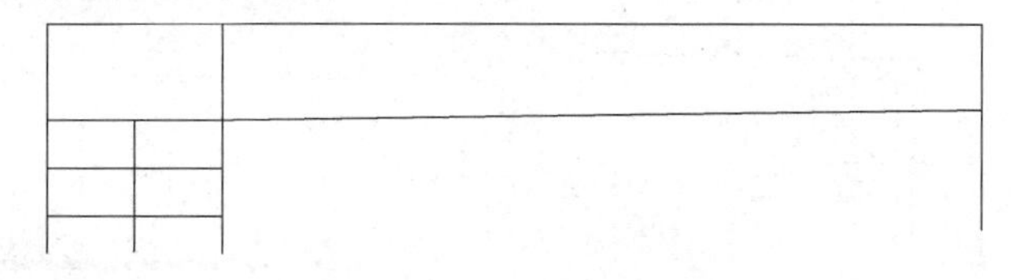

图 3-19　水平线拉伸成斜线

2. 绘制围墙及大门

围墙为特粗线，可采用偏移生成直线，然后改成多段线；大门为弧线，可使用绘制圆弧命令来绘制。操作步骤：

**第 1 步**：偏移生成围墙线。

输入：**O**，空格，再输入：**5000**，空格，分别点里边三条边线向内偏移 5m 生成东、南、西三面围墙；再将南围墙向北偏移 83m 生成北围墙。

**第 2 步**：用圆角命令修剪围墙线。

输入：**F**，空格，用鼠标分别点取两两相交的围墙线，将多余的围墙线修剪掉。

**第 3 步**：将围墙的直线变成多段线。

输入：**PE**，空格，继续输入：**M**，空格，选取围墙的四条边线，两次空格，然后输入：**W**，空格，再输入线宽：**500**，两次空格，围墙的细线即被加粗，如图 3-20 所示。

**第 4 步**：绘制入口大门，门宽 10m，距东围墙 20m。

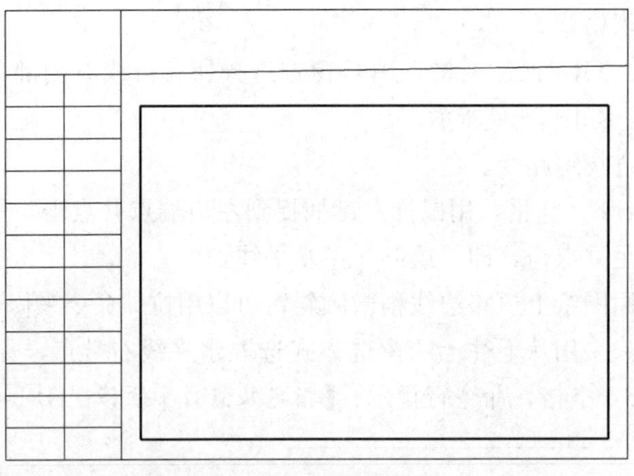

图 3-20　加粗围墙线



用绘制圆弧命令，输入 **A**，空格，在道路边线、围墙线以及二者之间点取三个点，绘制入口的一段圆弧。圆弧绘制好之后，可以将其选中，用鼠标拖动上面的夹点来改变圆弧的大小，如图 3-21 所示。

以圆弧与围墙的交点为起点向下绘制一条线段，线段长度为大门宽度的一半 5m，再以该线段起点为圆心，线段长度为半径绘制一段大门的圆弧线，如图 3-22 所示。

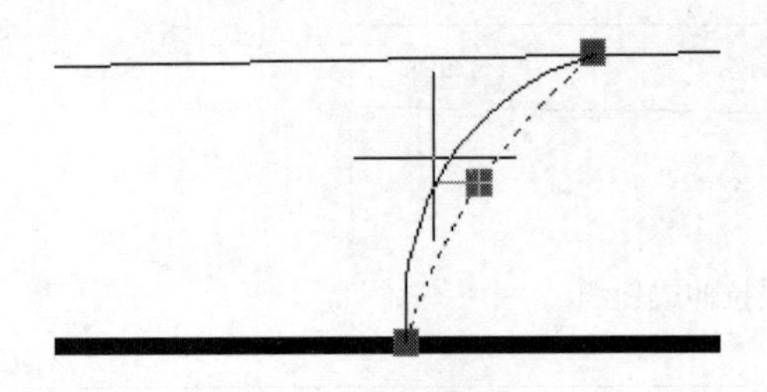

图 3-21　拖动圆弧夹点

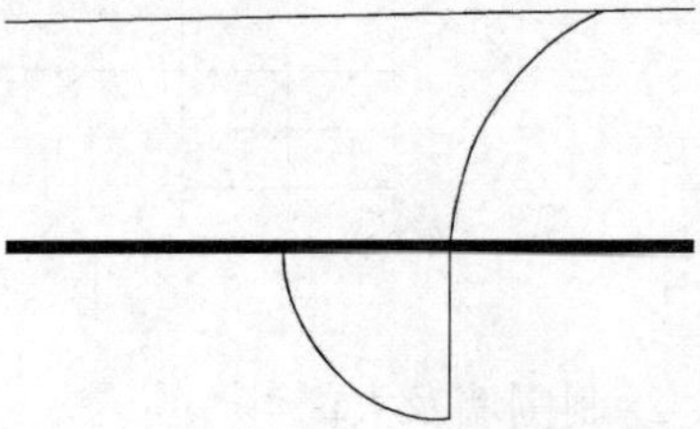

图 3-22　大门的圆弧线

入口弧线和大门的另一半可以采用镜像命令得到。选中入口弧线、大门及开启弧线，按 **F8** 打开正交模式，输入 **MI**，空格，以大门中点为起点向下作一条对称线，按空格确认，如图 3-23 所示。

用修剪命令将入口左边圆弧多余的部分剪掉。输入 **TR**，两次空格，鼠标点击弧线需要剪掉的部分。

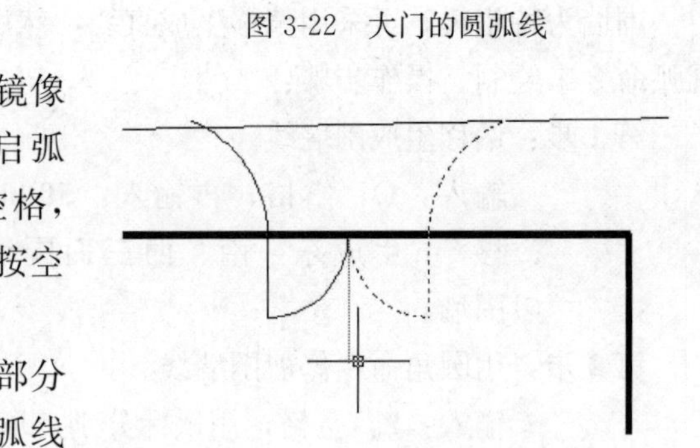

图 3-23　镜像操作

3. 绘制建筑物轮廓线

绘制顺序：先绘制 1 号楼，再复制得到 2 号楼，最后绘制施工用房。操作步骤：

**第 1 步**：绘制 1 号楼。

分别按 **F3** 和 **F8**，打开对象捕捉和正交模式，以北围墙中点为第一角点向下绘制 50000×13000 矩形，线宽 250。将该矩形向下移动 20000，向左移动 25000。

选中对象，输入：**M**，空格，命令行提示：

【指定基点或［位移（D)］＜位移＞:】

任意点取一点作为基点，鼠标向下移动一段距离，并输入：**20000**，空格。

用同样的方法再将矩形向左移动 25000。

用 **X** 分解命令将矩形分解；再用 **PE** 编辑命令将矩形的直线加粗变成多段线。粗线宽度为 0.5m，出图比例为 1∶500。

**第 2 步**：复制矩形生成 2 号楼。

用 **CO** 拷贝命令将矩形向下复制，复制移动距离为 33m。

选中要复制的矩形，输入：**CO**，空格，命令行提示：

【指定基点或［位移（D)/模式（O)］＜位移＞:】

任意点取一点作为基点，鼠标向下移动一段距离，并输入：**33000**，空格，即可完成复制。



**第 3 步**：绘制施工用房。

以围墙西南角为基点绘制 12000×25000 的矩形。

选中该矩形，输入：**CO**，空格，捕捉矩形右下角点作为基点，再向上移动，捕捉到右上角点并单击，空格确认，如图 3-24 所示。

用同样的方法将矩形复制得到右边的施工用房，并移到与北围墙靠齐，然后在东南角绘制一个 5000×5000 的正方形作为配电房。

用 **X** 分解命令将围墙西边靠近中间位置的矩形分解，再将矩形北边线向北依次偏移 7 根，间距为 4000，然后在这几条直线的右端画一条垂线，即可形成几个封闭的矩形。绘制好的施工现场平面布置简图如图 3-25 所示。

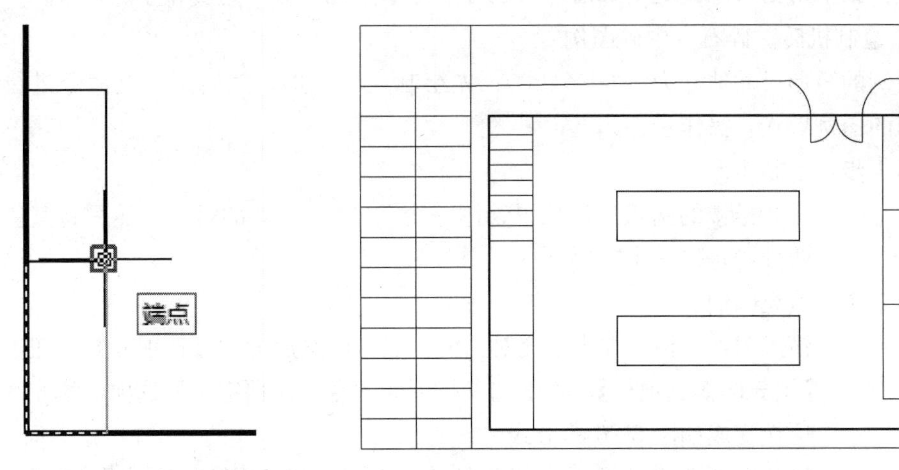


图 3-24　复制矩形

图 3-25　施工现场平面布置简图

### 3.3.3　绘制图例及施工用水、用电线路

1. 绘制塔式起重机

塔式起重机总长度大约 30m，其余尺寸可参照单元 1 能力训练题的标注。先绘制一

个塔式起重机，或用 Insert 插入命令插入单元 1 能力训练题已绘制好的塔式起重机图形，然后通过复制、旋转、缩小等操作得到其余塔式起重机及图例。操作步骤如下：

**第 1 步**：复制塔式起重机。

将绘制好的塔式起重机选中，用 **CO** 复制命令将其复制到 1 号楼南边，再继续复制到图中空白区域以备绘制图例使用。

**第 2 步**：旋转塔式起重机。

选中 1 号楼南边的塔式起重机，输入：**RO**，空格，命令行提示：

【指定基点：】

鼠标点取正方形对角线的交点，空格，命令行提示：

【指定旋转角度，或［复制（C）/参照（R）］<0>：】

输入：**60**，空格，塔式起重机即被逆时针旋转 60°。CAD 规定逆时针旋转为正，顺时针旋转为负。用同样的方法将 2 号楼旁边的塔式起重机逆时针旋转 130°。



**第 3 步**：绘制塔式起重机图例。

选中此前复制备用的塔式起重机，输入：**SC**，空格，命令行提示：

【指定基点：】

鼠标点取塔式起重机尾部任意一点作为基点，空格，命令行提示：

【指定缩放比例或［基本比例（B）/复制（C）/参照（R）］<1>：】

输入：**0.4**，空格，对象缩小为原来的 0.4 倍。

**第 4 步**：用 **M** 移动命令，将缩小后的塔式起重机图例移动到相应的图例表格里。

注：如采用插入塔式起重机图形，也可参考本单元 3.3.6 的具体步骤执行。

2. 绘制机砖、碎石、中砂图例

图例的矩形尺寸估计为 7800×4000，先绘制三个矩形，然后用填充命令进行填充为不同的图例形式。操作步骤如下：

**第 1 步**：绘制矩形。

在 2 号楼的南边适当位置绘制一个 7800×4000 的矩形，然后将其复制成两排，每排三个矩形。

**第 2 步**：填充图例。

输入 **H**，空格，弹出填充对话框，点击图案后面的【选项板】按钮，弹出【填充图案选项板】，点击选项板上面的【其他预定义】选项，填充图案选项板变成如图 3-26 的形式。

机砖图例选中选项板中第三行第三项 APPIANRN，点击【确定】，将返回到图案填充对话框，调整比例到合适数值，然后点击【添加：拾取点】前面的按钮，命令行提示：【拾取内部点或［选择对象（S）/删除边界（B）］：】，鼠标在需要填充的矩形内部点取一点，按两次空格。用同样的方法可完成另外两种图例的填充，填充后的效果如图 3-27 所示。

注：如果按照以上操作无法完成填充，请查看命令行提示。当命令行提示【无法对

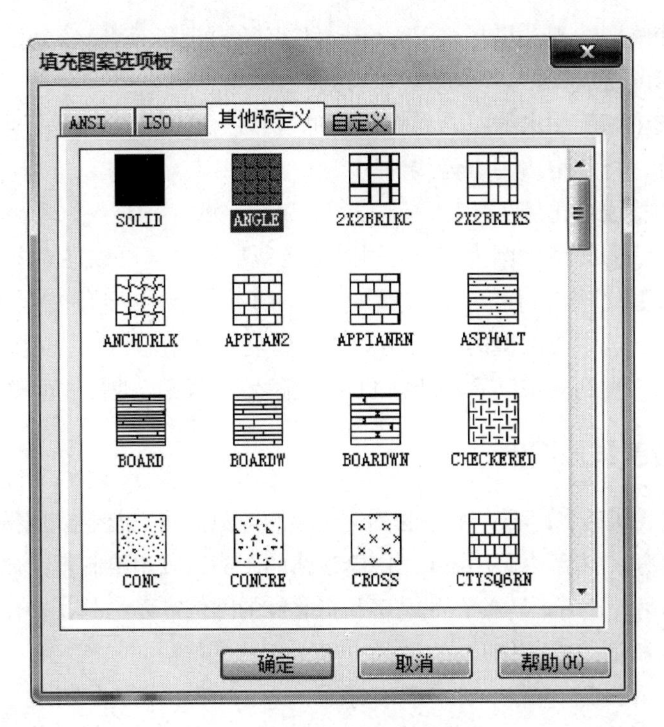


图 3-26　填充图案选项板

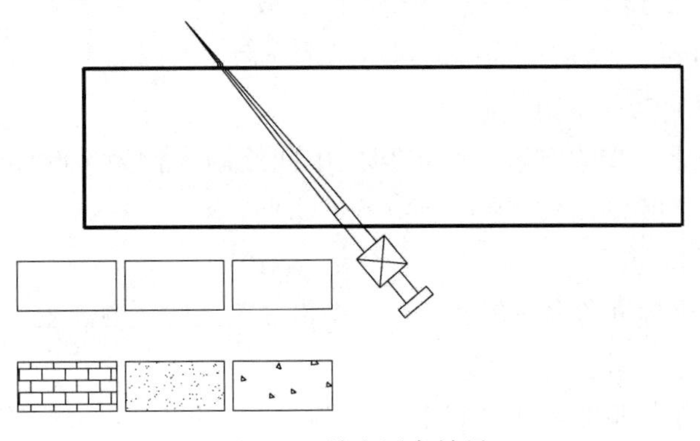

图 3-27　填充图案效果

边界进行图案填充】，说明图案比例太大，应将比例改小再试一试；当命令行提示【图案填充间距太密，或短划尺寸太小】，说明图案比例太小，应将比例改大再试一试。有时需要多次调整填充比例才能达到满意效果。

3. 绘制施工用水、用电线路

施工用水、用电线路的位置可以根据原图进行估计，采用绘制直线命令来绘制，然后改变线型即可。操作步骤如下：

**第 1 步**：绘制线路直线。

按照原图施工用水、用电线路的走向，用 **L** 绘制直线命令，在适当的位置绘制线路直线。

**第 2 步**：加载线型。

在线型管理器里加载Phantom双点长画线和zigzag锯齿线两种线型。

**第3步**：修改直线线型。

选中施工用水线路，将该线路的线型改为双点长画线；再选中施工用电线路，将线型改为锯齿线。

**第4步**：调整线型比例。

默认的线型比例为1，比例偏小线型看不清，可以在对象特性对话框里对线型比例进行单独调整。输入：**MO**，空格，屏幕左上角弹出特性对话框。选中要调整的线，在对话框里将线型比例一栏的数字改成2或者更大，直到效果满意为止。也可以输入：LTS，进行线型整体比例调整。

### 3.3.4 绘制其他图例



塔式起重机、机砖、碎石、中砂的图例已绘制，只需将其复制到图例列表里即可；拟建建筑、施工用房、围墙、施工用水、用电线路的图例可以用绘制直线命令绘制，然后修改成相应线型。另外还有消防栓、配电房和指北针的图例需要绘制，操作步骤如下：

**第1步**：绘制消防栓图例。

输入：**C**，空格，命令行提示：

【指定圆的圆心或［三点（3P）/两点（2P）/切点、切点、半径（T）］：】

在需要绘制消防栓的位置上点取一点作为圆心，输入圆的半径为1000mm，按空格确认。然后用填充命令将圆的下半部分填充成黑色。

**第2步**：绘制配电房图例。

参考上一步的方法在配电房的中间绘制半径为1000mm的圆，再在圆的上下各绘制一段圆弧。

**第3步**：复制图例。

用**CO**拷贝命令，依次将以上图例复制到图例列表里。

**第4步**：绘制指北针。

参考第1步的操作绘制半径为6000mm的圆，再以圆心左右对称绘制等腰三角形，然后参考第1步操作将等腰三角形填充。

### 3.3.5 标注文字

1. 设置文字样式

根据任务要求，本图中的字体为仿宋体，文字高宽比为0.7，在标注文字之前应新建名为“仿宋”的文字样式。操作步骤：

**第1步**：鼠标左键单击下拉菜单栏【格式】，移动光标到【文字样式】并用鼠标左键点击或者在命令行输入：**ST**，空格，弹出文字样式对话框，如图3-28所示。

**第2步**：在对话框里点击【新建】按钮，输入样式名称，例如“仿宋”。然后在字体名下拉框里选择【仿宋】。

**第3步**：文字宽度因子输入**0.7**，用鼠标左键点击【应用】按钮，并关闭对话框。

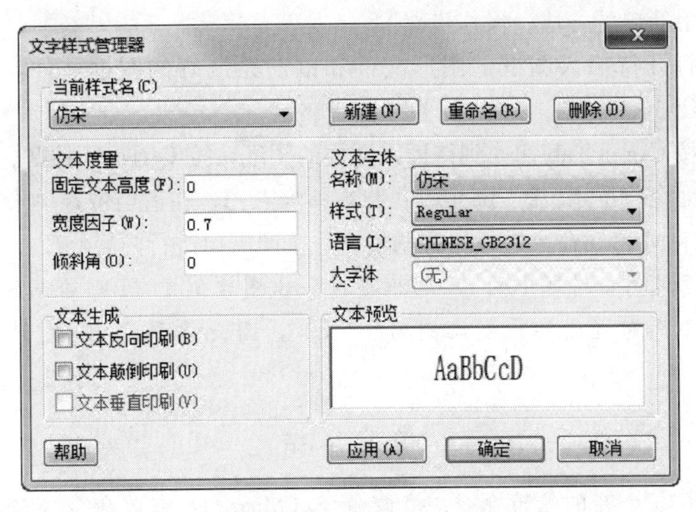


图 3-28 文字样式对话框



2. 输入文字

图中标注文字高度分 2 种，小字高度 5mm，大字高度 7mm。根据绘图要求，绘图比例为 1∶1，出图比例为 1∶500，绘图时的文字高度应分别为 2500mm 和 3500mm。

**第 1 步**：命令行输入：**DT**，空格，输入文字高度为 2500，在需要写文字的位置上点击左键，输入文字即可。

**第 2 步**：将上一步输入的文字复制到其他需要标注文字的位置，双击进行修改。

注：当图纸中有多种文字样式，需要更换当前文字样式时，可在文字样式控制工具栏里进行选择，如图 3-29 所示。

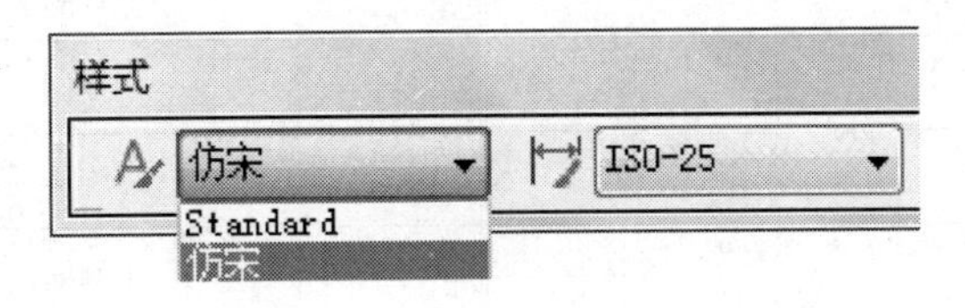


图 3-29 文字样式控制工具栏

3. 改文字高度

图中"进场道路"、"图例"以及图名中的文字要大一些，绘图时的实际高度为 3500mm。操作步骤：

**第 1 步**：选中文字"进场道路"，输入：**MO**，空格，在对象特性对话框里将高度一栏的数字改成 3500。

**第 2 步**：用特性匹配命令，输入：**MA**，空格，点击文字"进场道路"，再点击"图例"及图名中的文字，此时，文字的高度即被修改成 3500mm。

### 3.3.6 插入图框

图框不必每次重新绘制，可以将以前绘制好的图框插入进来，然后按照需要进行修改。在这里，插入单元 2 能力训练题中绘制的 A3 图框即可。插入图框的方法有多种，在此介绍一种最简单的方法。操作步骤：

**第1步**：打开待插入图框的图形文件和以前绘制好的图框文件，选中图框，按Ctrl＋C复制。

**第2步**：按Ctrl＋Tab切换到待插入图框的图纸，按Ctrl＋V粘贴。

**第3步**：命令行提示：【_pasteclip 指定插入点:】，在适当位置单击一点即可。

**第4步**：用**M**移动命令进行位置调整，并按照需要进行内容修改。

注：单元2能力训练题中的A3图框是按照出图比例1∶100绘制的，单元3中绘制的施工现场平面布置图的出图比例为1∶500，因此需要将A3图框放大5倍方可使用。

## 单元小结



本单元引入10个新的编辑命令：镜像命令（Mirror）、缩放命令（Scale）、拉伸命令（Stretch）、特性（Properties）、线型（LineType）、线型比例（Ltscale）、特性匹配（Match-prop）、*打断（Break）、*消除重线（Overkill）；1个查询命令：识别图形坐标（ID）。

在此基础上，我们结合工程实例，讲解了施工现场平面布置图的绘制方法，绘图顺序一般是先整体、后局部，先图样、后标注。

在本单元中用到的绘图和编辑命令如表3-1所示。

**本单元用到的绘图和编辑命令** **表3-1**

| 序号 | 命令功能 | 命令简写 | 序号 | 命令功能 | 命令简写 |
|---|---|---|---|---|---|
| 1 | 绘制矩形 | REC | 12 | 镜像 | MI |
| 2 | 重生成(刷新) | RE | 13 | 移动 | M |
| 3 | 分解 | X | 14 | 复制 | CO |
| 4 | 偏移 | O | 15 | 旋转 | RO |
| 5 | 修剪 | TR | 16 | 比例缩放 | SC |
| 6 | 删除 | E | 17 | 填充 | BH |
| 7 | 绘制直线 | L | 18 | 特性 | MO |
| 8 | 拉伸 | S | 19 | 绘制圆 | C |
| 9 | 圆角 | F | 20 | 文字样式 | ST |
| 10 | 多段线编辑 | PE | 21 | 单行文字 | DT |
| 11 | 绘制圆弧 | A | 22 | 特性匹配 | MA |

## 能力训练题

1. 用CAD绘制某幼儿园工程施工平面布置图，参考样图如图3-30所示。图中标注尺寸仅供绘图参考，绘图时不需标注，其余未注明尺寸及位置自行估计。

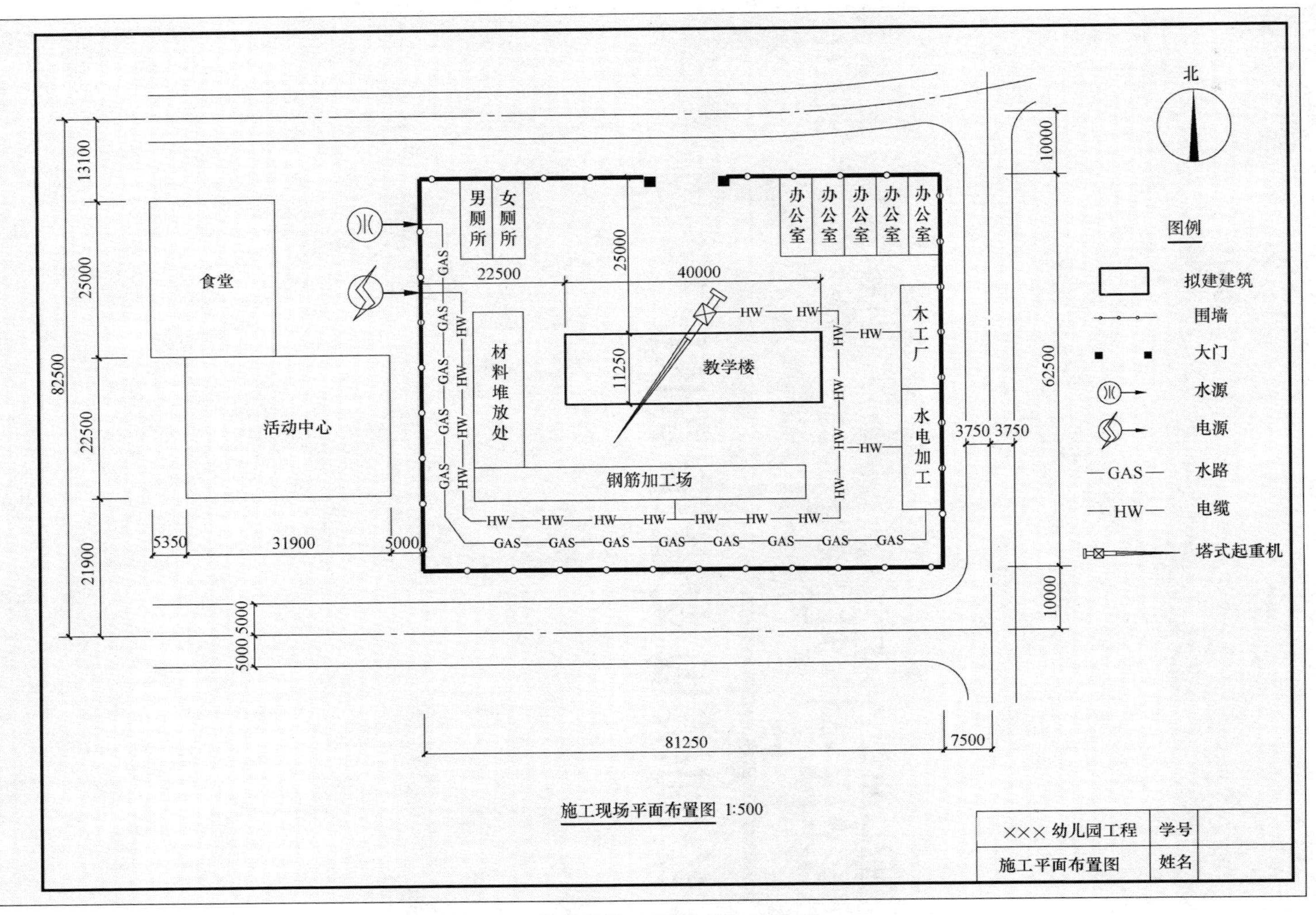


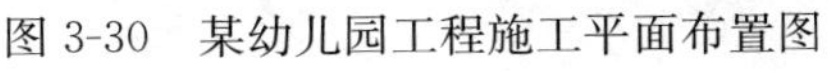
图 3-30 某幼儿园工程施工平面布置图

# 教学单元 4

## 绘制模板支设示意图

# 4.1 工 作 任 务

## 4.1.1 任务要求

用 CAD 绘制梁模板支设示意图，参考样图如图 4-1 所示。

## 4.1.2 绘图要求

1. 绘图比例为 1∶1，出图比例为 1∶10。字体为仿宋体，字高 3.5mm。

2. 梁截面尺寸为 300mm×600mm，楼板厚为 100mm，梁侧模及底模厚为 20mm，钢管直径为 48mm，木方为 50mm×80mm，可调支托为 80mm×80mm，其余尺寸及位置可自行估计。

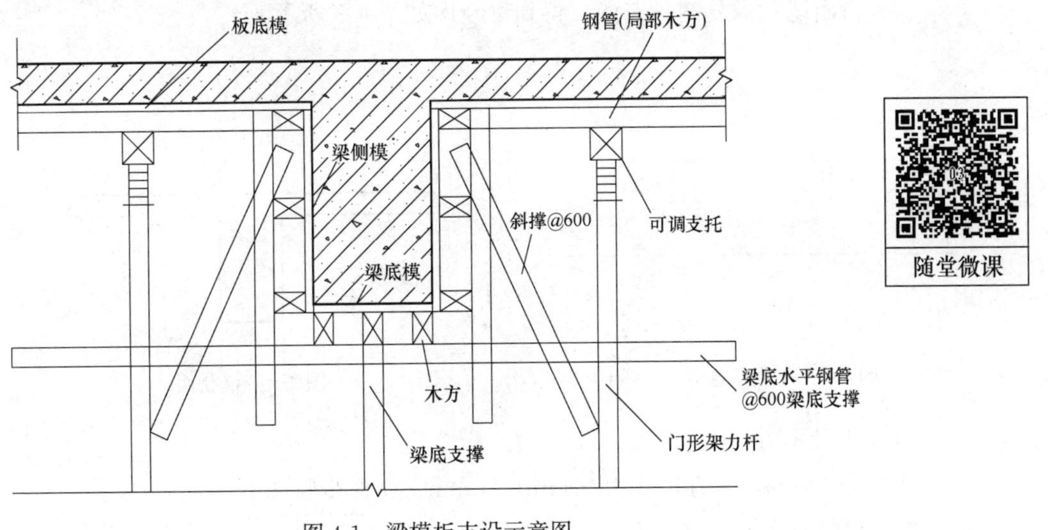


随堂微课

图 4-1 梁模板支设示意图

# 4.2 绘 图 步 骤

## 4.2.1 设置绘图环境

绘图环境的设置可参考单元 2 的操作，在此不再赘述。

### 4.2.2 绘制模板支架简图

1. 绘制梁断面

梁断面尺寸 300mm×600mm，楼板厚度为 100mm，楼板左右翼缘各伸出 600mm。操作步骤如下：

**第 1 步**：绘制楼板上边线。

打开正交模式，用 **L** 绘制直线命令，绘制一条长为 1500mm 的水平线。

**第 2 步**：绘制楼板下边线及梁肋。

用 **O** 偏移命令，将楼板上边线向下偏移 100mm，再将楼板下边线向下偏移 500mm 得到梁底边线；打开对象捕捉模式，以楼板下边线的中点为起点向下绘制 500mm 的垂线，将其向左右各偏移 150mm 得到梁侧边线；用 **TR** 修剪命令和 **E** 删除命令，将多余的线修剪或删掉。



**第 3 步**：绘制折断线。

在楼板翼缘左端绘制一段垂线，再在垂线中部绘制 Z 字形直线与其相交，如图 4-2 所示，用 **TR** 修剪命令将多余的线段剪掉，再用 **MI** 镜像命令将折断线镜像复制到右侧，得到梁断面如图 4-3 所示。

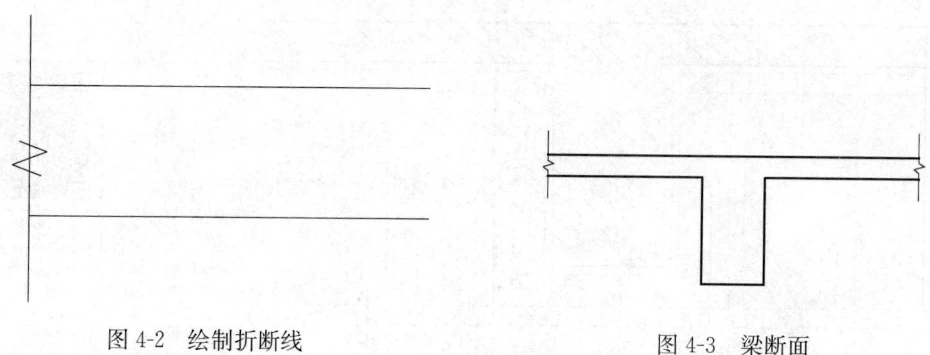

图 4-2　绘制折断线

图 4-3　梁断面

2. 绘制模板及木方

模板厚度为 20mm，木方尺寸为 50mm×80mm。操作步骤如下：

**第 1 步**：绘制板底模和梁底模。

用 **O** 偏移命令，将楼板下边线向下偏移 20mm 得到板底模，将梁下边线向下偏移 20mm 得到梁底模。

**第 2 步**：绘制梁侧模。

用 **O** 偏移命令，将梁侧边线向外偏移 20mm 得到梁侧模。

**第 3 步**：线段修剪。

用 **TR** 修剪命令和 **F** 倒角命令，将模板相交处按原图所示进行修剪。

**第 4 步**：绘制木方。

用 **REC** 绘制矩形命令，在梁肋内折角处绘制 50mm×80mm 的矩形。按照制图标准，木方图例可用交叉线表示。用同样的方法或者用复制命令完成左侧和底部木方的绘制，如图 4-4 所示。

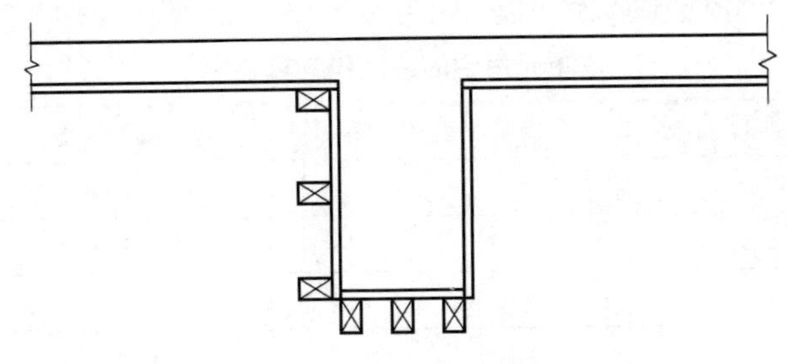

图 4-4　梁模板及木方

3. 绘制钢管支撑

支撑用钢管直径为 48mm，可调支托为 80mm×80mm。操作步骤如下：

**第 1 步**：绘制左侧及底部支撑钢管。

用 **L** 绘制直线命令和 **O** 偏移命令，完成左侧及底部支撑钢管的绘制，可调支托可参考木方的绘制方法来绘制，如图 4-5 所示。

**第 2 步**：选中左侧钢管支撑，用 **MI** 镜像命令，将其镜像复制到右侧，如图 4-6 所示。



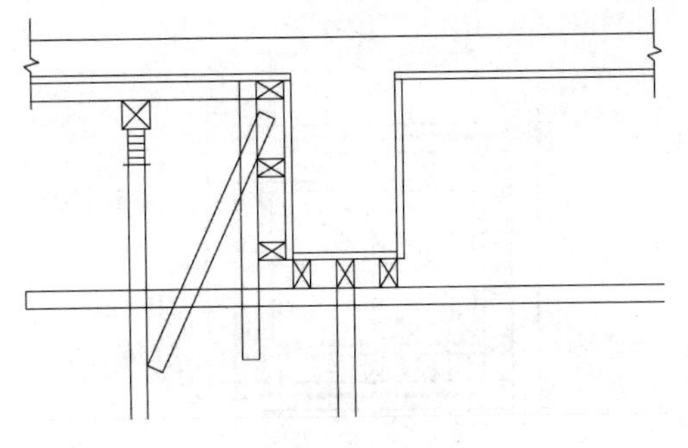

图 4-5　绘制钢管支撑

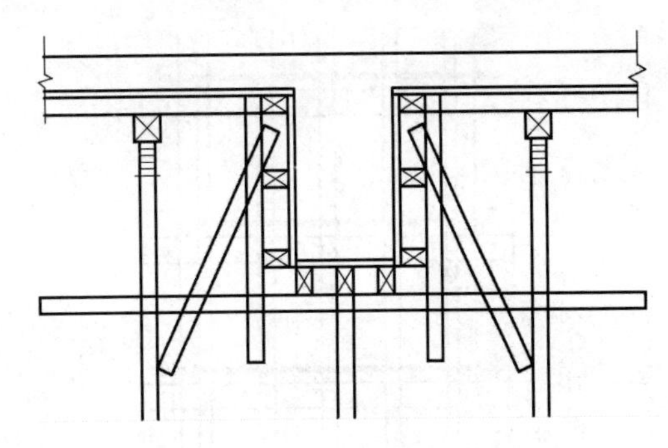

图 4-6　镜像复制钢管支撑

**第 3 步**：绘制底部折断线。

可参考前述操作绘制底部折断线。

### 4.2.3　标注文字

**第 1 步**：设置文字样式。字体使用仿宋体，宽度比例为 0.7。

**第 2 步**：输入文字，字高设置为 35。在可调支托旁边绘制一条指引线，在指引线上输入文字“可调支托”。

**第 3 步**：用 **CO** 复制命令将指引线连同文字一起复制到其他需要标注文字的地方，然后双击文字进行修改。

最后，参考前述操作，在梁内填充钢筋混凝土图例。

## 单 元 小 结

本单元结合工程实例，讲解了梁模板支设示意图的绘制方法。绘图顺序一般是先整体、后局部，先图样、后标注。

在本单元中用到的绘图和编辑命令如表 4-1 所示。

本单元用到的绘图和编辑命令　　表 4-1

| 序号 | 命令功能 | 命令简写 | 序号 | 命令功能 | 命令简写 |
|---|---|---|---|---|---|
| 1 | 绘制直线 | L | 7 | 填充 | BH |
| 2 | 偏移 | O | 8 | 绘制矩形 | REC |
| 3 | 修剪 | TR | 9 | 文字样式 | ST |
| 4 | 删除 | E | 10 | 单行文字 | DT |
| 5 | 镜像 | MI | 11 | 复制 | CO |
| 6 | 圆角 | F | | | |



## 能力训练题

用 CAD 绘制柱模板支设示意图，参考样图如图 4-7 所示。木方尺寸为 60mm×90mm，图中尺寸供绘图参考，绘图时不标注，其余尺寸及位置自行估计。

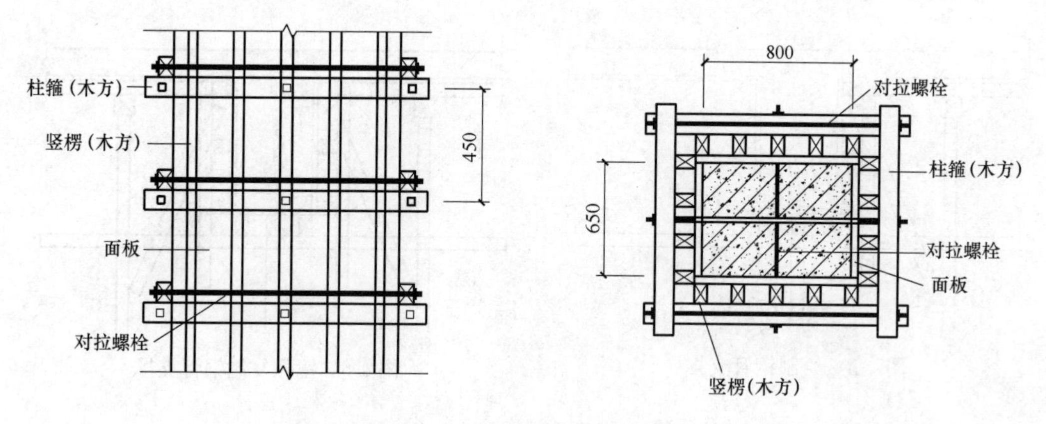


图 4-7　柱模板支设示意图

# 教学单元5

# 绘制脚手架搭设示意图

## 5.1 命令导入

### 5.1.1 延伸命令（Extend）

1. 功能

延伸命令（Extend）用于将指定的对象（直线、多线或多段线）延伸到另一对象上。



2. 操作步骤

**第 1 步：**◆鼠标左键单击下拉菜单栏【修改】，选择点击【延伸】。

◆或者在“修改”工具栏点击“延伸”按钮（图 5-1）。

◆或者在命令行输入：**Extend** 或 **EX**，并确认。

**第 2 步：**此时命令行提示：

【选取边界对象作延伸＜回车全选＞：】

用户选择对象作为延伸边界，并确认。用户可连续选择多个对象作为边界。

图 5-1 “延伸”按钮

**第 3 步：**此时命令行提示：

【选择要延伸的实体，或按住 Shift 键选择要修剪的实体，或［边缘模式（E）/围栏（F）/窗交（C）/投影（P）/放弃（U）］：】

此处有多个选项，默认选项为选择要延伸的对象，用户可直接选取需要延伸的对象。其余选项的操作与修剪命令（Trim）类似。

### 5.1.2 阵列（Array）

1. 功能

阵列命令可利用两种方式对选中对象进行阵列操作，从而创建新的对象：一种是矩形阵列，另一种是环形阵列。

2. 操作步骤

**第 1 步：**◆鼠标左键点击下拉菜单栏【修改】，选择点击【阵列】。

◆或者在“修改”工具栏点击“阵列”按钮（图 5-2）。

◆或者在命令行输入：**AR**，并按空格键。

图 5-2 “阵列”按钮

**第 2 步：**调用该命令后，系统弹出“阵列”对话框（图 5-3），该对话框中各项说明如下：

（1）矩形阵列：以源对象为基准，按规定的行数和列数、规定的行偏移距离和列偏移距离以及阵列角度，形成阵列图案，如图 5-4 所示。该阵列图案中阵列角度设置为 0。若将角度设置为 30，阵列图案如图 5-5 所示。

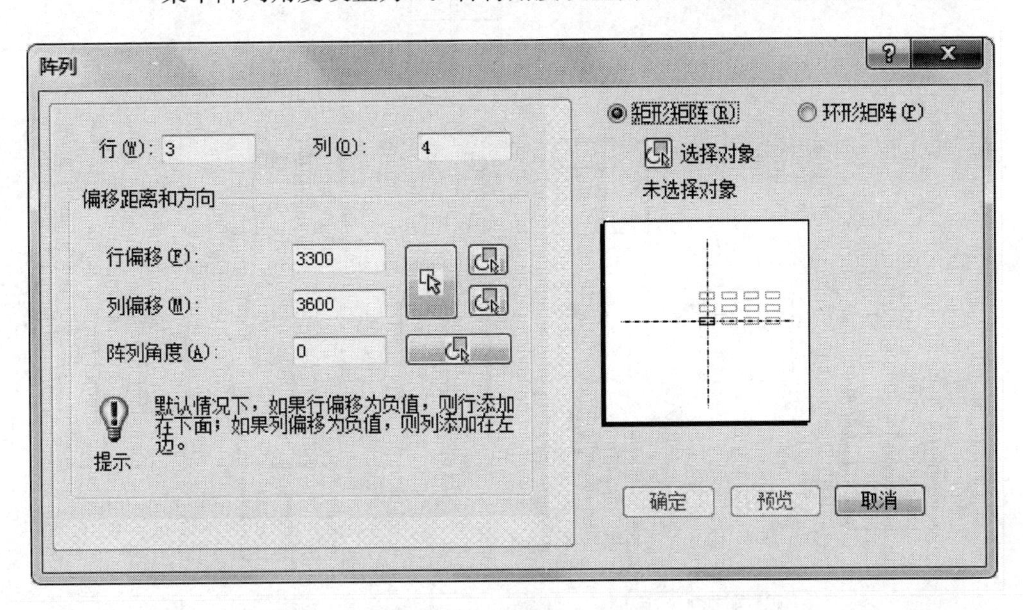


图 5-3 “阵列”对话框

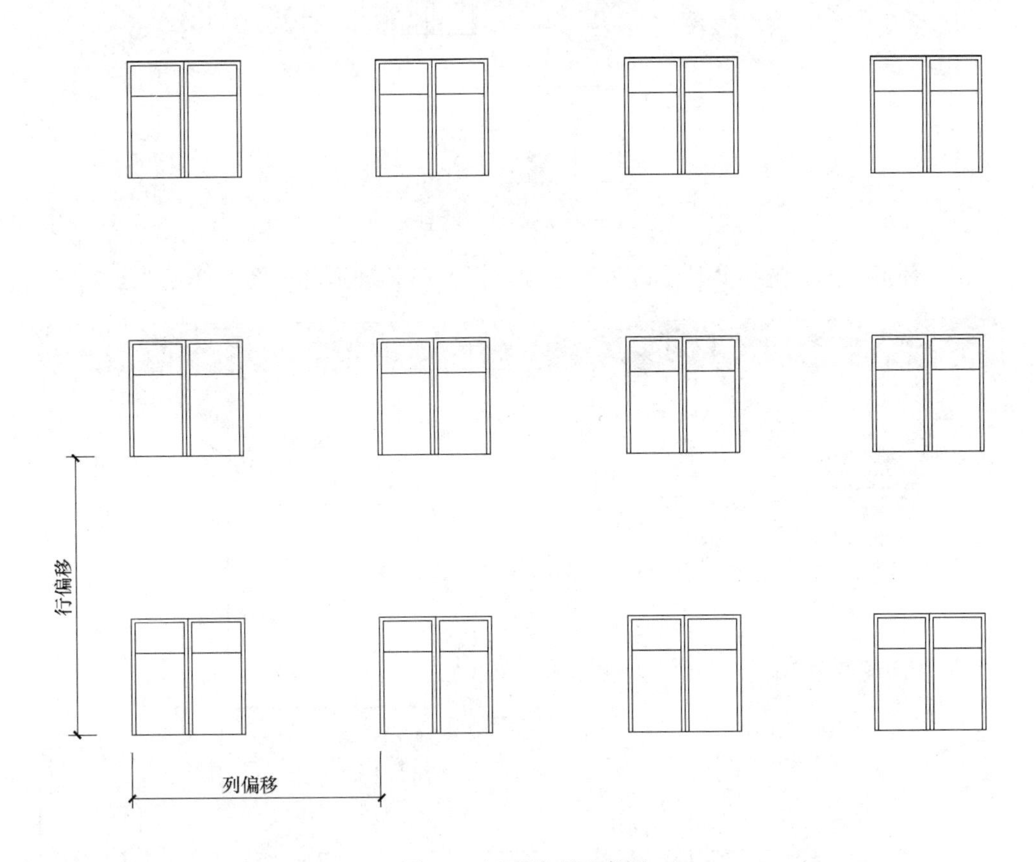


图 5-4　矩形阵列示意图

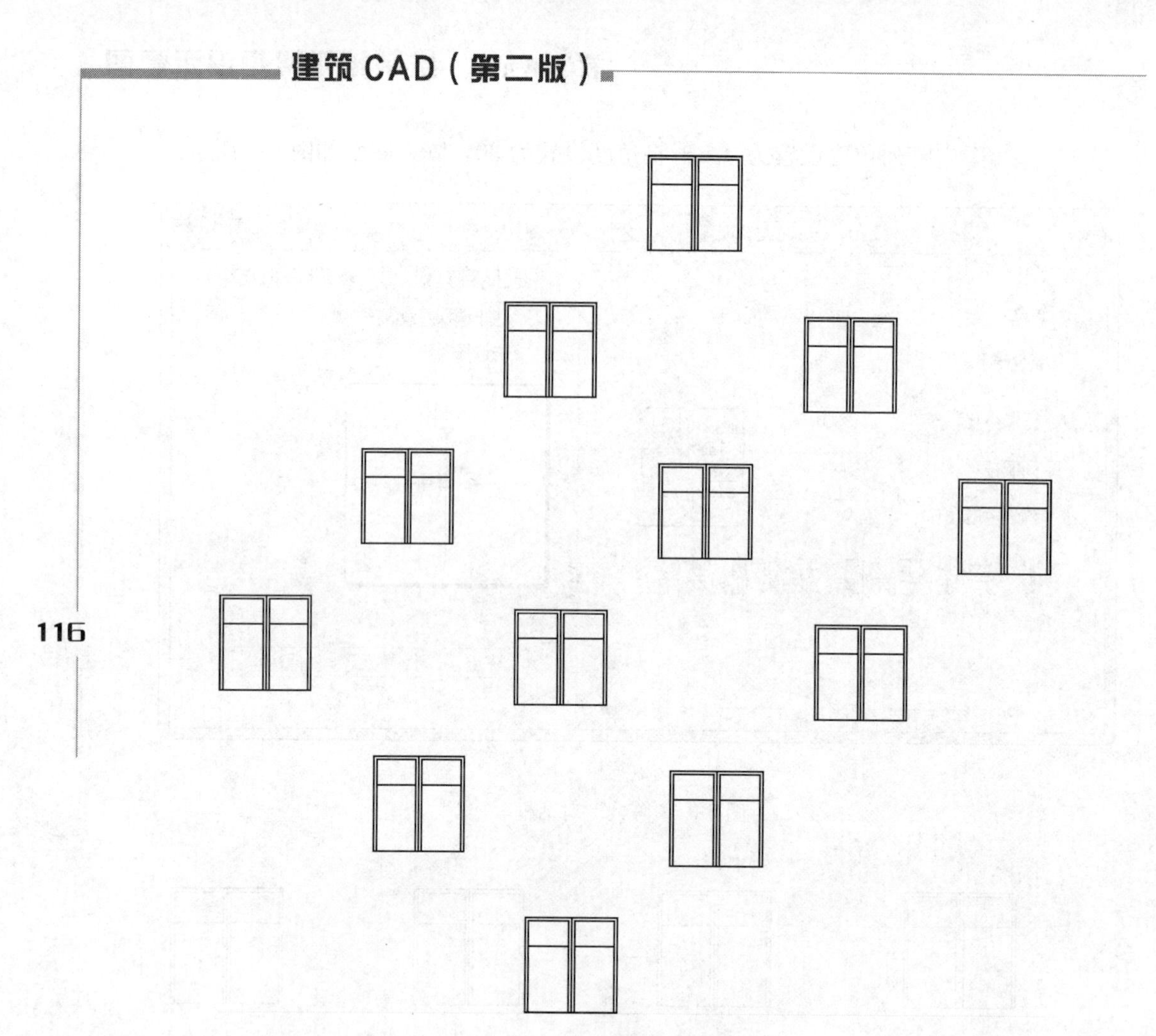

图 5-5　矩形阵列示意图

（2）环形阵列：选择“环形阵列”选项（图 5-6），环形阵列图案详见图 5-7。

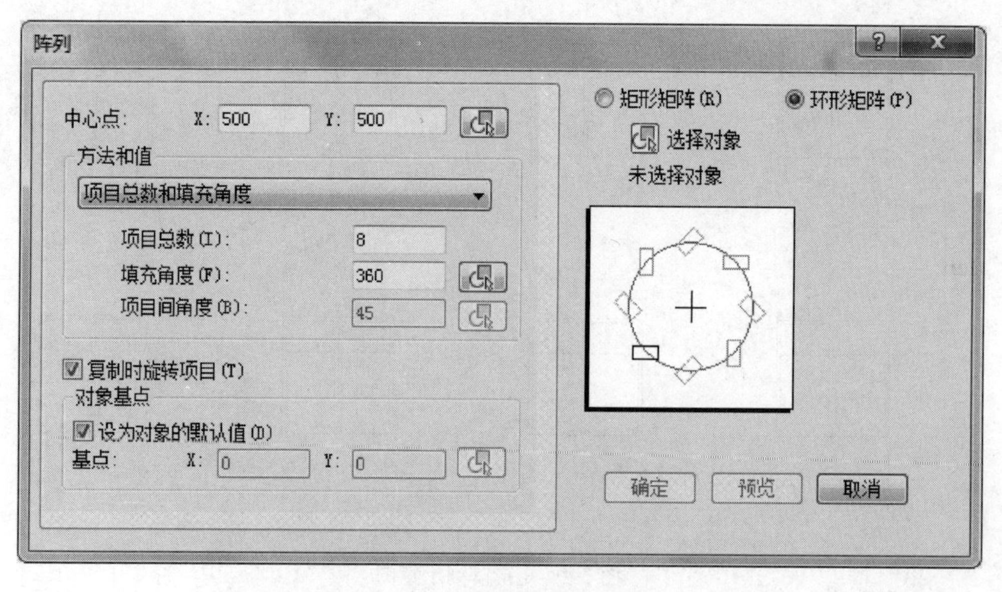


图 5-6　“环形阵列”对话框

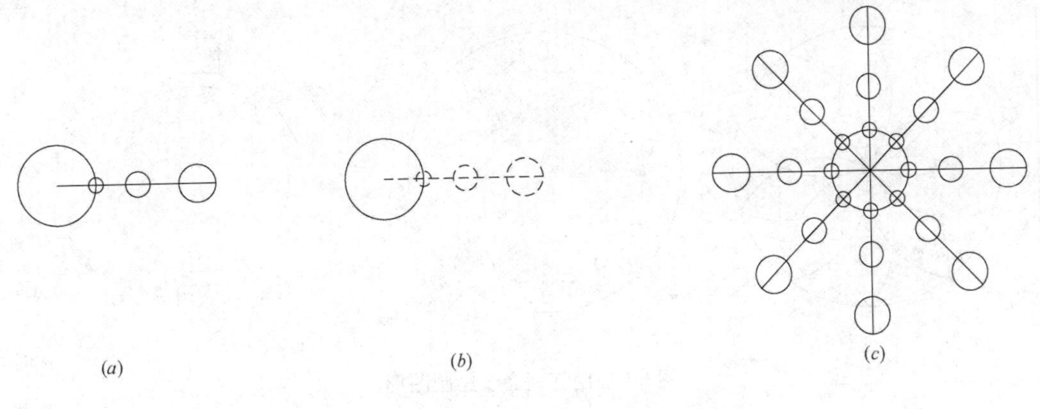


图 5-7 环形阵列示意图

（a）绘制图形；（b）选择阵列对象；（c）完成环形阵列



各参数说明如下：

1）“中心点”：指定环形阵列的中心点。

2）“项目总数”：指定阵列操作后源对象及其副本对象的总数。

3）“填充角度”：指定分布了全部项目的圆弧的夹角。该夹角以阵列中心点与源对象基点之间的连线所成的角度为零度。

4）“项目间夹角”：指定两个相邻项目之间的夹角。即阵列中心点与任意两个相邻项目基点的连线所成的角度。

5）“复制时旋转项目”：如果选择该项，则阵列操作所生成的副本进行旋转时，图形上的任一点均同时进行旋转。如果不选择该项，则阵列操作所生成的副本保持与源对象相同的方向不变，而只改变相对位置。

6）完成设置后，可单击【预览】按钮来预览阵列操作的效果，这时系统弹出如图5-8所示对话框。查看阵列操作效果后，可单击【接受】按钮，确定设置并完成阵列命令；或单击按钮【修改】返回“阵列”对话框修改设置；或单击【取消】按钮取消阵列命令。

图 5-8 阵列预览对话框

3. 用阵列命令绘制图5-9所示图形。

### 5.1.3 设置标注样式（Dimstyle）

1. 功能

设置标注样式（Dimstyle）用于创建和管理尺寸标注的样式。

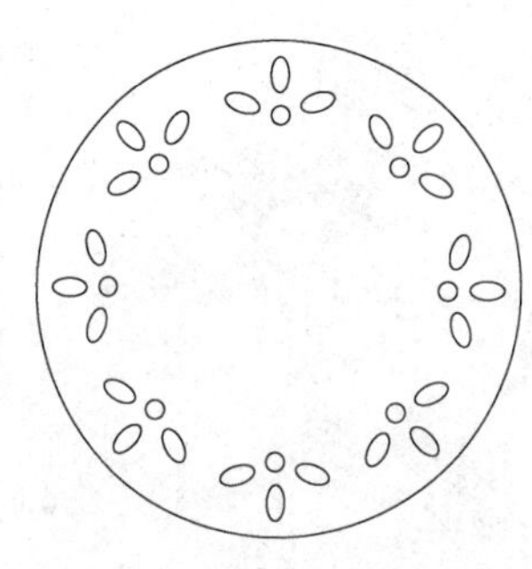
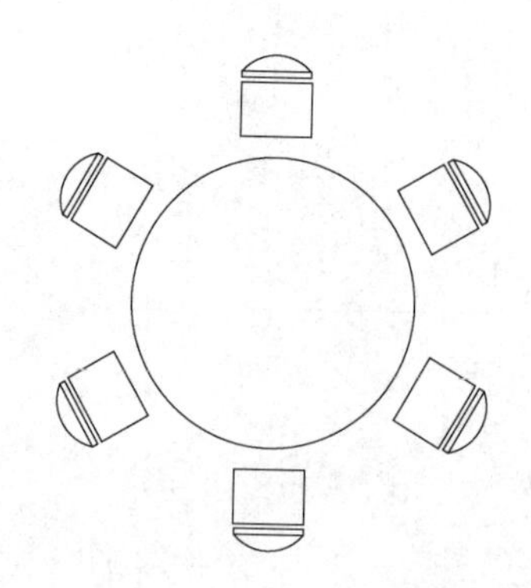

图 5-9　用阵列命令绘制图形

2. 操作步骤



**第 1 步**：◆鼠标左键单击下拉菜单栏【标注】，选择点击【标注样式】。

◆或者在“标注”工具栏点击“标注样式”按钮（图 5-10）。

◆或者在命令行输入：**Dimstyle** 或 **D**，并确认。

图 5-10　“标注样式”按钮

**第 2 步**：此时弹出如图 5-11 所示的“标注样式管理器”对话框。

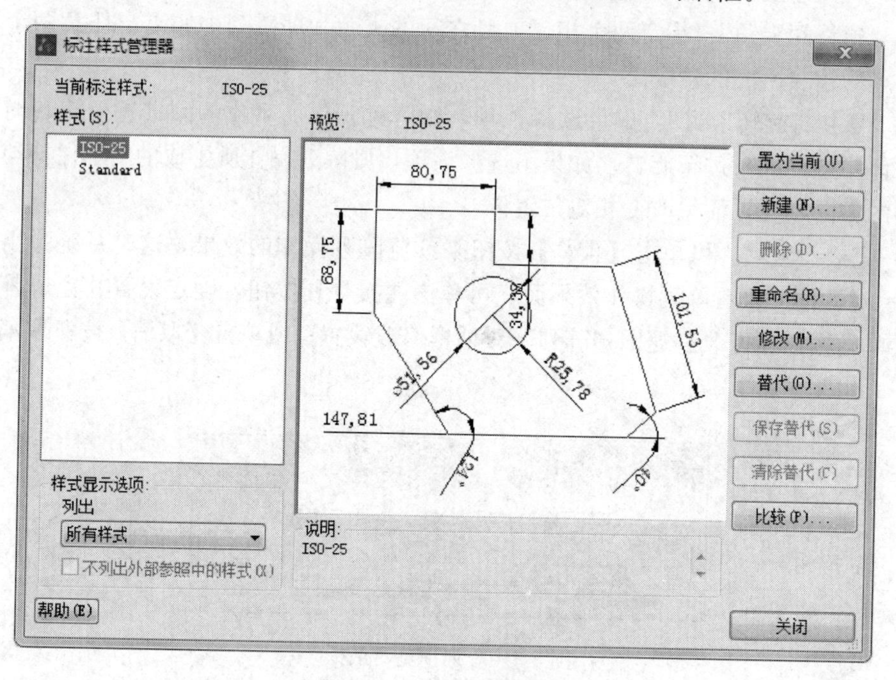


图 5-11　标注样式管理器

**第 3 步**：点击“标注样式管理器”对话框右侧的【新建】，在弹出的“新建标注样式”对话框里输入新样式名的名称，例如：比例 100，如图 5-12 所示。

**第 4 步**：点击【继续】将弹出“标注样式设置”对话框，如图 5-13 所示。修改“尺寸线”（即超出尺寸线）的值为 2，“原点”（即起点偏移量）的值为 5，

"基线间距"的值为 8，该对话框中的选项定义如图 5-14 所示。

注：《房屋建筑制图统一标准》GB/T 50001—2010 中规定：

(1) 尺寸界线一端离开图样轮廓线不应小于 2mm（即"起点偏移量"）；

(2) 另一端宜超出尺寸线 2～3mm（即"超出尺寸线"）；

(3) 平行排列的尺寸线间距，宜为 7～10mm（即"基线间距"），并应保持一致；

(4) 尺寸起止符号长度宜为 2～3mm（即"箭头大小"）。

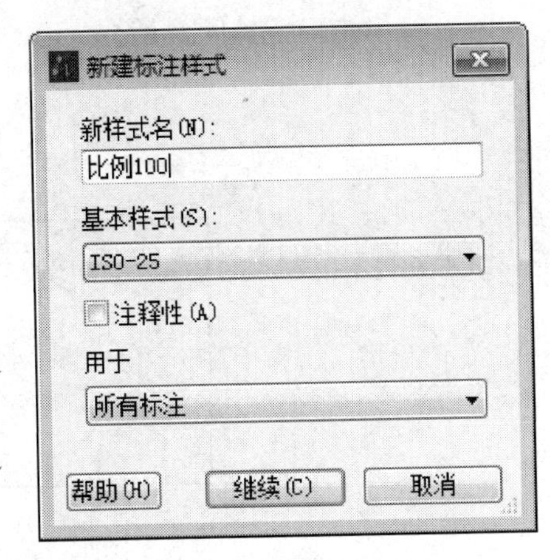


图 5-12　创建新标注样式

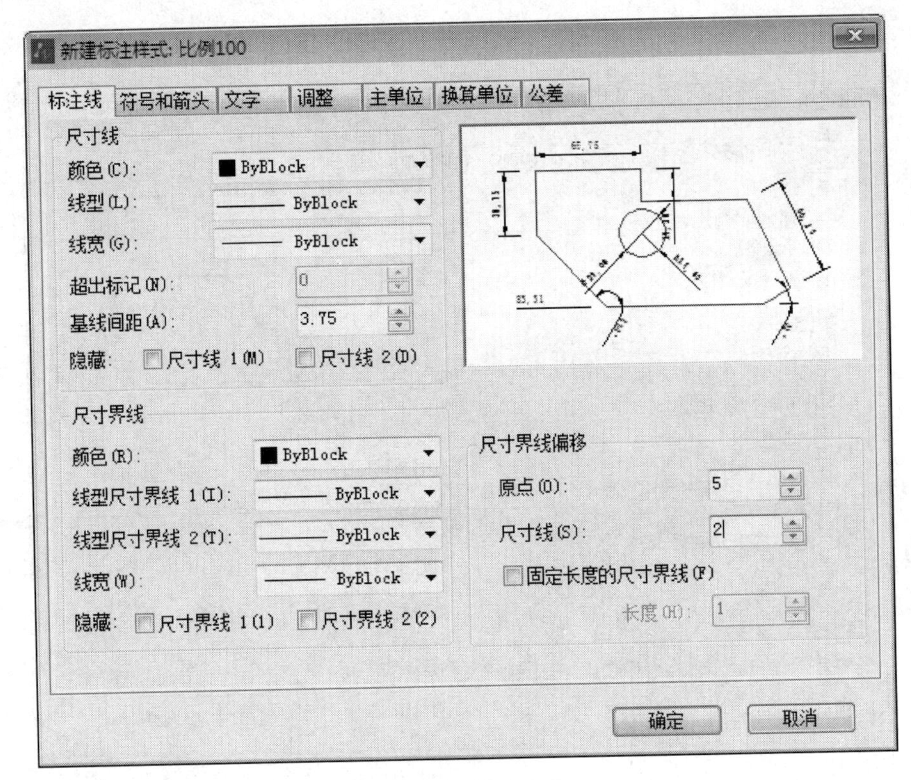


图 5-13　标注样式设置

**第 5 步：** 点击对话框上的【符号和箭头】按钮，即可切换到符号和箭头的设置界面，并按图示界面设置箭头和箭头大小，修改"箭头"为建筑标记，"箭头大小"数值为 2，如图 5-15 所示。

**第 6 步：** 点击对话框上的【文字】按钮将弹出文字的设置界面，然后点击文字样式后面的按钮[...]，将弹出如图 5-16 所示的"文字样式管理器"对话框，设置字体样式名为仿宋，字体名为仿宋，高宽比为 0.7，点击应用后，再点击确定关闭对话框。

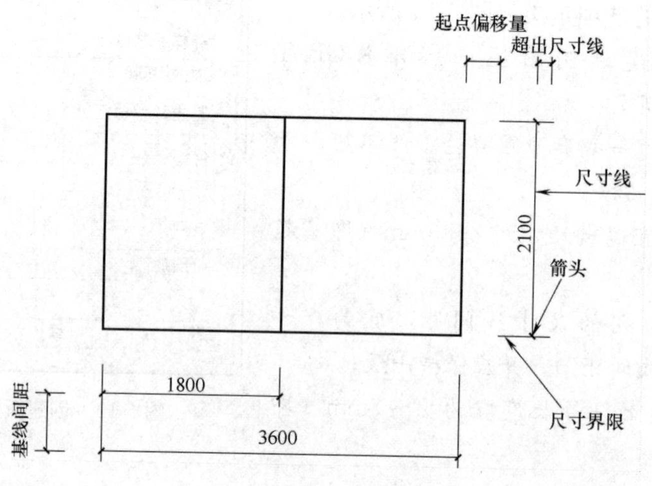




图 5-14　直线和箭头选项定义

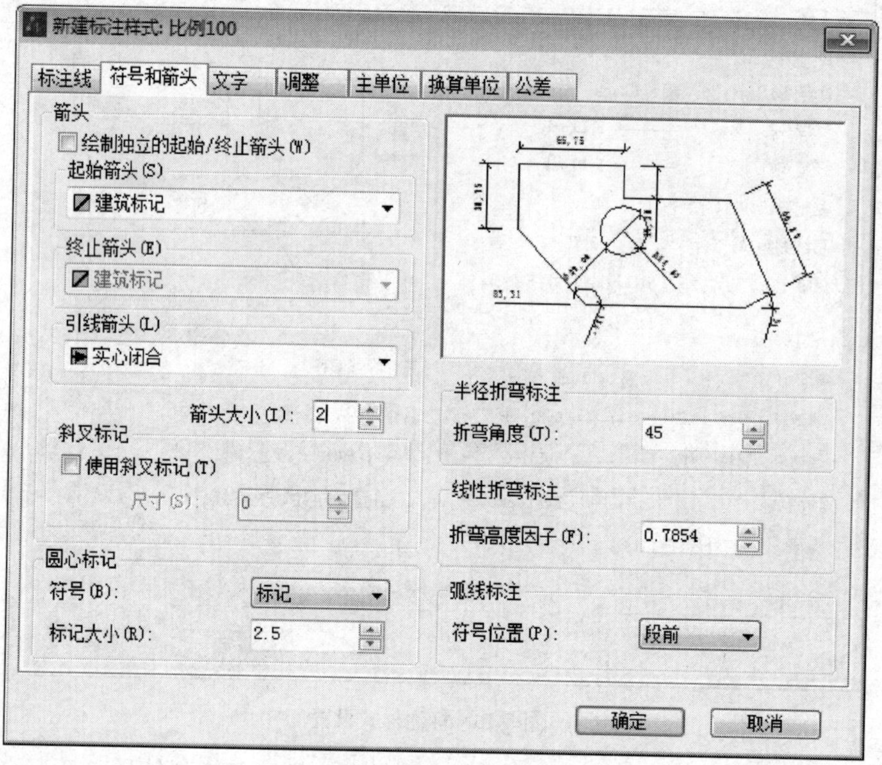

图 5-15　符号和箭头设置

注：在标注样式的“字体样式”对话框设置时（图 5-16），固定文本高度不需要修改设置，默认为 0 即可。字体高度将在下一步中设置。

此时系统切换到文字的设置界面，点击“文字样式”栏的下拉箭头，将文字样式更改为仿宋体，如图 5-17 所示。此处文字高度默认为 2.5，如需调整为 3，可在此输入。

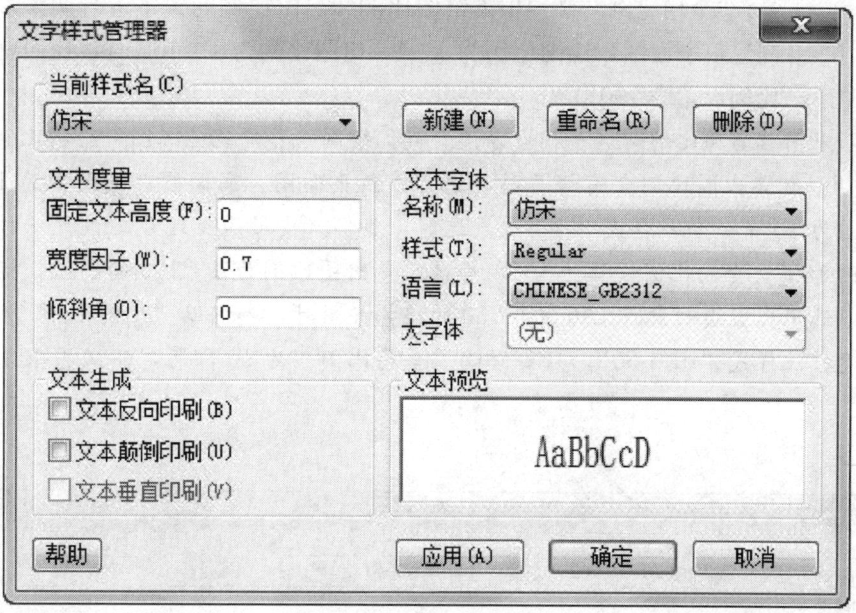

图 5-16　文字样式管理器

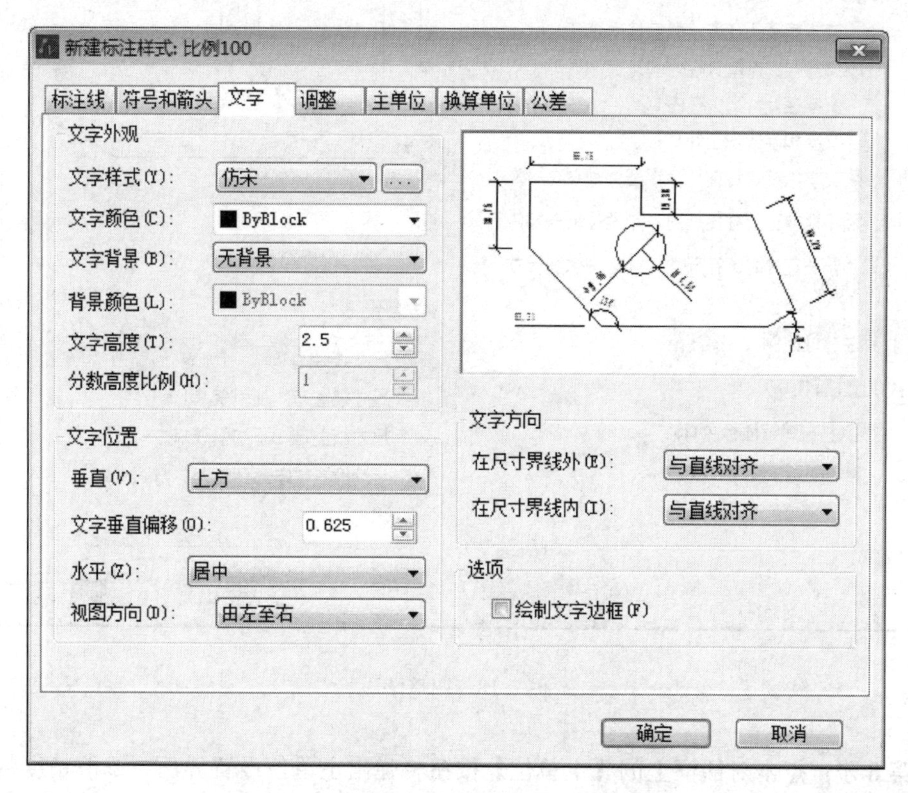


图 5-17　文字设置

**第 7 步：**点击对话框上的【调整】按钮将弹出调整界面，“调整选项”和“文字位置”可按照如图 5-18 所示进行设置，也可根据自己的绘图习惯设置。但是，“全局比例”必须根据绘图比例和出图比例的关系进行调整，例如绘制建筑平面图，绘图比例为1∶1，出图比例为1∶100时，我们就把全局比例设置为100。

注：采用“全局比例”调整相当方便。我们绘制一套建筑施工图，绘图比例一般都采用1∶1，但是出图比例会有好几种，通常建筑平面图、立面图、剖面图为1∶100，楼梯详图为1∶50，节点详图为1∶20。这时，我们只要按照上述步骤设置一种标注样式“比例100”，全局比例设置为100，那么凡是出图比例为1∶100的图纸，标注尺寸时都可以选用。当绘制出图比例为1∶50的楼梯详图时，我们以“比例100”为基础样式，新建标注样式“比例50”，只要修改“全局比例”为50即可，不必再重复其他选项设置。



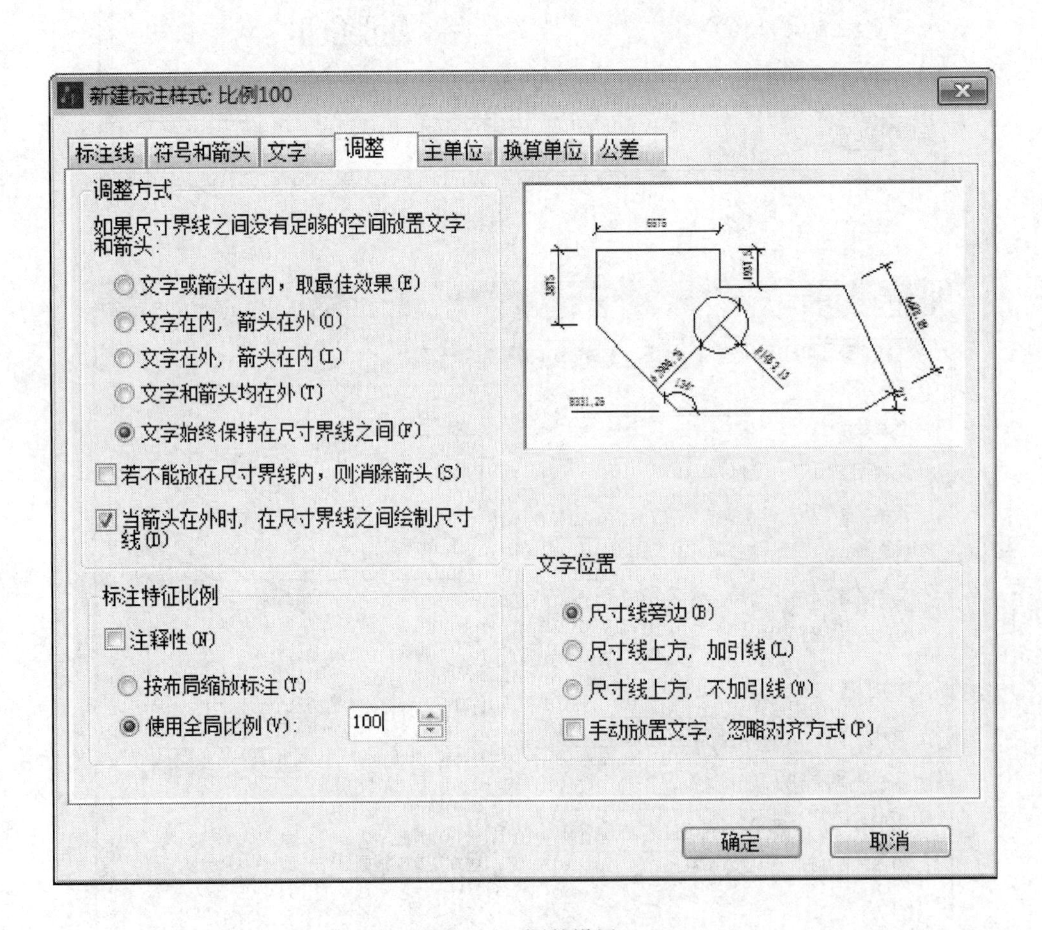


图5-18　调整设置

**第8步：**点击对话框上的【主单位】按钮将弹出主单位设置界面，修改精度数值为0，如图5-19所示。此时右边的预览窗口内已经显示了设置完毕的尺寸标注样式，用户在确认无误以后，点击【确定】按钮，即可完成标注样式的所有设置。

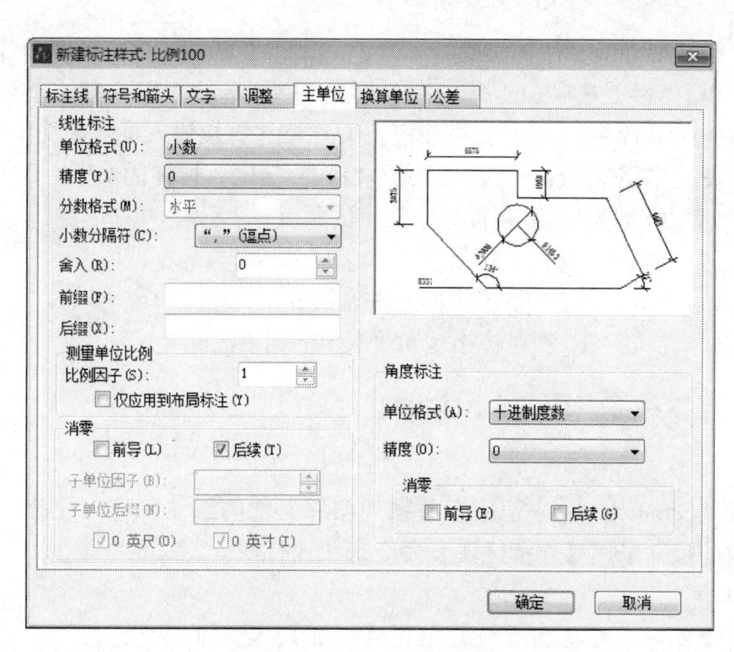


图 5-19　主单位设置



## 5.1.4　线性标注（Dimlinear）

1. 功能

线性标注（Dimlinear）用于水平或垂直尺寸的标注。

2. 操作步骤

**第 1 步**：在标注样式控制工具栏里选择已经创建的标注样式，如图 5-20 所示。

**第 2 步**：◆鼠标左键单击下拉菜单栏【标注】，选择点击【线性】。

◆或者在“标注”工具栏点击“线性标注”按钮（图 5-21）。

◆或者在命令行输入：**Dimlinear** 或 **Dli**，并确认。

图 5-20　选择标注样式

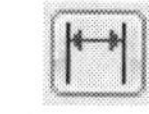

图 5-21　“线性标注”按钮

**第 3 步**：命令行提示：

【指定第一条延伸线原点或 <选择对象>:】

指定第一条尺寸界线原点。

**第 4 步**：命令行提示：

【指定第二条延伸线原点:】

指定第二条尺寸界线原点。

**第 5 步**：命令行提示：

【指定尺寸线位置或［多行文字（M）/文字（T）/角度（A）/水平（H）/垂直（V）/旋转（R）］:】

指定尺寸线标注的位置。

以上5步是最常见的步骤，线性标注（Dimlinear）中还有其他选项，说明如下：

（1）多行文字（M）：可按多行文本格式直接输入标注的文字。

（2）文字（T）：可按单行文本格式直接输入标注的文字。

（3）角度（A）：调整标注文字的角度。

（4）水平（H）：系统将标注水平尺寸。

（5）垂直（V）：系统将标注垂直尺寸。

（6）旋转（R）：可按指定角度旋转尺寸标注。

### 5.1.5 连续标注（Dimcontinue）

1. 功能

连续标注（Dimcontinue）适用于一系列相邻尺寸的标注，可以在第一个尺寸标注好之后，其他的尺寸采用【连续标注】命令来快速标注。



2. 操作步骤

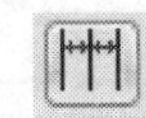

图 5-22 “连续标注”按钮

**第1步**：◆鼠标左键单击下拉菜单栏【标注】，选择点击【连续】。

◆或者在“标注”工具栏点击“连续标注”按钮（图 5-22）。

◆或者在命令行输入：**Dimcontinue** 或 **Dco**，并确认。

**第2步**：命令行提示：

【选取连续标注：】

用户选取需要进行相邻尺寸连续标注的某个线性尺寸。

**第3步**：命令行提示：

【指定下一条延伸线的起始位置或［放弃（U）/选取（S）］<选取>：】

指定第二条尺寸界线原点，可连续指定。连续指定完毕，按【空格】键退出。

**第4步**：命令行提示：

【选取连续标注：】

如不需要再标注，按【空格】键退出命令。如需要进行另一个标注，则重复第2步开始的操作。

注：（1）当本次图纸打开后标注过线性尺寸，则输入连续标注命令后，直接跳过第2步，从第3步开始。

（2）第3步中的选项“选取（S）”指选取需要进行相邻尺寸连续标注的某个线性尺寸。

### 5.1.6 基线标注（Dimbaseline）

1. 功能

基线标注（Dimbaseline）适用于多道尺寸的标注，将基准标注的第一条延伸线作为下道标注的第一条延伸线，确保每道尺寸间距离为设定的基线间距。

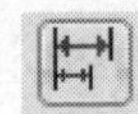

图 5-23 “基线标注”按钮

2. 操作步骤

**第1步**：◆鼠标左键单击下拉菜单栏【标注】，选择点击【基线】。

◆或者在“标注”工具栏点击“基线标注”按钮（图5-23）。

◆或者在命令行输入：**Dimbaseline** 或 **Dba**，并确认。

**第2步**：命令行提示：

【选取基线的标注：】

用户选取作为基准的尺寸标注。

**第3步**：命令行提示：

【指定下一条延伸线的起始位置或［放弃（U）/选取（S）］＜选取＞：】

指定第二条尺寸界线原点，可连续指定多道。标注完毕，按【空格】键退出。

**第4步**：命令行提示：

【选择基线的标注：】

如不需再标注，按【空格】键退出命令。如需要进行另一个尺寸的基线标注，则重复第2步开始的操作。



注：（1）当本次图纸打开后标注过线性尺寸，则输入基线标注命令后，直接跳过第2步，从第3步开始。

（2）第3步中的选项“选取（S）”指选取基准标注。

### 5.1.7 快速标注（Qdim）

1. 功能

快速标注（Qdim）适用于要标注很多相邻尺寸的标注，可以一次性快速标注出多个尺寸标注。

2. 操作步骤

**第1步**：◆鼠标左键单击菜单中的【标注】，选择点击【快速标注】。

◆或者在“标注”工具栏点击“快速标注”按钮（图5-24）。

◆或者在命令行输入：**Qdim**，并确认。

图5-24 “快速标注”按钮

**第2步**：◆此时命令行提示：

【选择要标注的几何图形：】

框选需要标注的对象，【空格】确定。

**第3步**：◆此时命令行提示：

【指定尺寸线位置或［连续（C）/并列（S）/基线（B）/坐标（O）/半径（R）/直径（D）/基准点（P）/编辑（E）/设置（T）］：】

鼠标点击确定尺寸标注线的位置。

以上3步是最常见的步骤，快速标注（Qdim）中还有其他选项，说明如下：

（1）连续（C）：创建一系列连续标注。

（2）并列（S）：创建中心向两侧发散的多个阶梯形标注。

（3）基线（B）：创建一系列基线标注。

（4）坐标（O）：创建一系列坐标标注。

（5）半径（R）：创建一系列半径标注。

（6）直径（D）：创建一系列直接标注。

（7）基准点（P）：为创建基线标注和坐标标注设置新的基准点。

（8）编辑（E）：将提示用户在现有标注中添加或删除标注点。

（9）设置（T）：指定标注线的延长线通过指定点。

### 5.1.8 * 对齐标注（Dimaligned）

1. 功能

对齐（Dimaligned）命令可以创建与对象对齐的线型标注。

2. 操作步骤



**第1步**：◆鼠标左键单击下拉菜单栏【标注】，选择点击【对齐】。

◆或者在“标注”工具栏点击“快速标注”按钮（图5-25）。

◆或者在命令行输入：**Dimaligned** 或 **DAL**，并确认。

**第2步**：◆此时命令行提示：

【指定第一条延伸线原点或 <选择对象>：】

用鼠标左键确定标注的起点。

图5-25 “对齐标注”按钮

**第3步**：◆此时命令行提示：

【指定第二条延伸线原点：】

用鼠标左键确定标注的另一个点，此时出现与标注直线平行的尺寸标注线。

**第4步**：◆此时命令行提示：

【指定尺寸线位置或［角度（A）/多行文字（M）/文字（T）］：】

在绘图区确认尺寸标注的位置。

### 5.1.9 * 半径标注（Dimrad）

1. 功能

半径（Dimrad）标注是为圆或圆弧创建半径标注。

2. 操作步骤

**第1步**：◆鼠标左键单击下拉菜单栏【标注】，选择点击【半径】。

◆或者在“标注”工具栏点击“半径标注”按钮（图5-26）。

◆或者在命令行输入：**Dimrad** 或 **DRA**，并确认。

**第2步**：◆此时命令行提示：

【选取弧或圆：】

鼠标左键点击圆。

图5-26 “半径标注”按钮

**第3步**：◆此时命令行出现两行提示：

第一行【标注注释文字 ＝ 430.58】

第二行【指定尺寸线位置或［角度（A）/多行文字（M）/文字（T）］：】

用鼠标左键在绘图区点击尺寸线位置，并确认。

### 5.1.10 *角度标注（Dimangular）

1. 功能

角度（Dimangular）标注是测量直线间、圆弧或圆的角度。

2. 操作步骤

**第1步**：◆鼠标左键单击下拉菜单栏【标注】，选择点击【角度】。

◆或者在“标注”工具栏点击“角度标注”按钮（图5-27）。

◆或者在命令行输入：**Dimangular**或DAN，并确认。

**第2步**：◆此时命令行提示：

【选择直线、圆弧、圆或＜指定顶点＞：】

鼠标左键点击直线、圆或圆弧。

图5-27 “角度标注”按钮

**第3步**：◆此时命令行提示：

【指定弧长标注的位置或［角度（A）/多行文字（M）/文字（T）］】

用鼠标左键在绘图区点击尺寸线位置，并确认。



## 5.2 工作任务

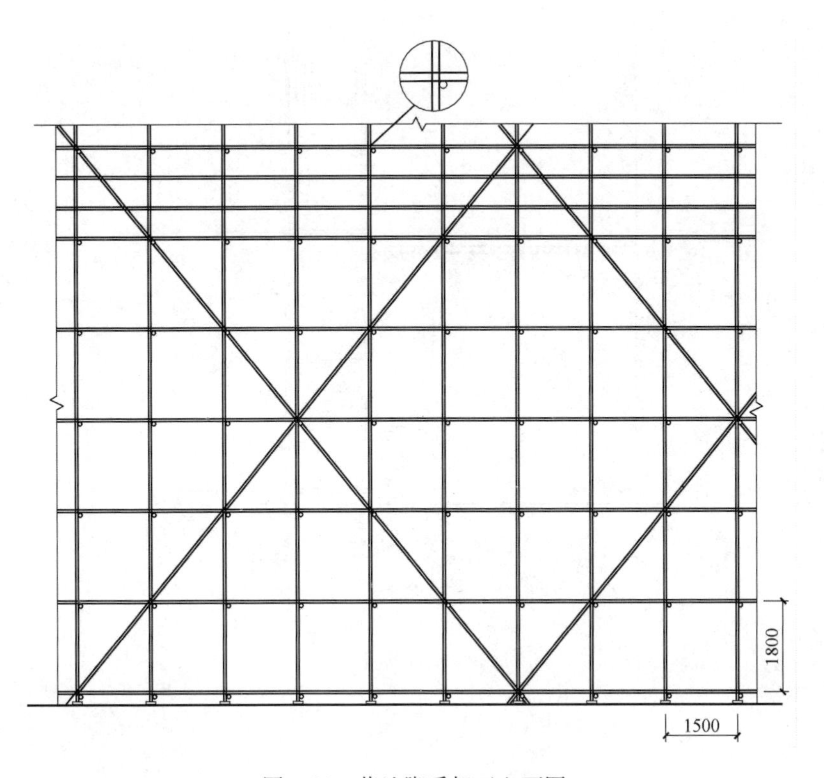


图5-28 落地脚手架正立面图

### 5.2.1 任务要求

用 CAD 绘制落地脚手架搭设示意图。脚手架搭设示意图包括脚手架正立面图和脚手架剖面图，如图 5-28 和图 5-29 所示。

### 5.2.2 绘图要求

1. 绘图比例为 1∶1，出图比例为 1∶50；地坪线为特粗线，线宽 1mm，其余均为细线。

2. 脚手架尺寸如图所示，钢管直径为 51mm，其余未注明尺寸及位置自行估计。



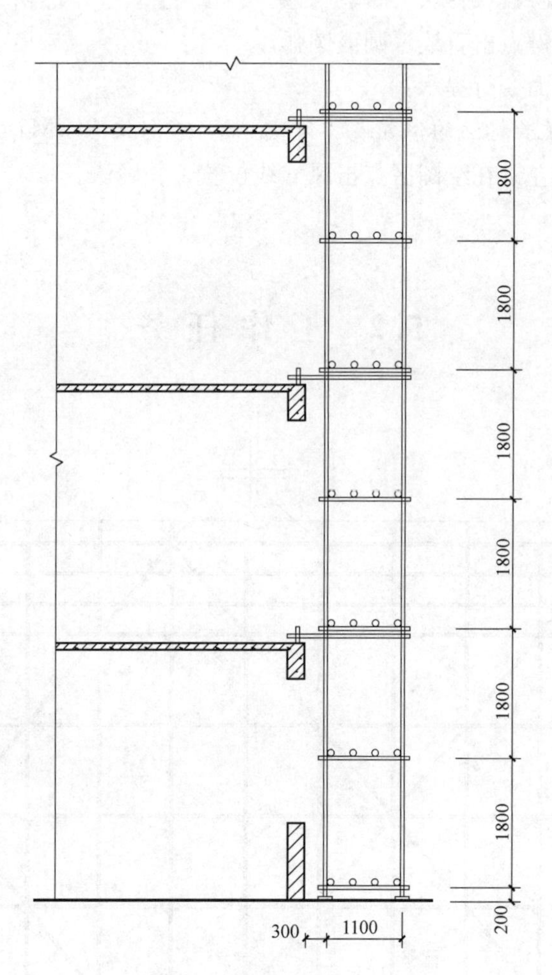

随堂微课

图 5-29　落地脚手架剖面图

# 5.3 绘图步骤

## 5.3.1 设置绘图环境

绘图环境的设置可参考单元2的操作，在此不再赘述。

## 5.3.2 绘制脚手架正立面图



1. 绘制地坪线、大横杆及腰杆

地坪线为特粗实线，长度约为15m，可采用多段线绘制。操作步骤如下：

**第1步**：用**PL**绘制多段线命令绘制一条长为15m，线宽为50mm的水平线。

**第2步**：用**O**偏移命令将该水平线向上偏移200mm。

**第3步**：用**X**分解命令将偏移所得的多段线分解成普通直线。

**第4步**：用**O**偏移命令将分解生成的直线向上偏移51mm，生成底层大横杆。

**第5步**：选中底层大横杆，即间距为51mm的两条直线，用**AR**阵列命令，输入7行，行偏移量为1800mm，即可向上复制生成上面6层大横杆。

**第6步**：选中顶层大横杆，用**CO**复制命令，依次向下复制2次，每次位移增量为600mm，即可生成腰杆。

2. 绘制立杆和小横杆

**第1步**：用**L**绘制直线命令，在第一根立杆的位置绘制一条长为12m的竖直线。

**第2步**：用**O**偏移命令将该竖直线向右偏移51mm，生成第一根立杆。

**第3步**：选中第一根立杆，即间距为51mm的两条竖直线，用**AR**阵列命令，输入10列，列偏移量为1500mm，即可向右复制生成右边的9根立杆。

**第4步**：绘制小横杆。

用**C**绘制圆命令，在大横杆与立杆相交部位的右下侧绘制一直径为51mm的圆，并用**M**移动命令将其位置适当进行调整。

**第5步**：复制小横杆。

用**AR**阵列命令，输入7行10列，行偏移量为1800mm，列偏移量为1500mm，即可复制得到各层所有小横杆。

3. 绘制斜撑和垫块

**第1步**：绘制斜撑。

用直线连接左上角第一个小横杆和下侧第七个小横杆的圆心，将该直线上下各偏移25.5mm，删除斜撑中间的直线，即可完成第一根斜撑的绘制。

**第 2 步**：用 **MI** 镜像命令，以第四根立杆为对称轴将该斜撑镜像复制，再以第七根立杆为对称轴，将以上两斜撑镜像复制，即可完成所有斜撑的绘制。

**第 3 步**：绘制垫块。

用 **REC** 绘制矩形命令绘制 50×200 的矩形，将其移动至第一根立杆的底端居中。

**第 4 步**：复制垫块。

选中该矩形，用端点捕捉模式将其水平复制得到所有垫块。

**第 5 步**：图形修整。

先绘制左右及上部折断线。然后用 **TR** 修剪命令将折断线之外的图形修剪掉，再用 **EX** 延伸命令将斜撑延伸至折断线。

4. 绘制节点详图



**第 1 步**：节点图样拷贝。

选中某个节点的所有图线，将其复制到屏幕的空白位置，再以该节点为圆心绘制直径为 500 的圆，用 **TR** 修剪命令，将该圆以外的图线剪掉。

**第 2 步**：节点图样放大。

选中节点详图，输入：**SC**，空格，命令行提示：

【指定基点：】

鼠标左键点击图形中间作为缩放的基点，命令行提示：

【指定缩放比例或［基本比例 (B)/复制 (C)/参照(R)］<1>：】

输入 **4**，空格，图线即被放大了 4 倍。

**第 3 步**：详图移动调整。

用 **M** 移动命令将节点详图移动到合适位置，并加上指引线。

### 5.3.3 绘制脚手架剖面图

1. 相似图样的复制和修整

剖面图与立面图有很多相似的地方，不必从头开始绘制，可以将立面图复制过来进行修改，这样能够提高绘图速度。操作步骤：

**第 1 步**：窗选立面图的左边两跨，如图 5-30 所示。打开正交模式，用 **CO** 复制命令将其水平复制到立面图的右边。

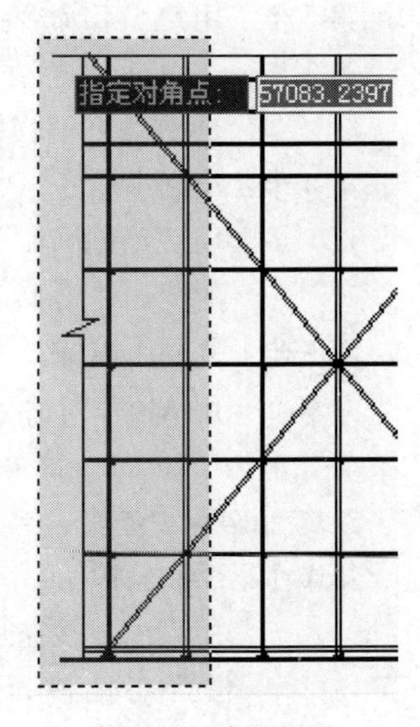

图 5-30 窗选图形

**第 2 步**：修剪图形。

将左右侧立杆外边线分别向外偏移 100mm，再以此作为修剪边界线，将它们外侧小横杆多出的部分修剪掉。在第四层小横杆上方绘制一条折断线，以此折断线为边界线将其上部图线修剪掉，然后将多余的图线及辅助线删除掉，修剪后的图形如图 5-31 所示。

**第 3 步**：拉伸图形。

图形现在的立杆间距与立面图相同，均为 1500mm，应将其改为 1100mm。可以 用**S**拉伸命令将右侧立杆向左拉伸 400 来实现。窗选图形的右半部分，如图 5-32 所示。打开正交模式，输入：**S**，空格，命令行提示：

【指定基点或［位移（D）］＜位移＞：】

鼠标左键点击任意一点作为基点，向左拉伸一段距离，并输入 400，空格，即可完成拉伸操作。

用同样的方法可以将左侧折断线与立杆间的空隙拉大一些，如图 5-33 所示。



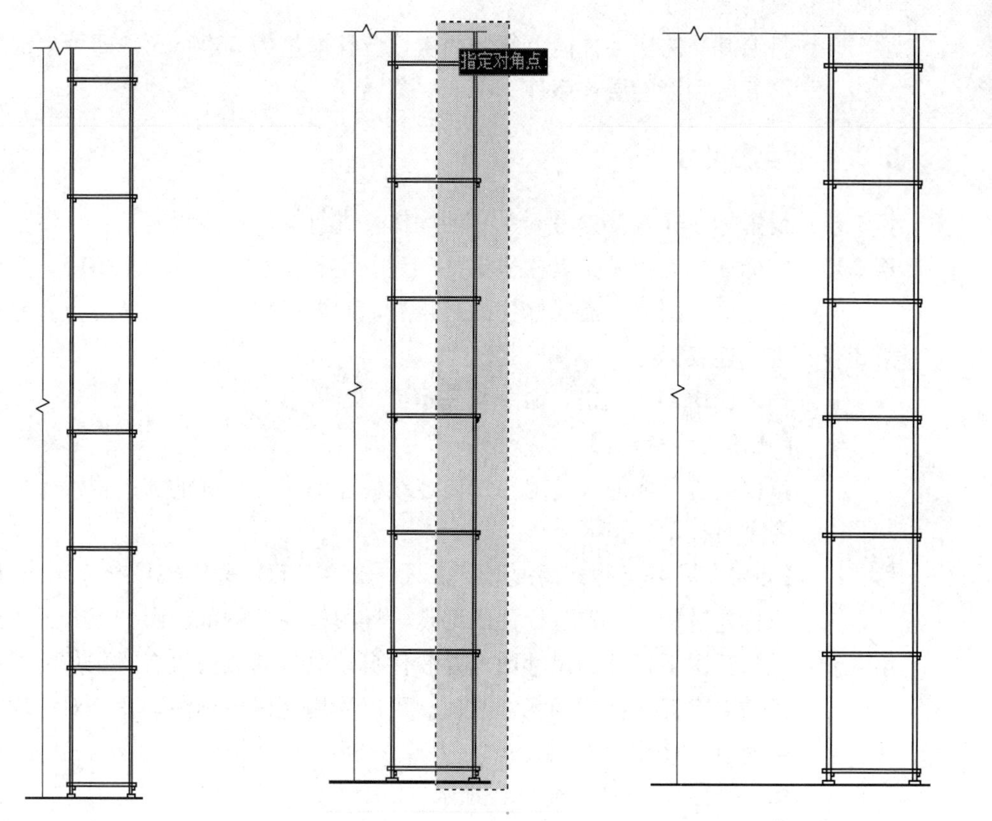


图 5-31　修剪后的图形　　图 5-32　拉伸选择方式　　图 5-33　拉伸后的图形

2. 绘制主体结构

主体结构尺寸估计为：层高 3600mm，板厚 100mm，梁截面尺寸 240mm×500mm，墙厚 240mm。操作步骤如下：

**第 1 步**：偏移生成轮廓线。

将立杆外皮线向左偏移 300mm 生成墙的外皮线，再偏移 240mm 生成里皮线。用同样的方法偏移生成各层楼板和梁的轮廓线并修剪。

**第2步**：剖面填充。

用**H**填充命令，选择钢筋混凝土图例将梁和楼板部分填充，选择砖墙图例将墙体部分填充。

3. 绘制大横杆、腰杆及连墙件

**第1步**：删除立杆右侧的大横杆，再选中立杆左侧的各层大横杆，将其移至小横杆的上侧，再向右复制四列。

**第2步**：将脚手架最上层外侧的大横杆向下复制两次生成腰杆，间距为600mm。

**第3步**：绘制连墙件。

将脚手架第三层小横杆向下复制100mm，并拉伸至梁的内侧，用**L**绘制直线命令绘制垂直固定件。



第4步：复制连墙件。

将绘制好的连墙件向上复制两次，位移增量为3600mm，即可生成脚手架第五层和第七层连墙件。

### 5.3.4 标注尺寸

**第1步**：设置标注样式。参考5.1.3的操作，进行标注样式设置。

**第2步**：在标注样式控制工具栏里选择创建好的标注样式，输入：**DLI**，空格，鼠标左键分别点击需要标注的起止点，向外拉伸至适当位置并点左键确认。

**第3步**：进行连续标注。

输入：**DCO**，空格，命令行提示：

【选择连续标注：】

鼠标左键点取原尺寸上与所要连续标注的尺寸相邻的那一根尺寸界线。

命令行提示：

【指定下一条延伸线的起始位置或［放弃（U）/选取(S)］<选取>：】

鼠标左键依次点取各标注的终点。连续标注后的剖面图如图5-34所示。

**第4步**：默认情况下标注的尺寸数值是软件自动测量的数值，有时用户需要按照自己的要求标注任意的尺寸数值。可以采用【修改标注】命令对标注的尺寸数值进行修改。

输入：**ED**，空格，命令行提示：

【选择对象：】

鼠标左键点击需要修改的尺寸，弹出如图5-35所示对话框，需要修改的尺寸数字处于编辑状态，可以输入任意数值替代。用此方法可将尺寸数字326改成300，将226改成200。

### 单元小结

本单元引入9个新的编辑命令：延伸命令（Extend）、阵列命令（Array）、设置标注样式

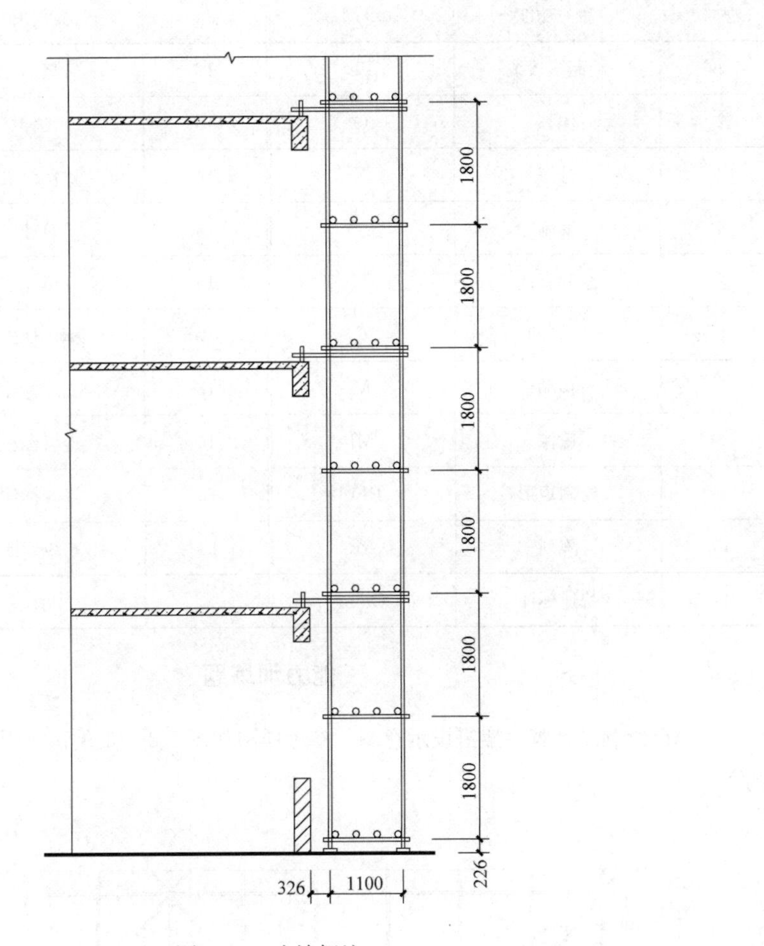


图 5-34　连续标注

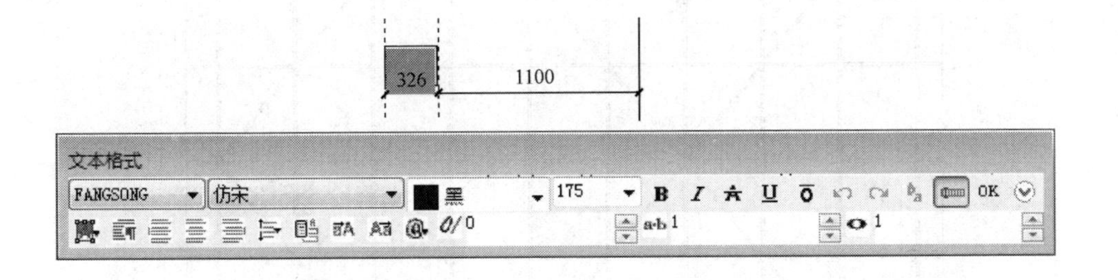


图 5-35　修改标注对话框

(Dimstyle)、线性标注（Dimlinear)、连续标注（Dimcontinue)、基线标注（Dimbaseline)、快速标注（Qdim)、对齐标注（Dimaligned)、半径标注（Dimrad)。

在此基础上，我们结合工程实例，讲解了脚手架搭设示意图的绘制方法，绘图顺序一般是先立面图、后剖面图，先整体、后局部，先图样、后标注。

在本单元中用到的绘图和编辑命令如表 5-1 所示。

本单元用到的绘图和编辑命令　　表 5-1

| 序号 | 命令功能 | 命令简写 | 序号 | 命令功能 | 命令简写 |
|---|---|---|---|---|---|
| 1 | 绘制多段线 | PL | 12 | 修剪 | TR |
| 2 | 偏移 | O | 13 | 延伸 | EX |
| 3 | 分解 | X | 14 | 比例缩放 | SC |
| 4 | 复制 | CO | 15 | 拉伸 | S |
| 5 | 绘制直线 | L | 16 | 填充 | BH |
| 6 | 绘制圆 | C | 17 | 标注样式 | D |
| 7 | 移动 | M | 18 | 线性标注 | DLI |
| 8 | 镜像 | MI | 19 | 连续标注 | DCO |
| 9 | 绘制矩形 | REC | 20 | 修改标注 | ED |
| 10 | 阵列 | AR | 21 | 基线标注 | Dba |
| 11 | 快速标注 | Qdim | | | |

## 能力训练题

用 CAD 绘制悬挑脚手架搭设示意图，参考样图如图 5-36 和图 5-37 所示。未注明的尺寸请自行估计。

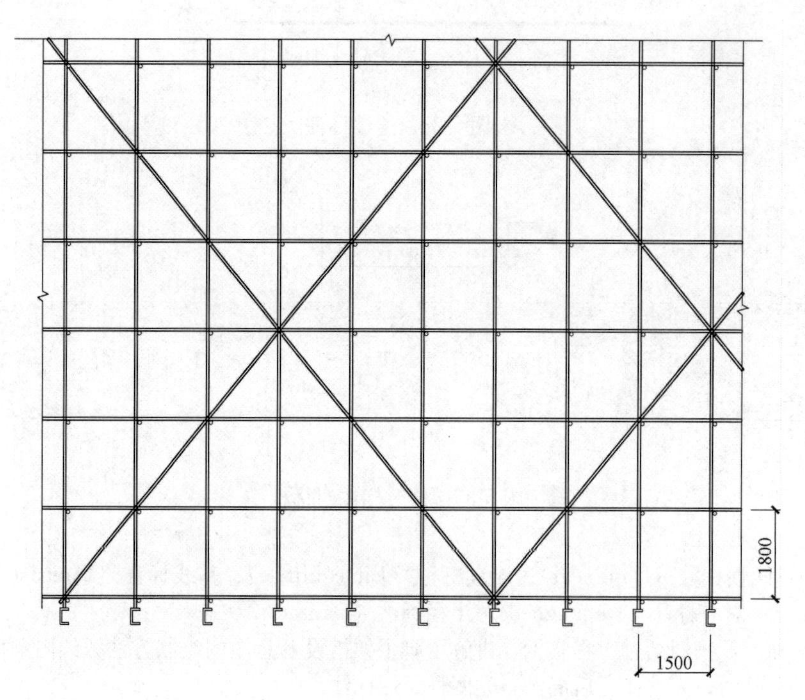


图 5-36　悬挑脚手架正立面图

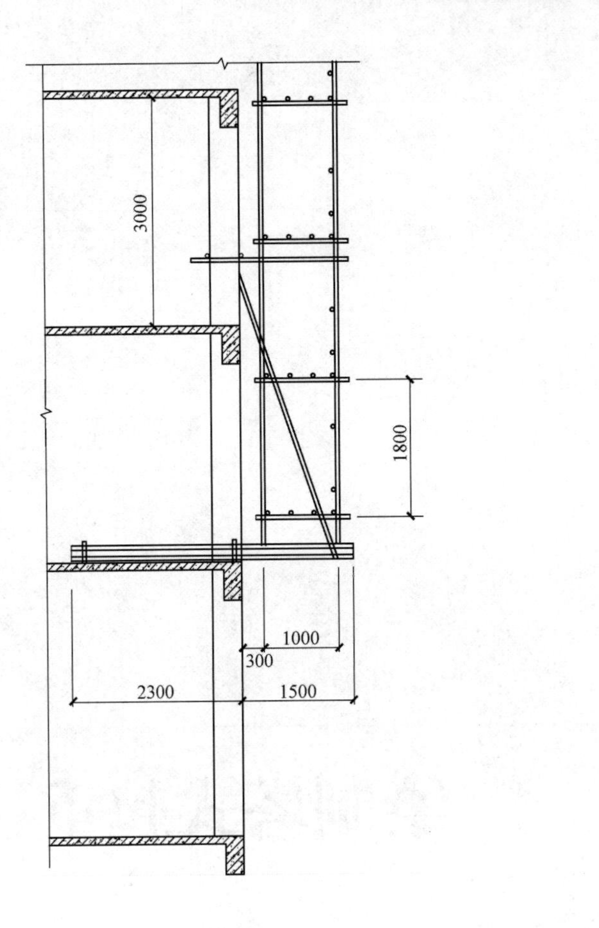


图5-37 悬挑脚手架剖面图

# 教学单元6

# 绘制塔式起重机基础图

# 6.1 工作任务

## 6.1.1 任务要求

用CAD绘制塔式起重机基础图，如图6-1所示，其中格构柱的尺寸为2000mm×2000mm，柱中心与基础中心重合。基础垫层厚度为100mm，两边各超出基础轮廓线100mm。

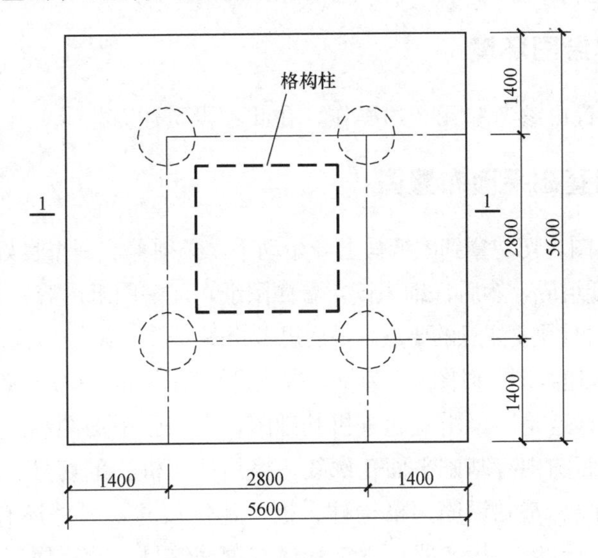


塔式起重机基础平面布置图 1:50

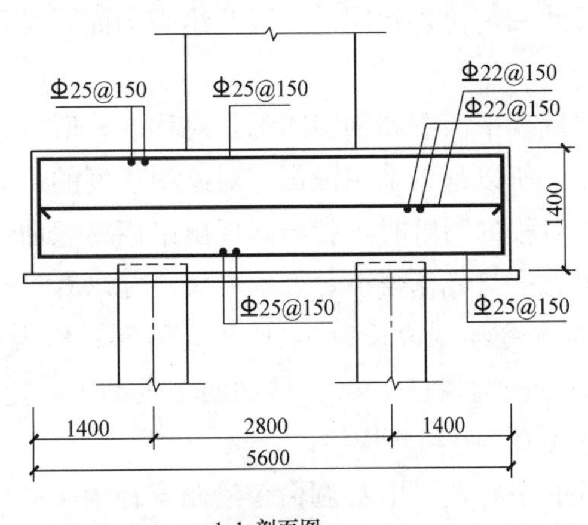


1-1 剖面图 1:50

注:基础混凝土强度除垫层为C15外,其余均为C30。

图6-1　塔式起重机基础图

随堂微课

### 6.1.2 绘图要求

绘图比例为 1∶1，出图比例为 1∶50；尺寸标注字体采用仿宋体，字高 3mm；文字部分字体采用仿宋体，标注图名字高 7mm，标注比例字高 5mm，其余字高 3.5mm。

## 6.2 绘图步骤



### 6.2.1 设置绘图环境

绘图环境的设置可参考单元 2 的操作，在此不再赘述。

### 6.2.2 绘制基础平面布置图

我们用 CAD 绘图，切勿拿到图纸马上开始动手，必须养成一个良好的识图习惯。首先初读图纸，了解图纸组成，然后仔细识读，看懂图纸，理解图纸内容，并结合 CAD 绘图软件的特点，明确绘图时须要注意的要点，最后思考绘图步骤，从大到小，从主到次，同时注意绘图技巧，如何快速绘图。以图 6-1 为例，讲述我们绘图前的思考步骤：

（1）初读，了解这是一个塔式起重机基础图，由一张平面图和一张剖面图组成。

（2）细读，平面图中有基础平面轮廓线、格构柱、桩、剖切号、定位尺寸，剖面图中有基础剖面轮廓线、基础钢筋、格构柱、桩、定位尺寸，另外还有文字标注。同时，注意线型有虚线、点画线、粗实线；文字标注有钢筋符号表达，属于特殊字符。

（3）思考绘图步骤，先绘制平面图，再绘制剖面图。由于平面图和剖面图表达的是同一个基础，所以基本尺寸和定位是相同的，因此绘制剖面图时可以复制平面图，在此基础上进行修改。

（4）仔细观察，可以发现平面图和剖面图都是对称的，所以可以只绘制一半，然后镜像。由于本图内容不多，所以是否采用镜像，对绘图速度的影响不大，但是如果遇到复杂的建筑平面图等其他对称的图纸时，就会体现出采用镜像命令的优越性。

注：下面的绘图不考虑采用镜像命令，大家有兴趣可以自己尝试。

**第 1 步**：用 **REC** 矩形命令绘制边长为 5.6m 的正方形，作为基础平面轮廓线。

**第 2 步**：用 **O** 偏移命令向内偏移 1400，得到四个桩的中心定位线，再用 O 偏移命令向内偏移 400，得到格构柱。

**第 3 步**：选择一个桩的中心点，用 **C** 圆命令绘制半径为 400 的圆，如图 6-2 所示。

**第 4 步**：用 **LT** 线型命令加载线型“CENTER”、“HIDDEN”、“DASHED”，然后鼠标左键选择桩中心定位线，左手按住 Ctrl＋1，系统弹出属性对话框，点击“线型”最右侧的下拉箭头，修改为“CENTER”，如图 6-3 所示，然后点击右上角的关闭按钮。同样的操作方法，修改桩线型为“HIDDEN”、格构柱线型为“DASHED”，如图6-4所示。

注：有时尽管修改了线型，看起来依然是实线，没有任何变化，这种情况只需用LTS命令适当增大全局比例因子即可。

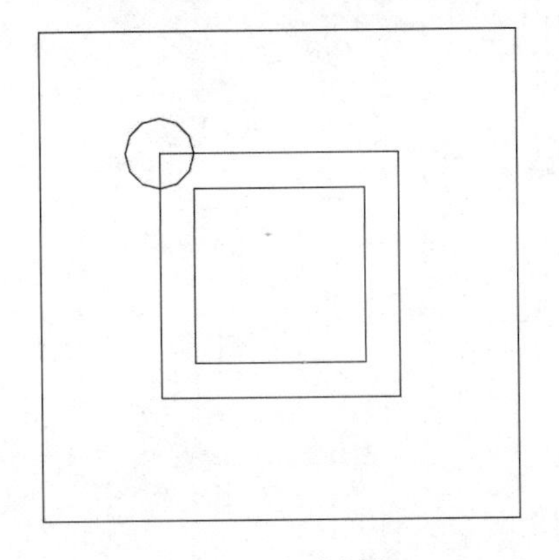

图6-2　绘制桩

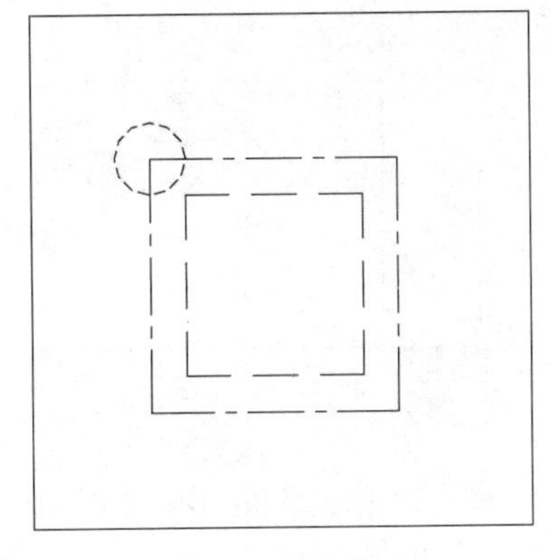

图6-4　修改线型

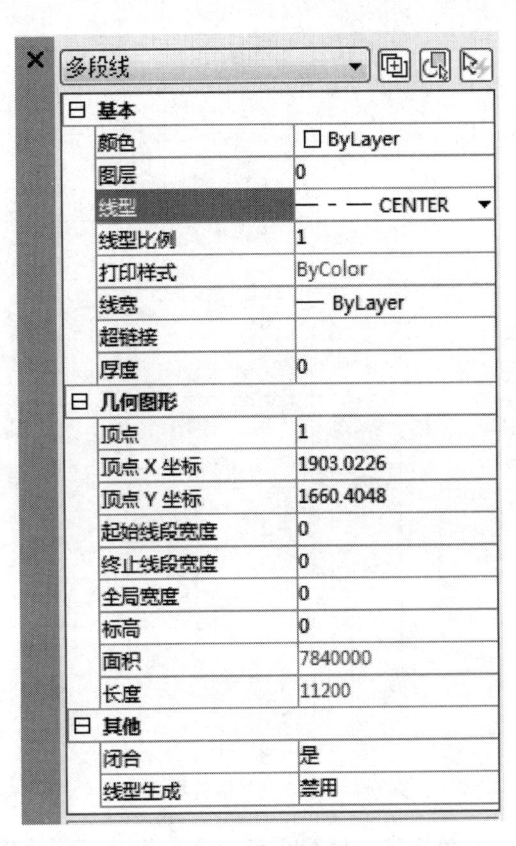


图6-3　属性对话框



**第5步**：观察图6-4，三种线型的疏密程度均偏密，用**LTS**线型比例命令，设置线型全局比例因子为20，此时“CENTER”、“HIDDEN”两种线型比例合理，但是“DASHED”绘制的格构柱仍旧偏密，鼠标左键双击选择格构柱，系统弹出属性对话框，将线型比例1修改为2，关闭对话框，此时观察图中线型，比例合理。

注：此时“DASHED”的线型比例实际为：20×2=40。

**第6步**：用**C**复制命令，绘制其余3个桩。(注意输入M，多重复制)

**第7步**：用**X**分解命令，分解基础轮廓线和桩中心定位线的矩形，再用**EX**延伸命令，将定位线延伸到基础平面轮廓线，如图6-5所示。

### 6.2.3　绘制基础剖面图

**第1步**：用**C**复制命令将图6-5复制到正下方。再用**L**直线命令和**O**偏移命令，绘制桩和格构柱的立面轮廓，并绘制折断线移动到恰当位置，如图 6-6 所示。

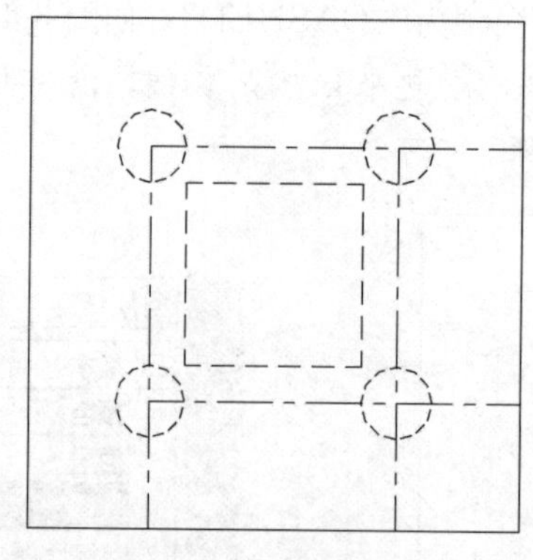

图 6-5　定位线延伸



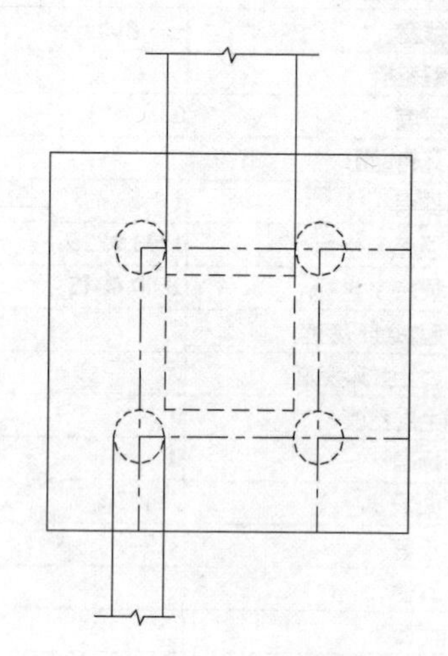

图 6-6　初绘桩和格构柱立面

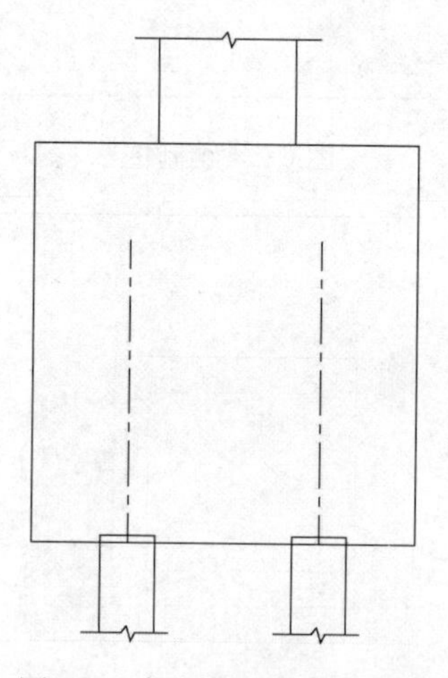

图 6-7　完成桩和格构柱立面

**第 2 步**：用 **O** 偏移命令，将最下面的基础轮廓线向上偏移复制 100，作为桩顶。再用 TR 修剪命令修剪格构柱和桩立面中多余的线，并拷贝桩立面到右侧桩位置处。最后删除多余的线，如图 6-7 所示。

**第 3 步**：用 **S** 拉伸命令，将矩形高度方向的 5600mm 缩短到 1400mm。

**第 4 步**：用 **O** 偏移命令，将基础 3 条边线和桩顶线分别向内部偏移，偏移值可采用 90，修剪得到钢筋轮廓线。钢筋为粗实线，平面图和剖面图中的格构柱轮廓线也是粗实线，用 PE 多段线编辑命令同时加粗。

注：粗线线宽为 0.5mm，此处按照 1∶50 出图比例换算。

**第 5 步**：用 **PL** 命令，绘制中间层钢筋及钢筋的 2 个截断点，并用 **DO** 圆环命令绘制剖面图中剖切到的钢筋断面。

注：(1) 钢筋截断点为 3mm 长的粗实线，按照 1∶50 出图比例换算线长及线宽。

(2) 钢筋断面为直径 1mm 的实心圆，按照 1∶50 出图比例换算直径。

(3) 2 个钢筋断面的间距按照图示中的文字为 150mm。

**第 6 步**：用 **MA** 特性匹配命令，修改桩顶的线型与平面图中的桩虚线相同，如图

6-8所示。

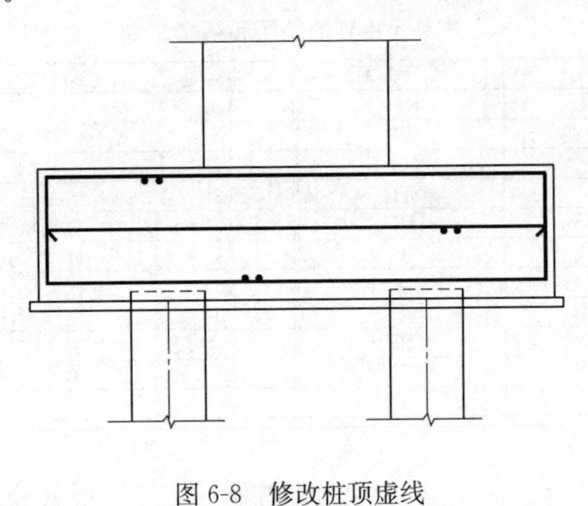

图 6-8　修改桩顶虚线

第 7 步：绘制基础垫层，垫层厚度 100mm，两边超出基础各 100mm。

## 6.2.4　标注尺寸和文字

1. 设置文字样式

本图中的字体为仿宋体，文字高宽比为 0.7，在标注文字之前应新建文字样式。

注：HRB335 钢符号采用控制代码%%131 输入，字体必须为 SHX 字体。

2. 输入文字

绘制剖切粗实线、引出线、图名下粗实线，然后输入图中所有文字。根据绘图要求，绘图比例为 1∶1，出图比例为 1∶50，因此字高 3.5mm 的文字，输入时字高修改为 175mm，字高 7mm 的文字，输入时字高为 350mm。

写完一行文字后，可用 CO 命令复制到其他地方，双击文字进行修改。

3. 设置标注样式

设置标注样式，按照绘图要求，尺寸标注的文字为仿宋体，字高 3mm，并调整全局比例为 1∶50。

注：我们在单元 5.1.3 中讲述标注样式时，设置字高 2.5mm，基线间距 8mm，此处绘图要求字高 3mm，基线间距可调整为 10mm。

4. 标注线性尺寸

打开“对象捕捉”开关，输入 DLI 线性标注命令，标注第一道尺寸；再用 DCO 连续标注命令和 DBA 基线标注命令完成其余尺寸的标注。

5. 调整布局

根据美观整齐的原则，对图名及布局进行适当调整。

## 单元小结

本单元结合工程实例，讲解了塔式起重机基础图的绘制方法，绘图顺序是先平面图、后剖面图，先整体、后局部，先图样、后标注。

在本单元中用到的绘图和编辑命令如表 6-1 所示。

本单元用到的绘图和编辑命令　　表 6-1

| 序号 | 命令功能 | 命令简写 | 序号 | 命令功能 | 命令简写 |
|---|---|---|---|---|---|
| 1 | 绘制矩形 | REC | 12 | 镜像 | MI |
| 2 | 绘制多段线 | PL | 13 | 移动 | M |
| 3 | 偏移 | O | 14 | 复制 | CO |
| 4 | 修剪 | TR | 15 | 缩放 | SC |
| 5 | 绘制圆环 | DO | 16 | 对象特性 | MO |
| 6 | 绘制直线 | L | 17 | 标注样式 | D |
| 7 | 插入 | I | 18 | 线型标注 | DLI |
| 8 | 圆角 | F | 19 | 连续标注 | DCO |
| 9 | 多段线编辑 | PE | 20 | 文字样式 | ST |
| 10 | 绘制圆 | C | 21 | 单行文字 | DT |
| 11 | 删除 | E | | | |

## 能力训练题

用 CAD 绘制塔式起重机基础图，该工程地基承载力 $f_{ak}$ 为 160kPa，采用浅基础做塔基承台，参考样图如图 6-9 所示。出图比例为 1：50。

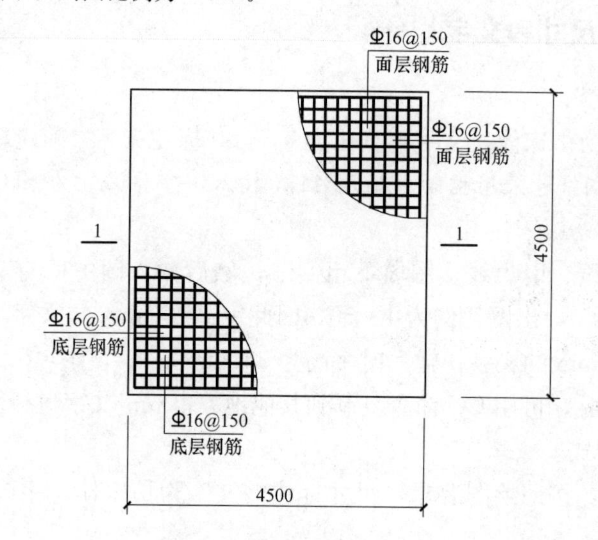


塔式起重机基础平面布置图 1:50

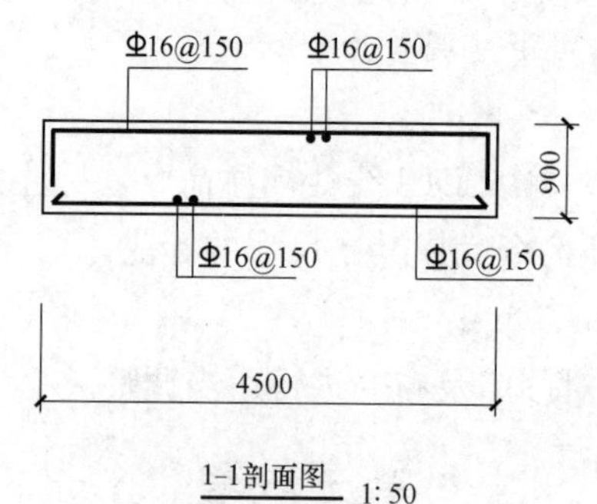


1-1剖面图 1:50

注：基础混凝土强度等级为C35。

图 6-9　塔式起重机基础图

# 教学单元 7

## 绘制建筑平面图

# 7.1 命令导入

## 7.1.1 图层设置（Layer）

1. 图层的概念

为了理解图层的概念，首先回忆一下手工制图时用透明纸作图的情况：当一幅图过于复杂或图形中各部分干扰较大时，可以按一定的原则将一幅图分解为几个部分，然后分别将每一部分按着相同的坐标系和比例画在透明纸上，完成后将所有透明纸按同样的坐标重叠在一起，最终得到一副完整的图形。当需要修改其中某一部分时，可以将要修改的透明纸抽取出来单独进行修改，而不会影响到其他部分。



CAD中的图层就相当于完全重合在一起的透明纸，可以任意选择其中一个图层绘制图形，而不会受到其他层上图形的影响。在CAD中每个图层都以一个名称作为标识，并具有颜色、线型、线宽等各种特性和开、关、冻结等不同的状态。

2. 图层的调用

**第1步**：◆选择下拉菜单【格式】/【图层】菜单项。

◆或者在命令行栏输入：**LA**，并按空格键。

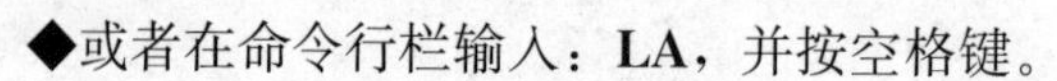

◆或者在“对象特性”工具栏点击“图层”按钮（图7-1）。 图7-1 “图层”按钮

**第2步**：此时系统将弹出“图层特性管理器”对话框（图7-2）。

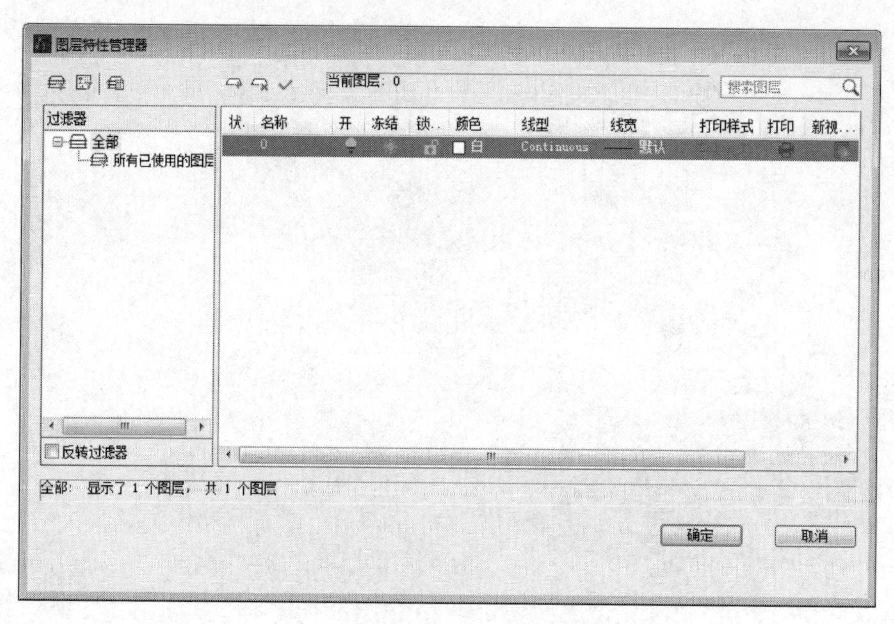


图7-2 “图层特性管理器”对话框

3. 图层的各种特性和状态

(1) 图层的名称最长可用 256 个字符，可包括字母、数字、特殊字符（$-_）和空格。图层的命名应该便于辨识图层的内容。

(2) 图层可以具有颜色、线型和线宽等特性。如果某个图形对象的这几种特性均设为“随层”，则各特性与其所在图层的特性保持一致，并且可以随着图层特性的改变而改变。例如图层“中心线”的颜色为“红色”，在该图层上绘有若干直线，其颜色特性均为“随层”，则直线颜色也为红色。如果将图层“中心线”的颜色改为“白”后，该图层上的直线颜色也相应显示为白色（颜色特性仍为“随层”）。

(3) 图层可设置为“关闭（Off）”状态。如果某个图层被设置为“关闭”状态，则该图层上的图形对象不能被显示或打印，但可以重生成。暂时关闭与当前工作无关的图层可以减少干扰，更加方便快捷地工作。



(4) 图层可设置为“冻结（Freeze）”状态。如果某个图层被设置为“冻结”状态，则该图层上的图形对象不能被显示、打印或重新生成。因此用户可以将长期不需要显示的图层冻结，提高对象选择的性能，减少复杂图形的重生成时间。

(5) 图层可设置为“锁定（Lock）”状态。如果某个图层被设置为“锁定”状态，则该图层上的图形对象不能被编辑或选择，但可以查看。这个功能对于编辑重叠在一起的图形对象时非常有用。

(6) 图层可设置为“打印（Plot）”状态。如果某个图层的“打印”状态被禁止，则该图层上的图形对象可以显示但不能打印。例如，如果图层只包含构造线、参照信息等不需打印的对象，则可以在打印图形时关闭该图层。

对话框右上角的六个按钮提供了对图层的各种操作。

(7) ：用于新建图层。如果在创建新图层时选中了一个现有的图层，新建的图层将继承选定图层的特性。如果在创建新图层时没有选中任何已有的的图层，则新建的图层使用缺省设置。

(8) ：用于删除在图层列表中指定的图层。注意，当前图层、“0”层、包含对象的图层、被块定义参照的图层、依赖外部参照的图层和名为“DEFPOINTS”的特殊图层不能被删除。

(9) ：将图层列表中指定的图层设置为当前图层。绘图操作总是在当前图层上进行的。不能将被冻结的图层或依赖外部参照的图层设置为当前图层。

(10) ：图层状态管理器，用于恢复已保存的图层状态。

4. 图层的创建和使用

**第 1 步**：◆选择下拉菜单【格式】/【图层】菜单项。

◆或者在命令行输入：**LA**，并确认。

◆或者在“对象特性”工具栏点击“图层”按钮（图 7-1）。

**第 2 步**：此时系统将弹出“图层特性管理器”对话框（图 7-2）。

(1) 单击按钮，在图层列表中将出现一个新的图层项目并处于选中状态。

（2）设置新建图层的名称为“轴线”。然后单击“□ 白”，系统显示“选择 颜色”对话框（图 7-3）。选择红色，并确认。

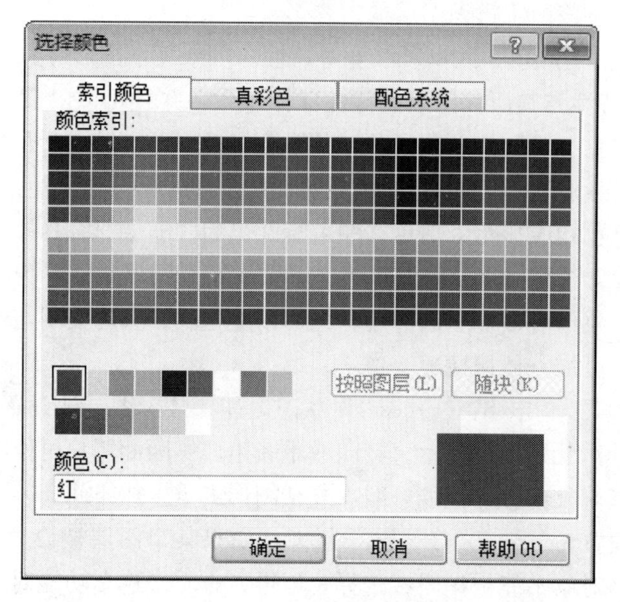


图 7-3 “选择颜色”对话框

（3）单击“Continuous”，显示“选择线型”对话框（图 7-4）。

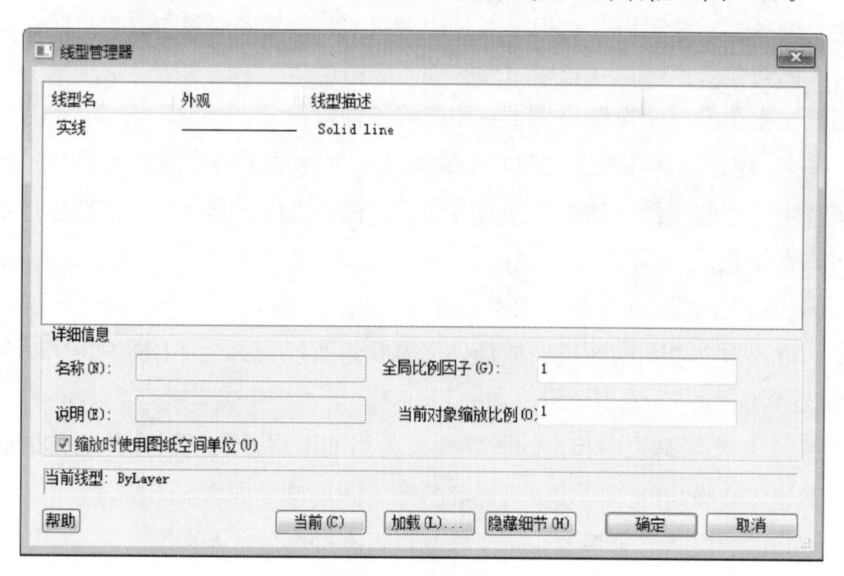


图 7-4 “线型管理器”对话框

（4）单击 加载(L)... ，显示“添加线型”对话框（图 7-5）。选择“CENTER”线型，并确认。

（5）单击线宽的“—— 默认”，系统显示“线宽”对话框（图 7-6）。选定线宽，并确认。一个图层建立完毕。

添加线型

线型文件: C:\Users\Administrator.WIN-20151029CJT\AppData\Roaming\ZWSOFT　浏览(B)...

| 线型名 | 外观 | 线型描述 |
| --- | --- | --- |
| BORDER | | Border |
| BORDER2 | | Border (0.5x) |
| BORDERX2 | | Border (2.0x) |
| CENTER | | Center |
| CENTER2 | | Center (0.5x) |
| CENTERX2 | | Center (2x) |
| DASHED | | Dashed |
| DASHED2 | | Dashed (0.5x) |
| DASHEDX2 | | Dashed (2.0x) |
| DOT | | Dot |

帮助(H)　确定　取消

图 7-5 “添加线型”对话框



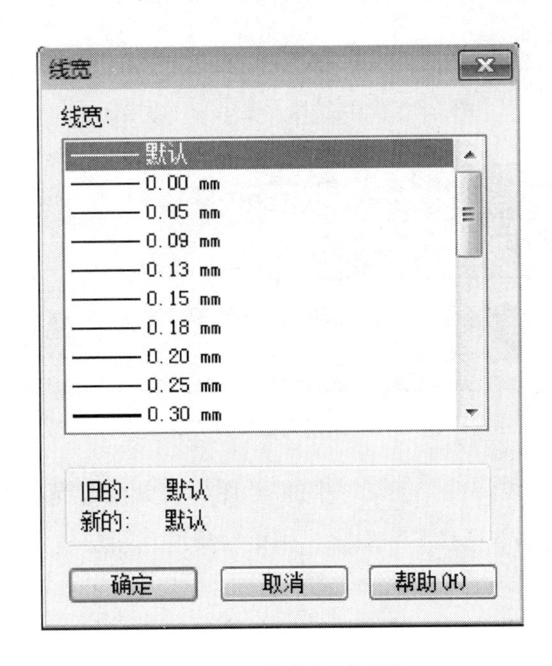


图 7-6 “线宽”对话框

（6）重复上一步的操作过程，根据需要可以创建多个图层。完成以上设置后，单击【确定】按钮结束命令，如图 7-7 所示。

5. “图层对象特性”工具条

打开“图层对象特性”工具条（图 7-8），各选项说明如下：

（1）使对象所在图层为当前图层

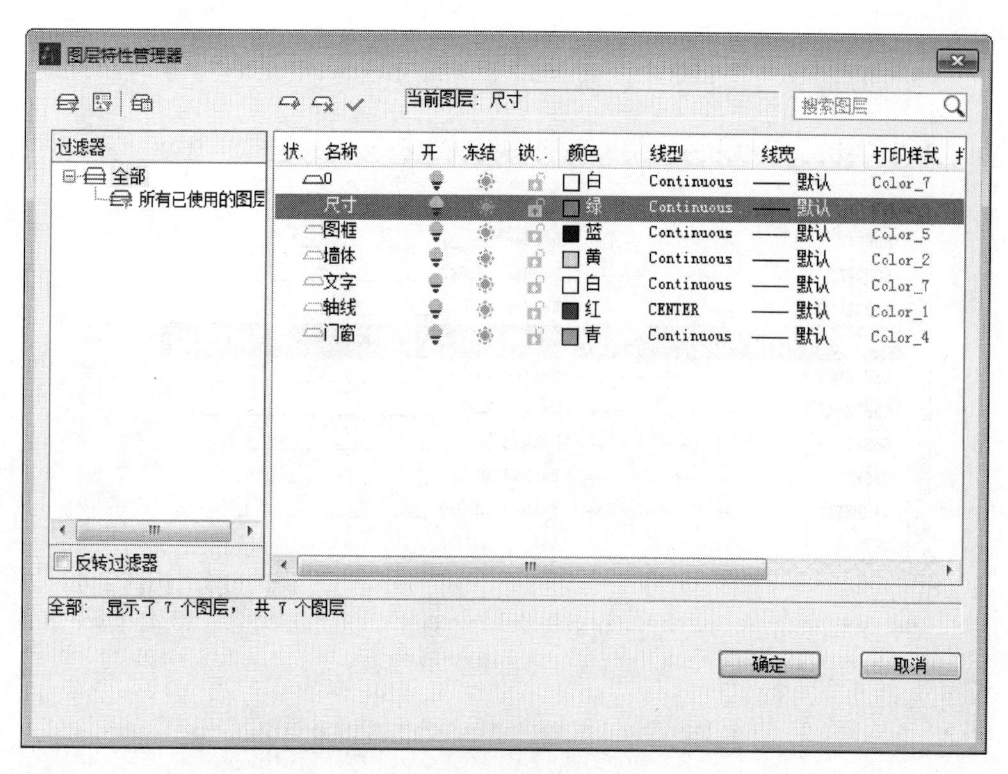


图 7-7 “图层特性管理器”对话框显示



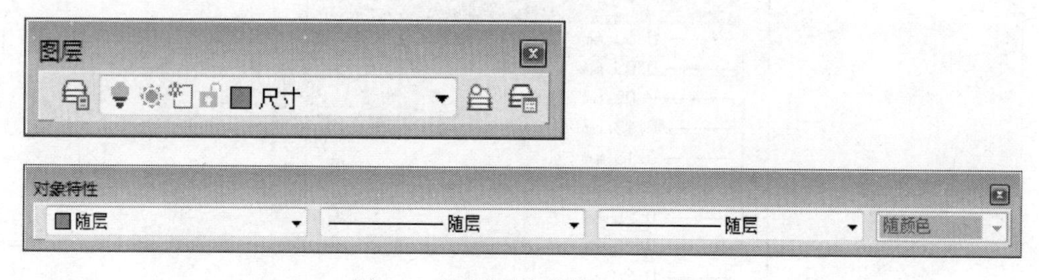


图 7-8 “图层对象特性”工具条

鼠标左键单击“对象特性”工具栏中的图标，命令行提示：【选择设为当前层的对象：】，用户在此提示下选择某一对象，则该对象所在图层成为当前图层。

（2）图层控制

打开“对象特性”工具栏上的图层控制列表，将显示已有的全部图层情况，如图 7-9 所示。

利用“对象特性”工具栏中的图层控制，可进行如下设置：

1）如果未选择任何对象时，控件中显示为当前图层。可选择控制列表中其他图层来将其设置为当前图层。

2）如果选择了一个对象，图层控制中显示该对象所在的图层。可选择控制列表中其他图层来改变对象所在的图层。

3）如果选择了多个对象，并且所有选定对象都在同一图层上，图层控制中显示公

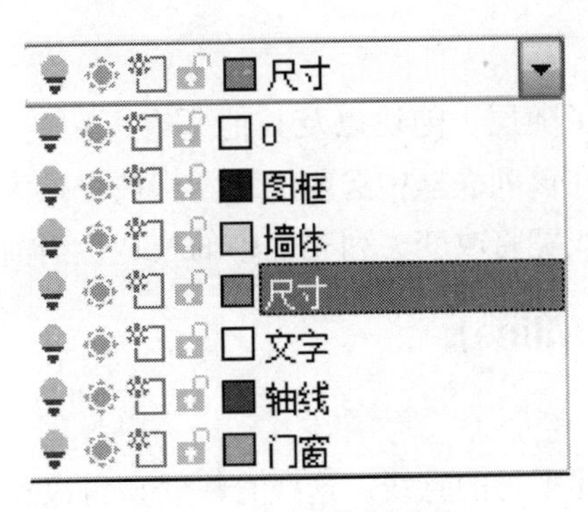


图7-9　图层控制列表

共的图层；而如果任意两个选定对象处于不同的图层，则图层控制显示为空。可选择控制列表中其他项来同时改变当前选中的所有对象所在的图层。在控件列表中单击相应图标可改变图层的开/关、冻结/解冻、锁定/解锁等状态。



（3）颜色控制

该下拉列表框中列出了图形可选用的颜色，如图7-10所示。当图形中没有选择实体时，在该列表框中选取的颜色将被设置为系统当前颜色；当图形中选择实体后，选中的实体颜色将改变为列表框中的颜色，而系统当前颜色不会改变。

（4）线型控制

该下拉列表框中列出了图形可用的各种线型，如图7-11所示。当图形中没有选择实体时，在该列表框中选取的线型将被设置为系统当前线型；当图形中选择实体后，选中的实体线型将改变为列表框中的线型，而系统当前线型不会改变。

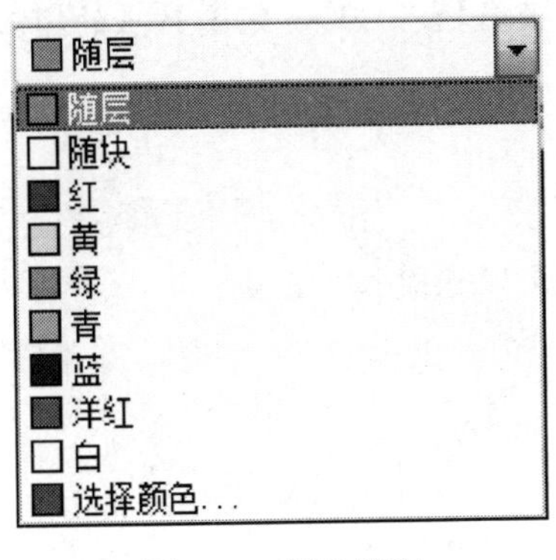


图7-10　颜色控制

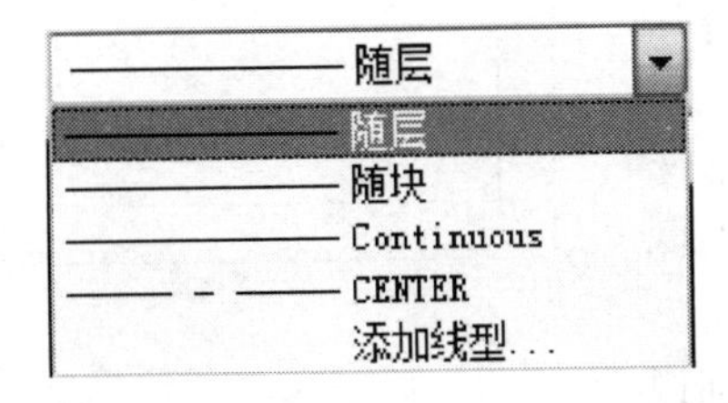


图7-11　线型控制

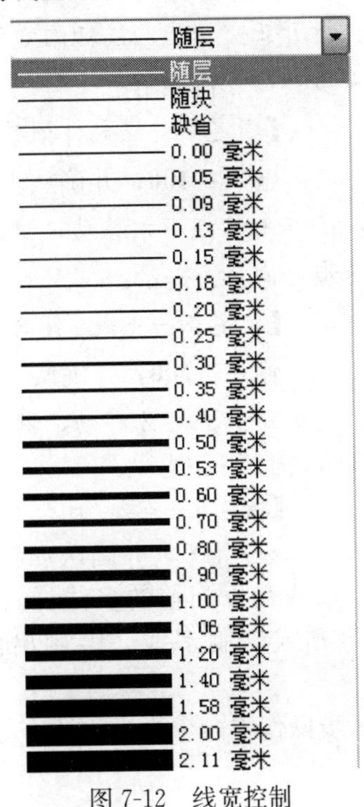


图7-12　线宽控制

（5）线宽控制

该下拉列表框中列出了随层、随块以及其他所有可用的线宽，如图 7-12 所示。当图形中没有选择实体时，在该列表框中选取的线宽将被设置为系统当前线宽；当图形中选择实体后，选中的实体线宽将改变为列表框中的线宽，当前线宽不会改变。

### 7.1.2 绘制多线（Mline）

1. 功能

所谓多线，指多条相互平行的直线。这些直线线型可以相同也可以不同。多线是一个实体对象，可以用分解的命令将其分解成为几个独立的个体对象。

2. 操作步骤



**第 1 步**：◆选择下拉菜单【绘图】/【多线】菜单项。

◆或者在命令行输入：**ML**，并按空格键。

**第 2 步**：此时系统会给出如下 2 行命令提示：

【当前设置：对正＝上，比例＝20.00，样式＝ STANDARD】

【指定起点或［对正（J）/比例（S）/样式(ST)］:】

第一行提示表示当前多线采用的绘图方式、线型比例、线型样式。“指定起点”为默认选项。用鼠标在合适位置点取多线的起点 A。

**第 3 步**：命令行提示：

【指定下一点:】

输入：**200**，并确认。

注：打开正交功能，鼠标向右移动指定方向，键盘输入 200，完成 B 点的输入。

**第 4 步**：命令行提示：

【指定下一点或［撤销（U）］:】

输入：**100**，并确认。

注：鼠标向 B 点下方移动，键盘输入 100，完成 C 点输入。

**第 5 步**：命令行提示：

【指定下一点或［闭合（C）/撤销（U）］:】

输入：**200**，并确认。

注：鼠标向 C 点左方移动，键盘输入 200，完成 D 点输入。

**第 6 步**：命令行提示：

【指定下一点或［闭合（C）/撤销（U）］:】

输入：**C**，并确认。多线绘制完毕。

以上操作是以当前的多线样式、当前的线型比例及绘图方式绘制多线，绘制出的图形如图 7-13 所示。

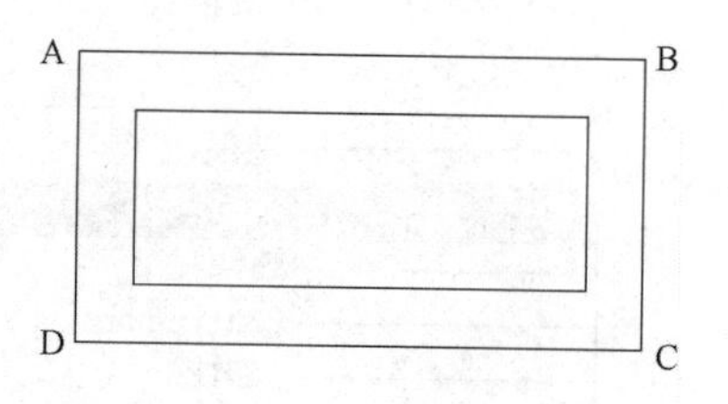

图 7-13　绘制多线

第 2 步操作中命令行提示还有 3 个选项，分别说明如下：

(1) 对正 (**J**)：确定多线的对正方式。

选择此项，后续提示为【输入对正类型[上(T)/无(Z)/下(B)]<上>：】，各项说明如下：

1) 上(T)：该项绘制多线时，多线最顶端的线随光标移动[如图7-14(*a*)所示]。

2) 无(Z)：该项绘制多线时，多线的中心线随光标移动[如图7-14(*b*)所示]。

3) 下(B)：该项绘制多线时，多线最底端的线随光标移动[如图7-14(*c*)所示]。

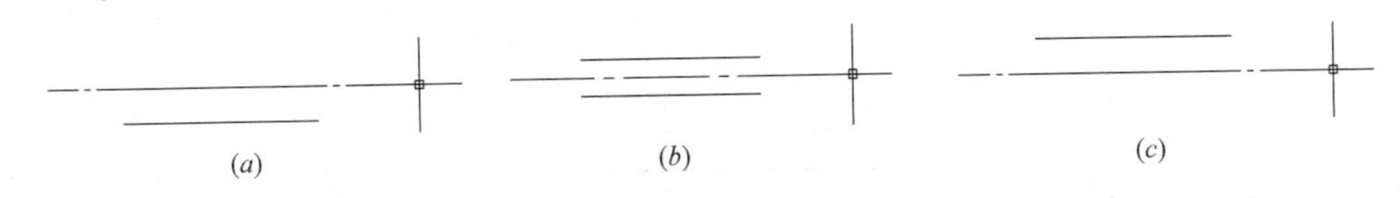

图7-14 多线的对正方式

(*a*) 上(T)；(*b*) 无(Z)；(*c*) 下(B)



(2) 比例 (**S**)：确定所绘制的多线宽度相当于当前样式中定义宽度的比例因子。默认值为20。如比例因子为5，则多线的宽度是定义宽度的5倍。选择此项，后续提示为【输入多线比例<20.00>：】，输入更改的比例因子**40**，并确认。如图7-15所示是不同比例绘制的多线（轴线为已有线，对齐方式均为无(Z)）。

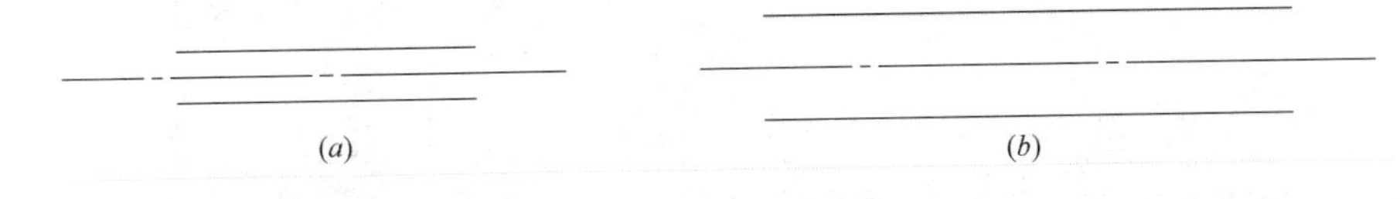

图7-15 多线的比例因子

(*a*) 比例因子为20；(*b*) 比例因子为40

(3) 样式 (**ST**)：确定绘制多线时所需要的样式。默认多线样式为STANDARD。

选择此项，后续提示为【输入多线样式名或[?]:】，输入已有的样式名。如果用户输入"?"，则显示CAD中所有的多线样式。

执行完以上操作后，CAD会以所设置的样式、比例及对正方式绘制多线。

3. 多线样式设置

(1) 功能

多线中包含直线的数量、线型、颜色、平行线之间的距离等要素，这些要素组成了多线样式，多线的使用场合不同，就会有不同的要求，也就是不同的多线样式。CAD提供了创建多线样式的方法。下面以图7-16所示平面图为例讲解如何创建多线样式。图中墙体厚度为240mm，窗为四线表示法。

(2) 操作步骤

**第1步**：◆选择下拉菜单【格式】/【多线样式】菜单项；

◆或者在命令行输入：**Mlstyle**，并确认。

**第2步**：此时系统会弹出"多线样式"对话框（图7-17）。

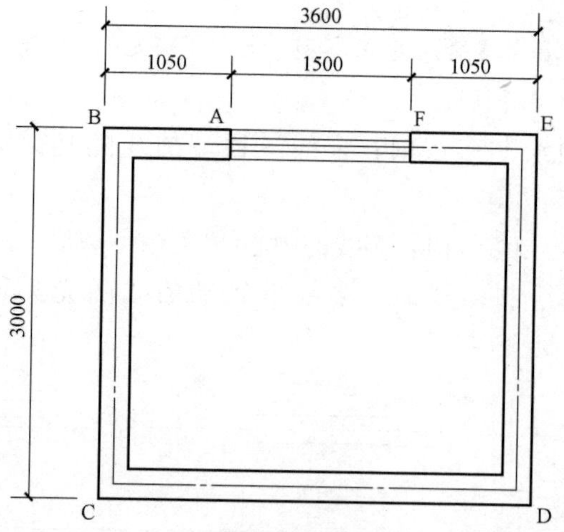

图 7-16　平面图

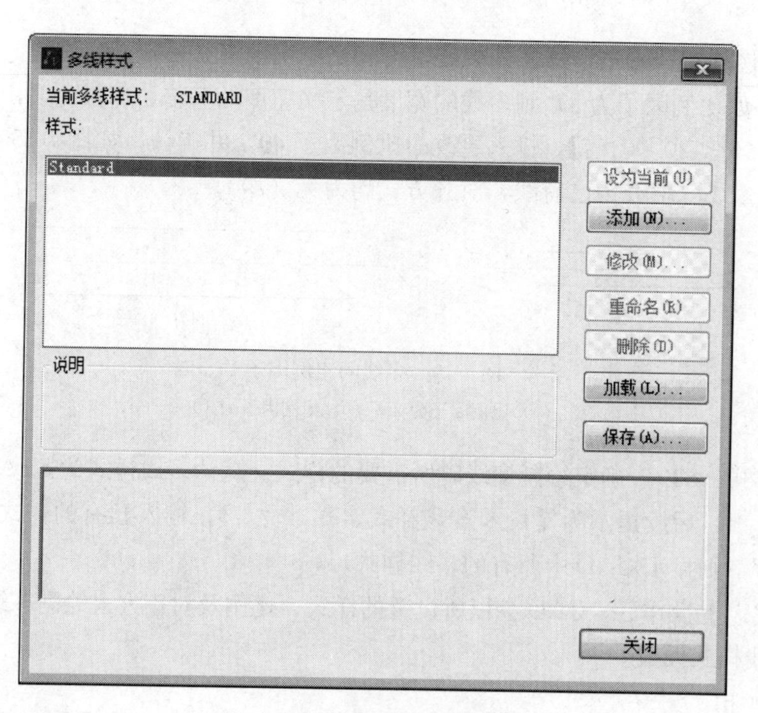


图 7-17　“多线样式”对话框

下面建立外墙线样式。

1）单击【添加】按钮，弹出“创建新多线样式”对话框（图 7-18），输入：**w**。

*注：样式名称应符合特点，可用简单的英文字母或中文命名，方便操作。*

2）单击【继续】按钮，此时出现“新建多线样式”对话框（图 7-19）。

在这个对话框中设置平行线的数量、间隔距离、颜色、线型。默认状态下，多线由两条黑色平行线组成，线型为实线。

根据图 7-16，显示外墙有 3 条平行线，中间为轴线，线型为点画线，上下两条为实

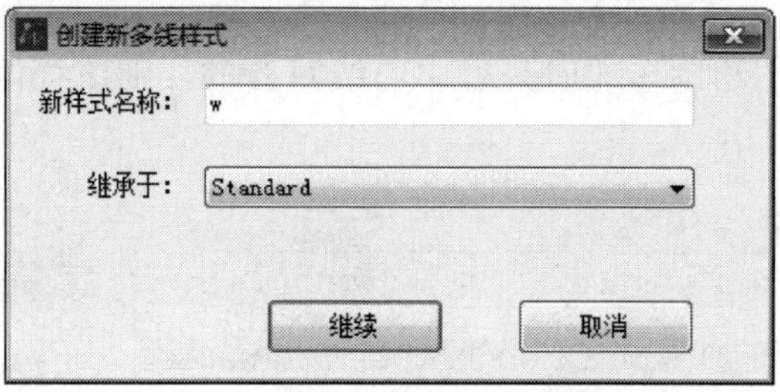

图 7-18 “创建新多线样式”对话框

图 7-19 “新建多线样式”对话框

线，分别距离轴线为 120mm。设置如下：

3）设置上线

输入对多线样式的用途、特征等，如：外墙线样式。单击“0.5 BYLAYER Bylayer”行的任意位置选中该项，在“偏移”文本框中输入 120，并确认。线型默认为实线，不用设置（图 7-20）。上线设置完成。

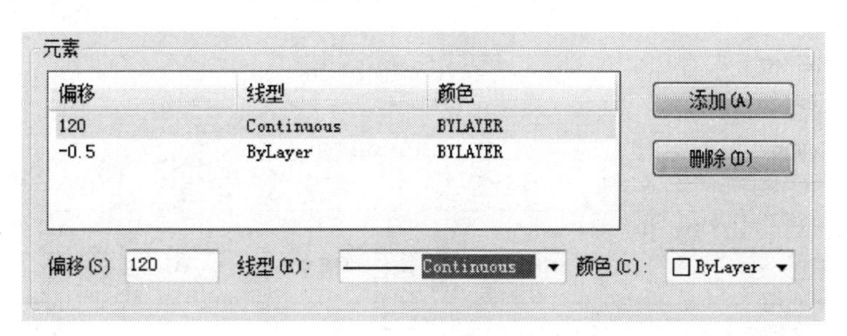


图 7-20 “图元”选项组显示 1

4）设置中线。单击【添加】按钮，添加一条平行线，如图 7-21 所示。该线是墙厚的中心线，在后续我们绘制多线时是以中心线对齐的，则该线偏移距离就为 0，不用修改。

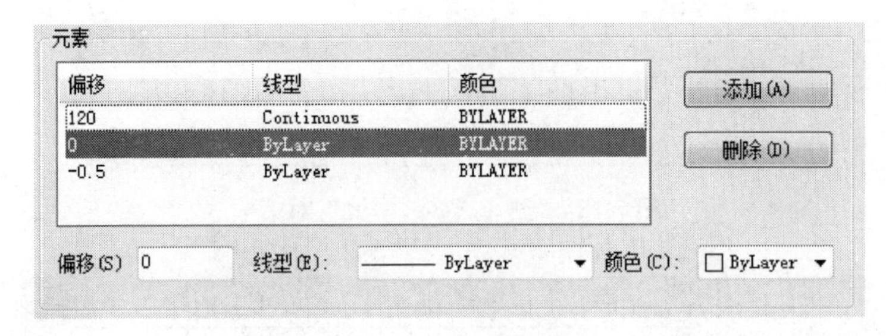


图 7-21 “图元”选项组显示 2



中线轴线线型为点画线。单击【线型】下拉箭头，出现线型下拉列表（图 7-22）。

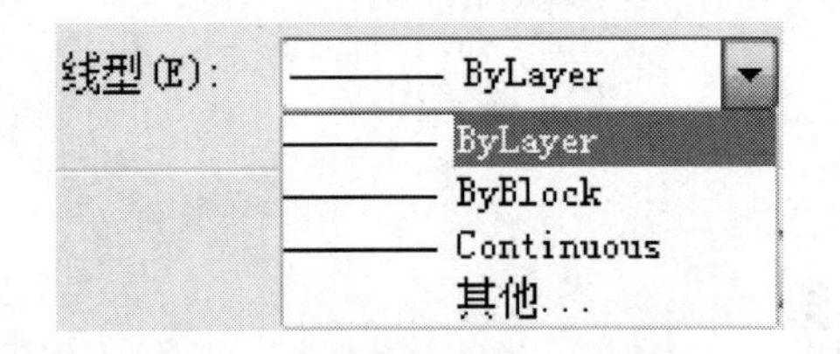


图 7-22 “线型”下拉列表

如果对话框中没有点画线线形，需要添加。单击【其他】按钮，显示“线型管理器”对话框（图 7-23），然后单击【加载】按钮，显示“添加线型”对话框（图 7-24）。在可用线型列表中单击“CENTER”选项，然后单击【确定】按钮回到“选择线型”对话框，“CENTER”线型已经被加载，如图 7-25 所示。单击“CENTER”选项，然后单击【确定】按钮，回到“新建多线样式”对话框，线型设置完成。

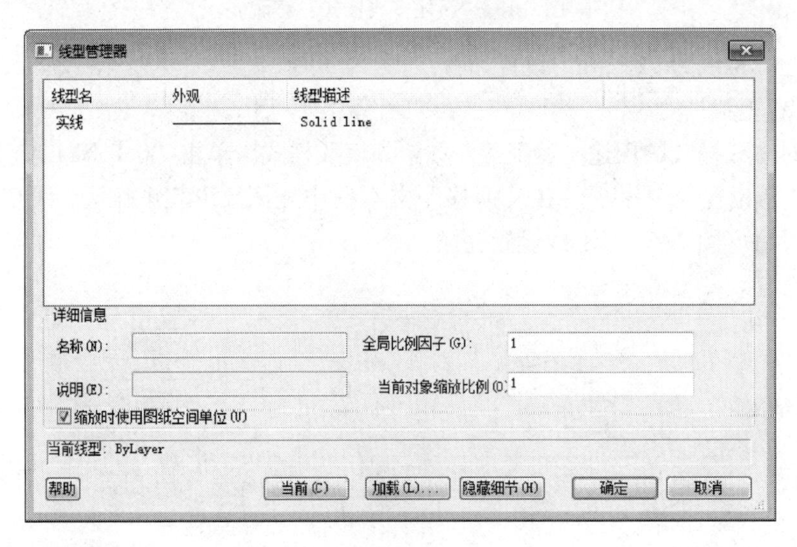


图 7-23 “线型管理器”对话框

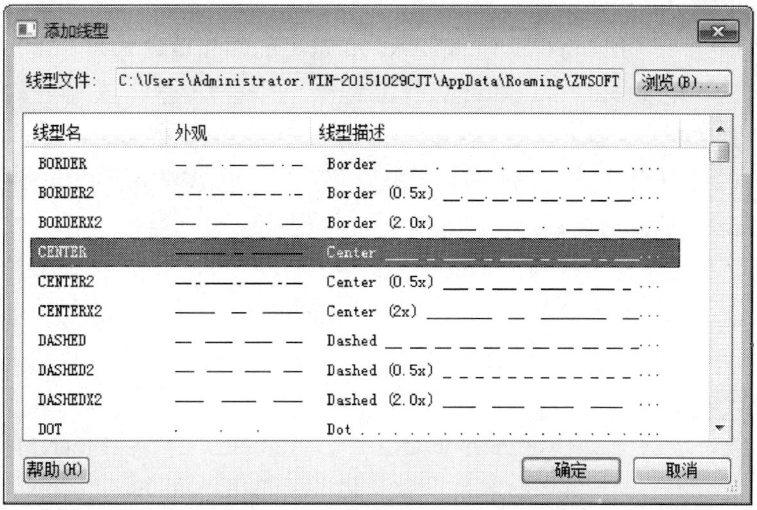

图 7-24 “添加线型”对话框

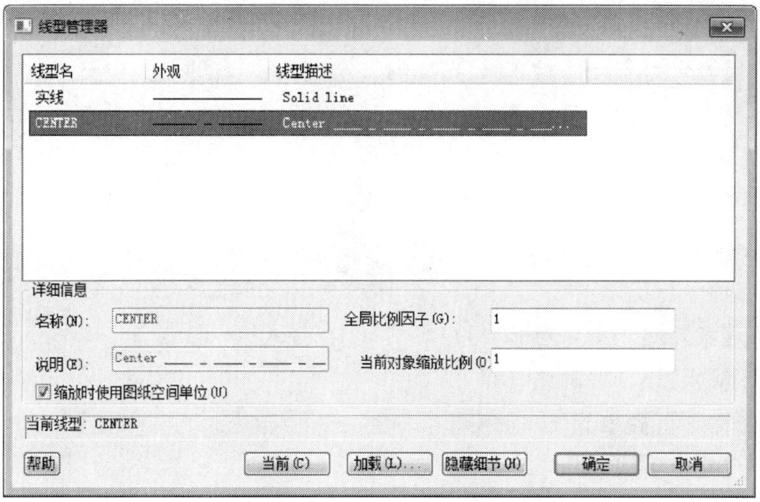

图 7-25 “选择线型”对话框显示

需要将轴线的颜色设置为红色。单击“颜色”一栏的下拉箭头，选择红色（图 7-26），颜色设置完成。这样中间的轴线设置完成。

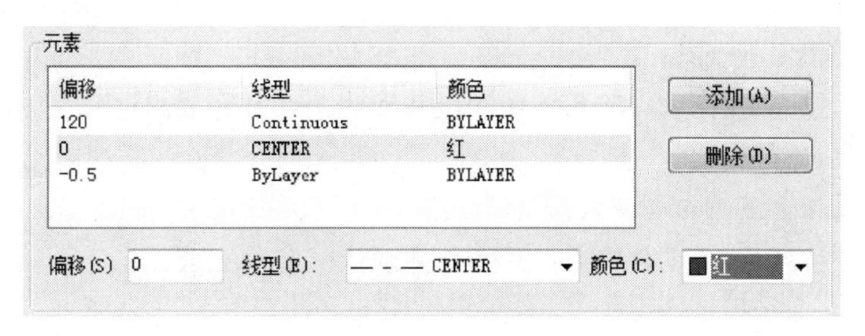


图 7-26 颜色设置

5）设置下线，方法同设置

上线，将“－0.5 ByLayer BYLAYER”行选项的偏移量设置为－120mm。然后在“封口”选项区，把直线的起点和终点打上钩（图 7-27）。单击【确定】按钮，返回“多线样式”对话框。

6）单击“设为当前”，然后单击【关闭】按钮，完成外墙线的设置。

用同样的方法设置四线窗。窗的样式名为“C”，上下偏移量分别为 120mm，40mm，－40mm，－120mm，颜色自定。

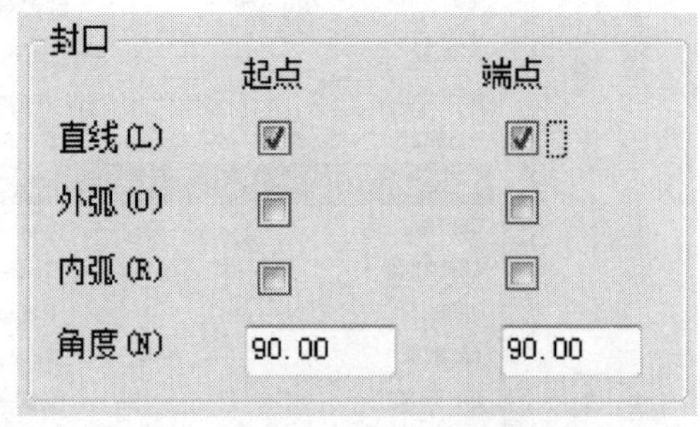

图 7-27　多线封口设置

4. 操作示例

用多线命令绘制图 7-16 所示平面图。



步骤如下：

（1）用多线命令绘制外墙线

**第 1 步**：命令行输入：ML，并确认。

**第 2 步**：命令行提示：

【指定起点或［对正（J）/比例（S）/样式（ST）］：】

输入：**J**，并确认。

**第 3 步**：命令行提示：

【输入对正类型［上（T）/无（Z）/下（B）］<上>：】

输入：**Z**，并确认。

**第 4 步**：命令行提示：

【指定起点或［对正（J）/比例（S）/样式（ST）］：】

输入：**S**，并确认。

**第 5 步**：命令行提示：

【输入多线比例 <20.0000>：】

输入：**1**，并确认。

**第 6 步**：命令行提示：

【指定起点或［对正（J）/比例（S）/样式（ST）］：】

在屏幕上点取点 **A**。

**第 7 步**：命令行提示：

【指定下一点：】

鼠标向左拖动，输入：**1050**，并确认。点 B 完成。

**第 8 步**：命令行提示：

【指定下一点或［撤销（U）］：】

鼠标向下拖动，输入：**3000**，并确认。点 C 完成。

**第 9 步**：命令行提示：

【指定下一点或［闭合（C）/撤销（U）］：】

鼠标向右拖动，输入：**3600**，并确认。点D完成。

**第10步**：命令行提示：

【指定下一点或［闭合（C）/撤销（U）］：】

鼠标向上拖动，输入：**3000**，并确认。点E完成。

**第11步**：命令行提示：

【指定下一点或［闭合（C）/撤销（U）］：】

鼠标向左拖动，输入：**1050**，并确认。点F完成。

**第12步**：命令行提示：

【指定下一点或［闭合（C）/撤销（U）］：】

按【空格】键结束命令。

(2) 用多线绘制窗户

**第1步**：命令行输入：**ML**，并确认。

**第2步**：命令行提示：

【指定起点或［对正（J）/比例（S）/样式（ST）］：】

输入：**ST**，并确认。

**第3步**：命令行提示：

【输入多线样式名或［?］：】

输入：**C**，并确认。

**第4步**：命令行提示：

【指定起点或［对正（J）/比例（S）/样式（ST）］：】

在屏幕上拾取点**A**。

**第5步**：命令行提示：

【指定下一点：】

鼠标向左拖动，输入：**1500**，并确认。点B拾取完成。（或者用捕捉功能捕捉点F）。

**第6步**：命令行提示：

【指定下一点或［闭合C/撤销（U）］：】

按【空格】键结束命令。

### 7.1.3 列出图形数据库信息（List）

1. 功能

List命令用于获取图形中单个或多个对象的信息。

2. 操作步骤

**第1步**：◆鼠标左键单击下拉菜单栏【工具】，移动光标到【查询】，再选择点击【列表显示】。

◆或者在“查询”工具栏点击“列表”按钮（图7-28）。

◆或者在命令行输入：**List**或**LI**，并确认。

图7-28 “列表”按钮

**第 2 步**：此时命令行窗口提示：【选择对象】，用鼠标左键选择被查询的对象，都选择后，按确认键结束即弹出（图 7-29）。

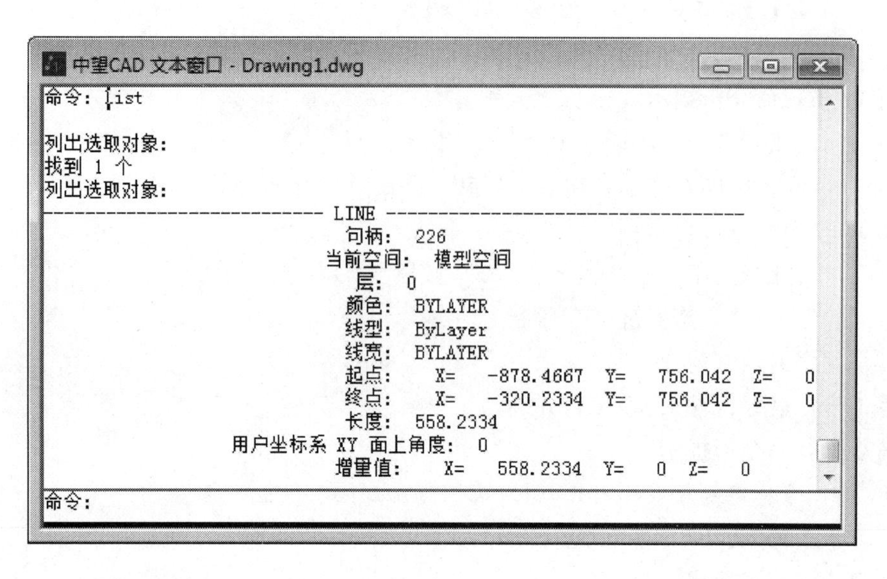


图 7-29　文本窗口



### 7.1.4　查询面积和周长（Area）

1. 功能

计算当前绘制单位表示的封闭对象的面积和周长。

2. 操作步骤

**第 1 步**：◆鼠标左键单击下拉菜单栏【工具】，移动光标到【查询】，再选择点击【面积】。

◆或者在“查询”工具栏点击“面积”按钮（图 7-30）。

◆或者在命令行输入：**Area** 或 **AA**，并确认。

图 7-30　“面积”按钮

**第 2 步**：此时命令行窗口提示：

【指定第一个角点或［对象（O）/加（A）/减（S）］】

用鼠标左键点击被查询图形的一个角点，命令行窗口提示：

【指定下一个角点】

用鼠标左键在相邻角点位置点击一次，直到键入所有需要的点为止，确认后，命令行显示结果（图 7-31）。

注：当绘图比例为 1∶1 时，查询得到的面积单位为 $mm^2$，周长单位为 mm。

3. 相关链接

在 **Area** 命令下，用户如果选项“对象”选项，可计算圆、多义线、椭圆、多边形、曲边形和三维立体图形的面积和周长。操作步骤如下：

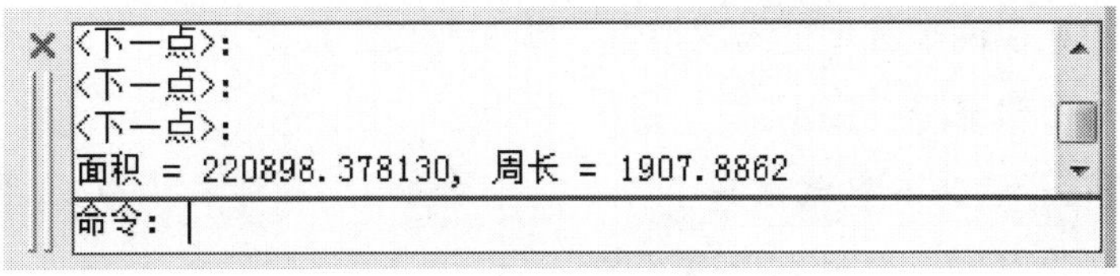

<下一点>:
<下一点>:
<下一点>:
面积 = 220898.378130, 周长 = 1907.8862
命令:

图7-31　命令行显示

**第1步**：◆鼠标左键单击下拉菜单栏【工具】，移动光标到【查询】，再选择点击【面积】。

◆或者在绘图工具栏点击面积按钮。

◆或者在命令行输入：**Area**，并确认。

**第2步**：此时命令行窗口提示：

【指定第一个角点或［对象（O）/加（A）/减（S）］】

输入：**O**，并确认，命令行窗口提示：

【选择对象】

用鼠标左键点击要查询图形任意位置，即能得出需要的信息。

### 7.1.5　* 自动编号（Tcount）

1. 功能

自动编号（Tcount）命令可以将数字自动编号，该命令常用于平立剖面图的X轴方向的轴线标注以及多行文字前的自动编号。

2. 操作步骤

**第1步**：◆鼠标左键单击下拉菜单栏【扩展工具】，在【文本工具】中选择点击【自动编号】。

◆或者在命令行输入：**Tcount**，并确认。

**第2步**：◆此时命令行出现两行提示：

第一行【请选择文字，多行文字或属性定义...】

第二行【选择对象：】

用鼠标在绘图区内选择要自动编号的对象，并确定。

**第3步**：◆此时命令行提示：

【排序选定对象的方式［X/Y］：】

选择排列的方式X或Y，默认为Y，并确定。

**第4步**：◆此时命令行提示：

【指定起始编号和增量（起始，增量）＜1，1＞：】

起始编号为选择自动编号的对象中第一个对象，增量为自动编号后的对象中相邻两个数字之间的增量。默认为＜1，1＞。

**第5步：**◆此时命令行提示：

【选择在文本中放置编号的方式［覆盖（O）/前置（P）/后置（S）/查找并替换（F）］＜前置＞：】

选择编号的方式，并确认。各选项含义如下：

(1) 覆盖（O）：原来的文字消失，编号覆盖了文字。

(2) 前置（P）：编号放在文字前面。

(3) 后置（S）：编号放在文字后面。

(4) 查找并替换（F）：文字中的部分文字被替换成编号。



## 7.2 工作任务

### 7.2.1 任务要求

用CAD绘制建筑平面图，参考样图如图7-32所示。该平面图为某宿舍楼的底层平面图。

### 7.2.2 绘图要求

随堂微课

1. 绘图比例为1∶1，出图比例为1∶100，采用A2图框；字体采用仿宋体。

2. 图中未明确标注的家具尺寸、洁具尺寸等，可自行估计。

注：我们在前面绘图时，由于绘制的图纸中粗实线并不多，因此都是用PL命令直接绘制或者用PE命令加粗。单元7我们将绘制建筑平面图，由于图中粗实线比较多，为提高绘图效率，绘制方法有所改变。在CAD绘图过程中我们全部采用细线绘制，对于需要加粗的线，根据线宽不同设置为不同的颜色，最后出图时我们将按照颜色来设置笔宽，因此图形输出后图线是符合要求的，但是在CAD绘图时粗实线将都不显示。单元8绘制建筑立面图时，由于粗实线比较少，所以我们又用PL命令直接绘制或者用PE命令加粗。当然以上选用方式并非强制要求，大家可以根据实际情况自己选择最合适的方式。

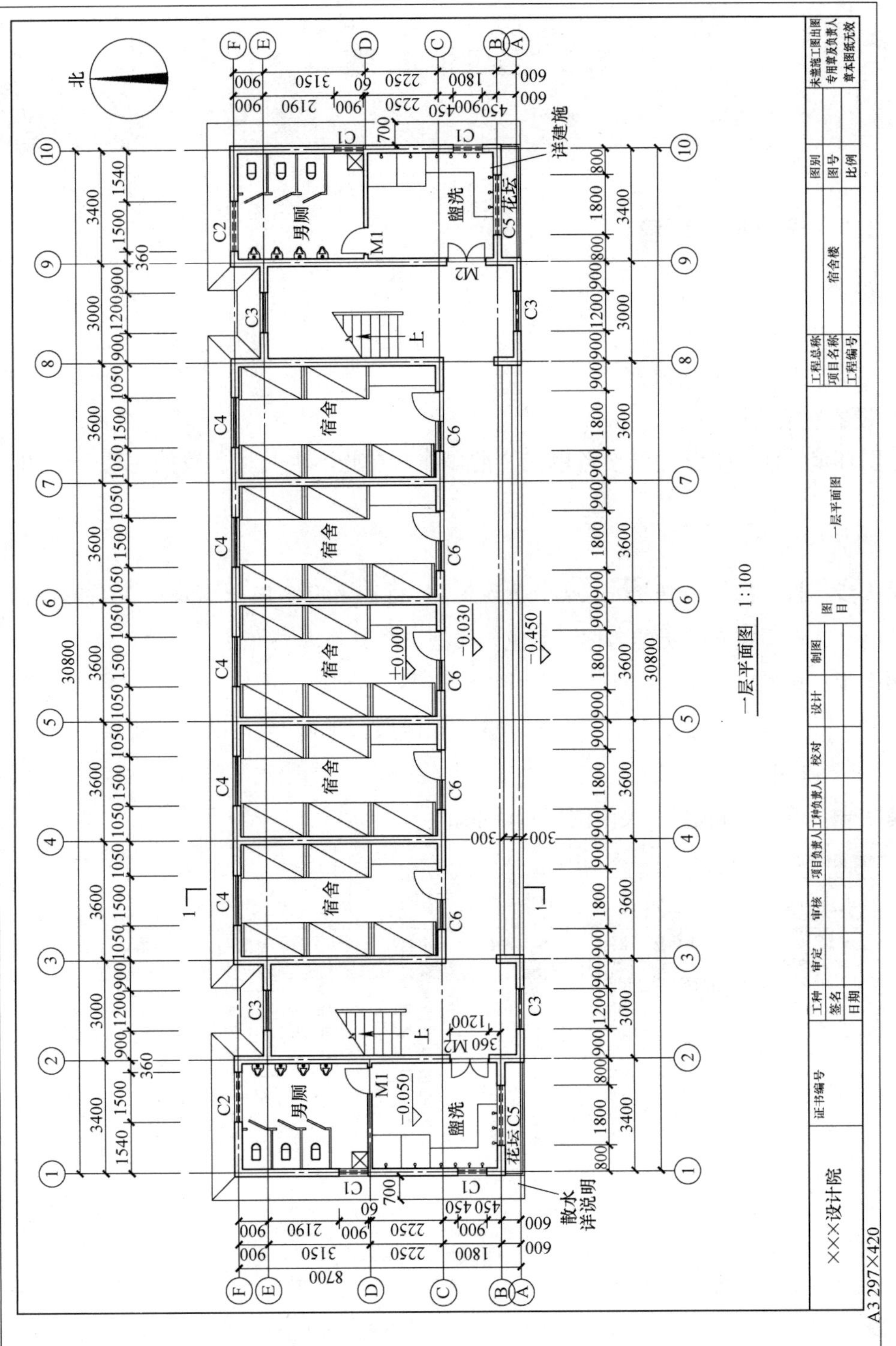


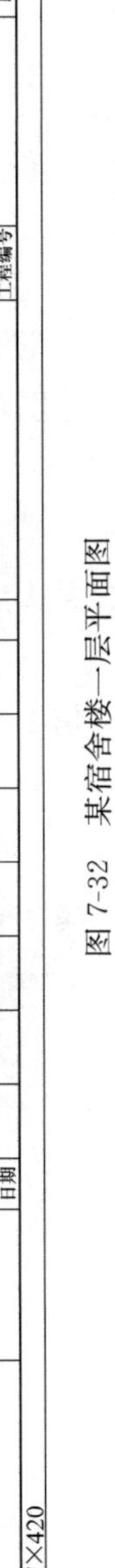
图 7-32 某宿舍楼一层平面图

# 7.3 绘图步骤

## 7.3.1 设置绘图环境

1. 设置图形界限
2. 隐藏 UCS 图标
3. 设置鼠标右键和拾取框



4. 设置对象捕捉

绘图环境的前 4 步设置可参考单元 2 的操作，在此不再赘述。我们主要介绍图层设置。

5. 设置图层

**第 1 步**：打开图层按钮，点击新建，将在下方空白处出现一个新的图层。然后定义图层的名称、颜色、线型、线宽等。

**第 2 步**：重复以上命令，一般设置 6～8 个层，如轴线、墙体、门窗、家具、楼梯散水、尺寸、文字图框等。选择轴线层，单击，设置轴线层为当前层（图 7-33）。

**第 3 步**：单击“确定”，关闭图层对话框。

图 7-33　图层对话框

### 7.3.2 绘制轴线、墙体、门窗

1. 绘制轴线

轴线分为横向和竖向两组，轴线编号之间的数据即为轴线间的尺寸。操作步骤如下：

**第 1 步**：当前层已经设置为轴线层，打开正交模式（F8）。

**第 2 步**：在绘图区先绘制 A 号轴线。

输入：**L**，空格，命令行提示：

【指定第一点】

在左下侧适当位置用左键点取第 1 点后，命令行提示：

【指定下一点或[角度（A）/长度（L）/放弃（U）]：】

水平往右点取第 2 点，则 A 号轴线完成。

然后根据轴线间尺寸，用偏移生成横向轴线。

输入：**O**，空格，命令行提示：

【指定偏移距离或[通过点（T）]：】

输入：**600**，空格，用鼠标左键点取 A 号轴线线向上偏移生成 B 号轴线。

重复以上命令，完成横向轴线绘制。

**第 3 步**：在绘图区的左侧先用 L 命令绘制 1 号轴线，然后根据轴线尺寸，用偏移生成竖向轴线，完成竖向轴网的绘制（图 7-34）。

注：需与横向轴线交叉，便于后面的操作。

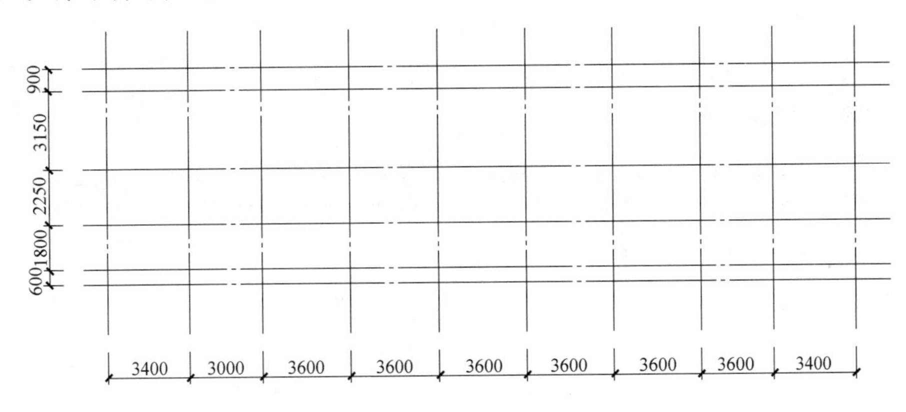


图 7-34 绘制轴网

2. 绘制墙体

**第 1 步**：将当前层设置为墙体层。

**第 2 步**：用多线命令绘制双线墙。绘制完毕后分解双线墙，并用修剪（**TR**）及圆角（**F**）命令整理墙线。

**第 3 步**：开门窗洞口。

首先用直线命令（**L**），完成窗洞口线 AB。

输入：**L**，空格，命令行提示：

【指定第一点：】

此时对象捕捉和对象追踪状态为开，鼠标靠近点E，捕捉点E为基准点，鼠标左键不需要点击，显示点E已被自动捕捉即可，然后指定方向水平向右，输入：**780**，找到直线起点A，做垂直线AB。

输入：**O**，空格，命令行提示：

【指定偏移距离或［通过点（T）］：】

输入：**1200**，空格，用鼠标左键点取直线AB，完成窗洞口右侧线CD（图7-35）。

最后用**TR**修剪命令修剪出洞口（图7-36）。用同样方法完成门窗洞口的绘制，如图7-37所示。



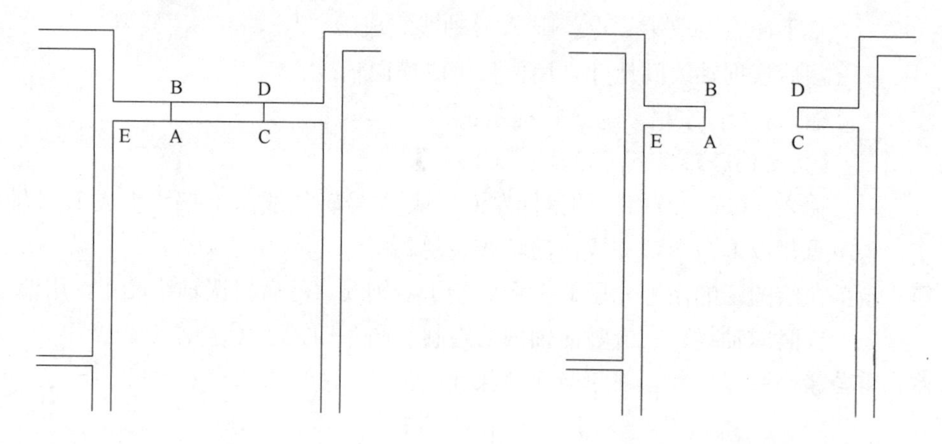


图7-35　绘制洞口线　　　图7-36　修剪洞口线

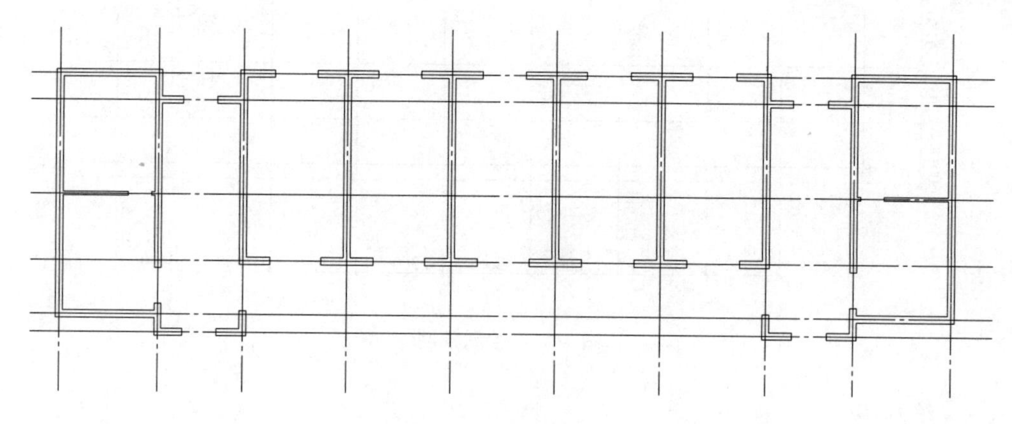

图7-37　绘制墙体

3. 绘制门窗

**第1步**：将当前层设置为门窗层。

**第2步**：用多线命令（**ML**）绘制窗。相同的门窗可以复制更快捷，比如5个房间的门连窗部分。

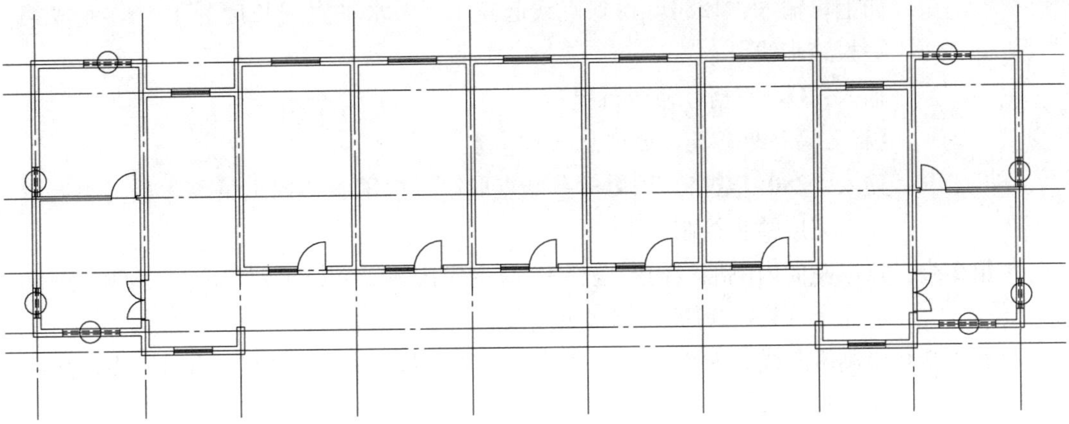

图 7-38　绘制门窗



**第3步**：用直线命令（L）绘制门扇，并以起点、端点、半径的方法作 1/4 圆弧（图 7-38）。

注：图 7-38 中圆圈部位为高窗，绘制后可以将此窗线型单独改为虚线。在待命状态点取该窗，然后去图层工具栏中，将线形直接改为虚线，这样图层没有变，只改变了该窗的线型，如图 7-39 所示。

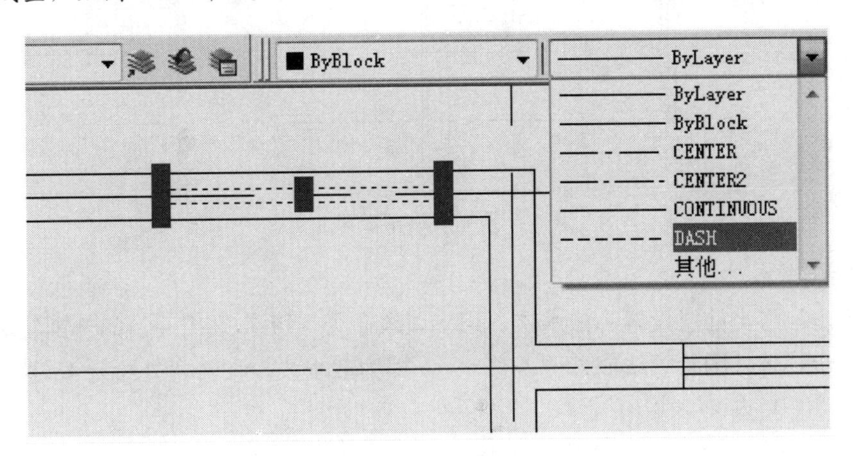


图 7-39　修改线型

## 7.3.3　绘制楼梯、散水及其他

1. 绘制楼梯

**第1步**：将当前层设置为楼梯层。

根据楼梯详图中的尺寸，首先用直线命令（L），完成第一根踏步线。

输入：**L**，空格，命令行提示：

【指定第一点：】

此时对象捕捉和对象追踪状态为开，鼠标靠近点 A，捕捉点 A 为基准点，鼠标左键不需要点击，显示点 A 已被自动捕捉即可，然后指定方向垂直向上，输入：1280，找到直线起点 B，做水平直线长度为 1300，完成第一根踏步线。

输入：**O**，空格，命令行提示：

【指定偏移距离或［通过点（T）］：】

输入：**280**，空格，用鼠标左键点取第一根踏步线向上偏移，重复以上命令，完成踏步绘制。

**第 2 步**：点取左向内侧墙线向右偏移 1300 生成扶手线，扶手双线距离为 60。用修剪命令（**TR**）剪掉右侧多余线段。

**第 3 步**：绘制折断线，并修剪多余线段，并用多段线命令（**PL**）绘制箭头，如图 7-40 所示。



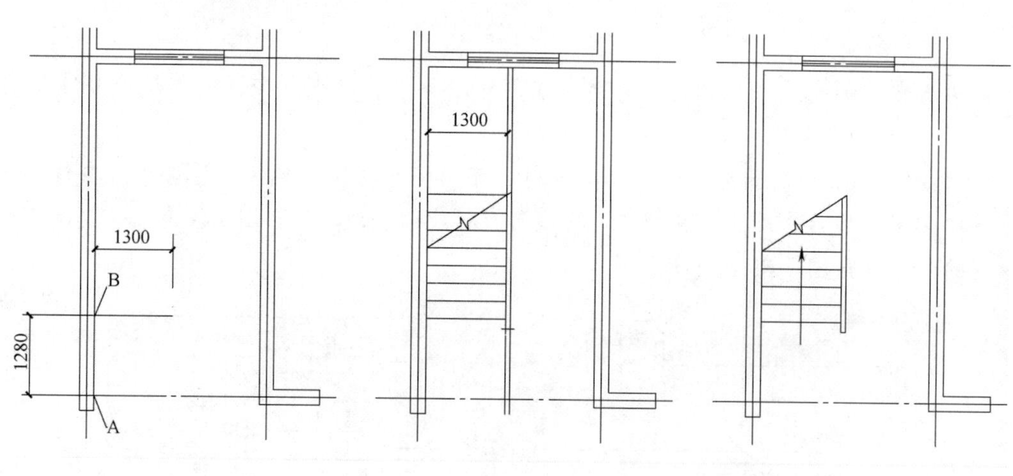


图 7-40　绘制楼梯

2. 绘制散水

**第 1 步**：将当前层设置为散水层。用多段线命令（**PL**）画出建筑的外围轮廓线。

**第 2 步**：将外围轮廓线向外侧偏移 600，即为散水线。在转弯处绘制 45°直线连接 2 角点。

3. 绘制其他（家具、洁具及图框等）

**第 1 步**：将当前层设置为家具层。用矩形命令（**REC**）绘制房间内部的床，床的尺寸为 2000×1000。

输入：**REC**，空格，命令行提示：

【指定第一个角点或［倒角（C）/标高（E）/圆角（F）/旋转（R）/正方形（S）/厚度（T）/宽度（W）］：】

在空白处指定矩形第一点。命令行提示：

【指定其他角点或［面积（A）/尺寸（D）/旋转（R）］：】

输入：**D**，空格；命令行提示：

【指定矩形长度 <10>：】

输入：**1000**，空格；命令行提示：

【指定矩形宽度<10>：】

输入：**－2000**，空格；点击鼠标左键完成矩形绘制。

**第2步**：用分解命令（**X**）分解矩形，然后把上下两条直线分别往内侧偏移80，绘制一条斜线，床平面图完成，如图7-41所示。最后按图纸要求进行移动和复制。

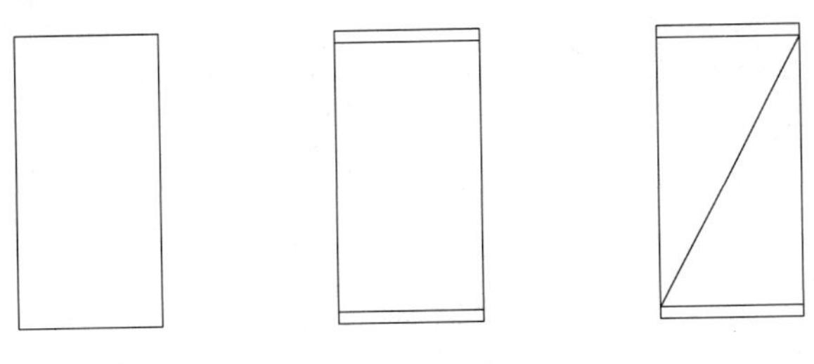

图7-41　绘制床



**第3步**：卫生间内的洁具按详图自行绘制，然后按图纸要求布置（图7-42）。

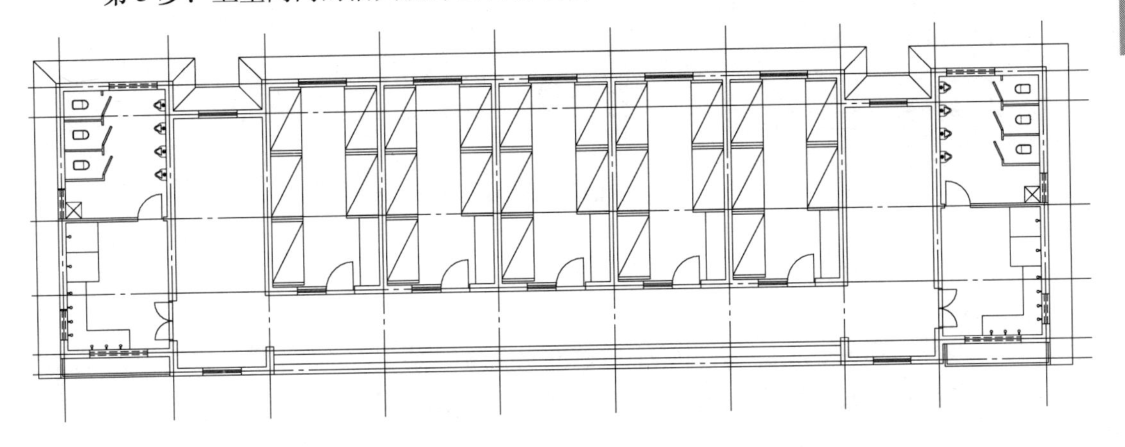

图7-42　绘制卫生间

**第4步**：绘制图框。将当前层设置为图框层，根据本图幅A3图框尺寸大小（420mm×297mm），出图比例为1：100，需要绘制的图框大小为42000×29700。用矩形命令绘制最外轮廓，然后按图示要求绘制，具体步骤参见单元2。图纸的图框不必每次重新绘制，可以将以前绘制好的图纸的图框插入进来，然后按照需要进行修改（图7-43）。插入图框的方法参见单元3.3.6。

## 7.3.4　标注尺寸和文字

1. 尺寸标注

（1）设置标注样式

（2）将当前层设置为尺寸层，按图纸要求进行尺寸标注。

2. 文字标注

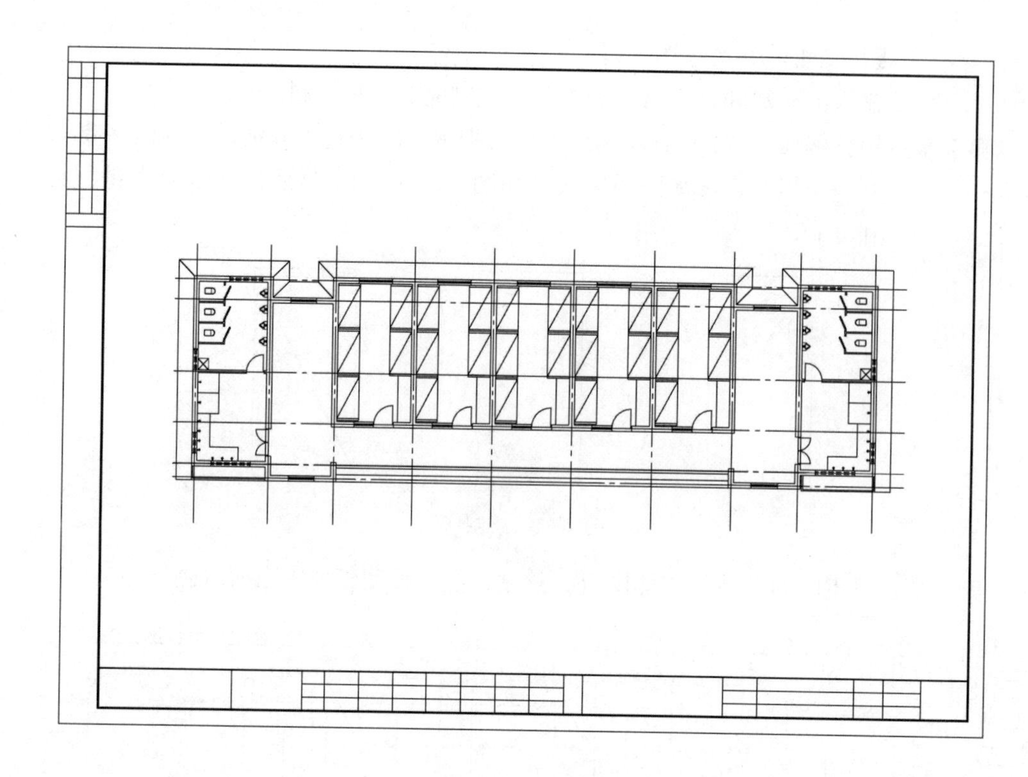

图 7-43　插入图框

（1）设置文字样式

（2）输入文字

将当前层设置为文字层。采用 **DT** 命令可完成图中所有文字的输入。也可只输入某行文字，然后将其复制到其他位置，然后双击进行内容修改。

（3）改文字高度

图名“一层平面图”这些文字要大一些，绘图时的实际高度为 700。可以先将刚才输入的文字复制到图名的位置，然后选中要修改的文字，输入：**MO**，空格，在对象特性对话框里将高度一栏的数字改成 700，同时对文字内容也一并做修改。

（4）绘制轴线号及其他符号

1）设置文字样式。

2）绘制一个直径为 1000 的圆，在圆内部标注上数字编号。复制轴线号到图示位置，然后双击中间数字，逐个修改完成轴线绘制。

3）绘制标高符号，在直线上部标注数字。

4）绘制指北针。

## 单元小结

本单元引入 7 个新命令：图层设置（Layer）、绘制多线（Mline）、列出图形数据库信息（LI）、查询距离（DI）、查询面积和周长（AA）、自动编号（Tcount）、构造线（Xline）。另外，本单元中的图线全部采用细线绘制，对于需要加粗的图线，根据线宽不同设置为不同的颜色，最后出图时我们将按照颜色来设置笔宽粗细。

在此基础上，我们结合工程实例，讲解了建筑平面图的绘制方法。绘图顺序一般是先整体、后局部，先图样、后标注。

在本单元中用到的绘图和编辑命令如表7-1所示。

**本单元用到的绘图和编辑命令　　表7-1**

| 序号 | 命令功能 | 命令简写 | 序号 | 命令功能 | 命令简写 |
|---|---|---|---|---|---|
| 1 | 绘制矩形 | REC | 12 | 圆角 | F |
| 2 | 绘制直线 | L | 13 | 镜像 | MI |
| 3 | 绘制圆 | C | 14 | 移动 | M |
| 4 | 分解 | X | 15 | 复制 | CO |
| 5 | 偏移 | O | 16 | 对象特性 | MO |
| 6 | 修剪 | TR | 17 | 文字样式 | ST |
| 7 | 删除 | E | 18 | 单行文字 | DT |
| 8 | 拉伸 | S | 19 | 多线 | ML |
| 9 | 列出图形数据库信息 | LI | 20 | 查询距离 | DI |
| 10 | 查询面积和周长 | AA | 21 | 构造线 | Xline |
| 11 | 自动编号 | Tcount | | | |



## 能力训练题

用CAD绘制该宿舍楼二层建筑平面图，参考样图见图7-44。绘制要求：

(1) 绘图比例为1∶1，出图比例为1∶100，采用A2图框；字体采用仿宋体。

(2) 图中未明确标注的家具尺寸、洁具尺寸等，可自行估计。

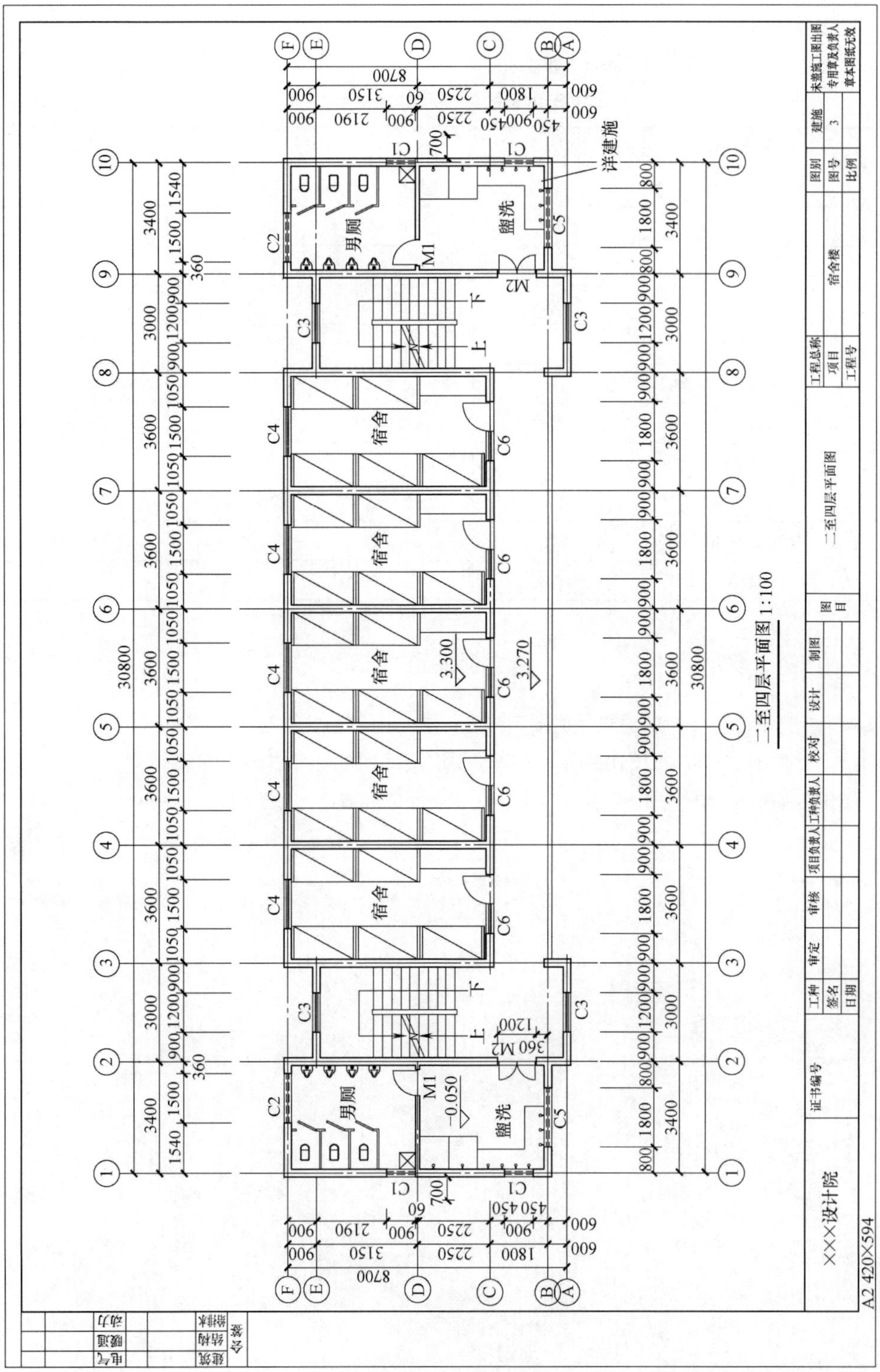

图 7-44　某宿舍楼二至四层平面图

# 教学单元8

# 绘制建筑立面图

# 8.1 命令导入

## 8.1.1 *消除重线（Overkill）

1. 功能

消除重线可以处理重合的直线、圆、多段线等线性对象，还可以处理完全重叠的图块、文字、标注、面域等其他各类对象。利用此功能不仅可以清除图纸中的冗余图形，而且可以避免由于图形重叠引起的编辑、打印等相关问题。



2. 操作步骤

**第1步：** ◆ 鼠标左键下拉菜单中选择【扩展工具】，选择【编辑工具】，再选择【消除重合对象】调用消除重线功能。

◆或者在命令行输入：**Overkill**，并确定。

**第2步：** 此时命令提示：

【选择对象：】

选择须要消除的对象，完毕后【空格】键确定。

**第3步：** 此时弹出"删除重复对象"对话框如图8-1所示，选择自己需要的选项，点击【确定】。

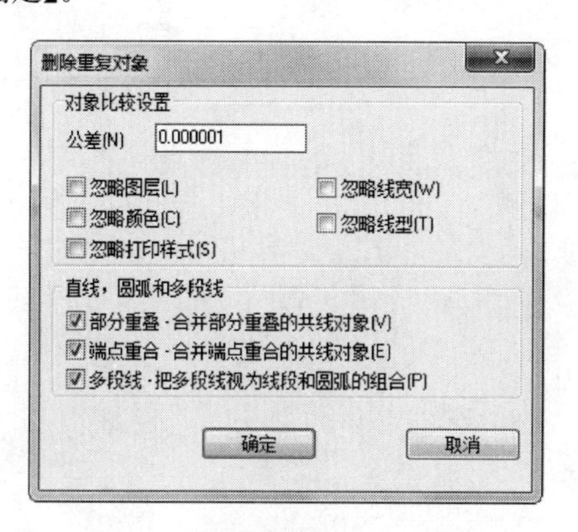


图8-1 "删除重复对象"对话框

注：此功能默认只处理图层、线型、颜色、线宽、打印样式的常规信息相同的对象，但在一些特殊情况下我们也可以忽略其中的一些属性，如颜色、线宽、线型等，对于这些属性不同的重叠对象也进行消除处理。

3. 操作示例

【例】绘图过程中要绘制了几个重叠的圆，仅需留下1个，删除其余圆。

**第 1 步：** 在命令行输入：**Overkill**，并确定。

**第 2 步：** 此时命令提示：

【选择对象：】

选择要消除的对象，【空格】键确定。

**第 3 步：** 此时跳出【删除重复对象】对话框，点击【确定】，操作完毕。

命令行显示如图 8-2 所示。

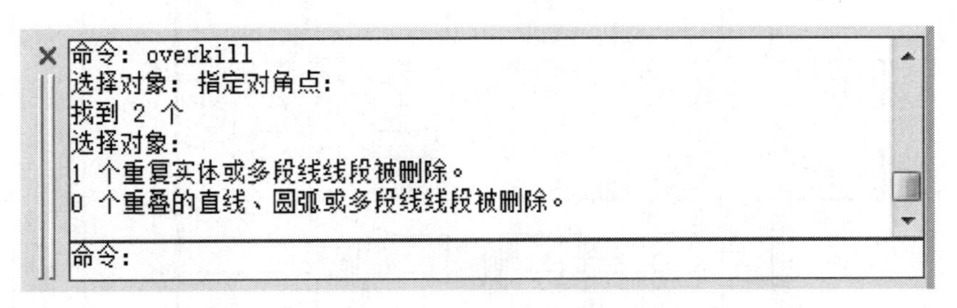


图 8-2 命令行显示内容



### 8.1.2 * 构造线（Xline）

1. 功能

构造线也可以称为参照线，是无线长度的线条，可作为辅助线。

2. 操作步骤

**第 1 步：** ◆鼠标左键单击下拉菜单栏【绘图】，选择点击【构造线】。

◆或者点击在“绘图”工具栏点击“构造线”按钮（图 8-3）。

◆或者在命令行输入：**XL**，并确认 。

**第 2 步：** ◆此时命令行提示：

【指定构造线位置或［等分（B）/水平（H）/竖直（V）/角度（A）/偏移（O）］：】

在绘图区点击一点确定构造线的位置，然后移动鼠标，构造线位置随动，随意点击一点构造线确定。提示中选项较多，根据绘图需要选择。

图 8-3 “构造线”按钮

## 8.2 工 作 任 务

### 8.2.1 任务要求

用 CAD 绘制建筑立面图，参考样图如图 8-4 所示，该立面图为某宿舍楼的南立面图。

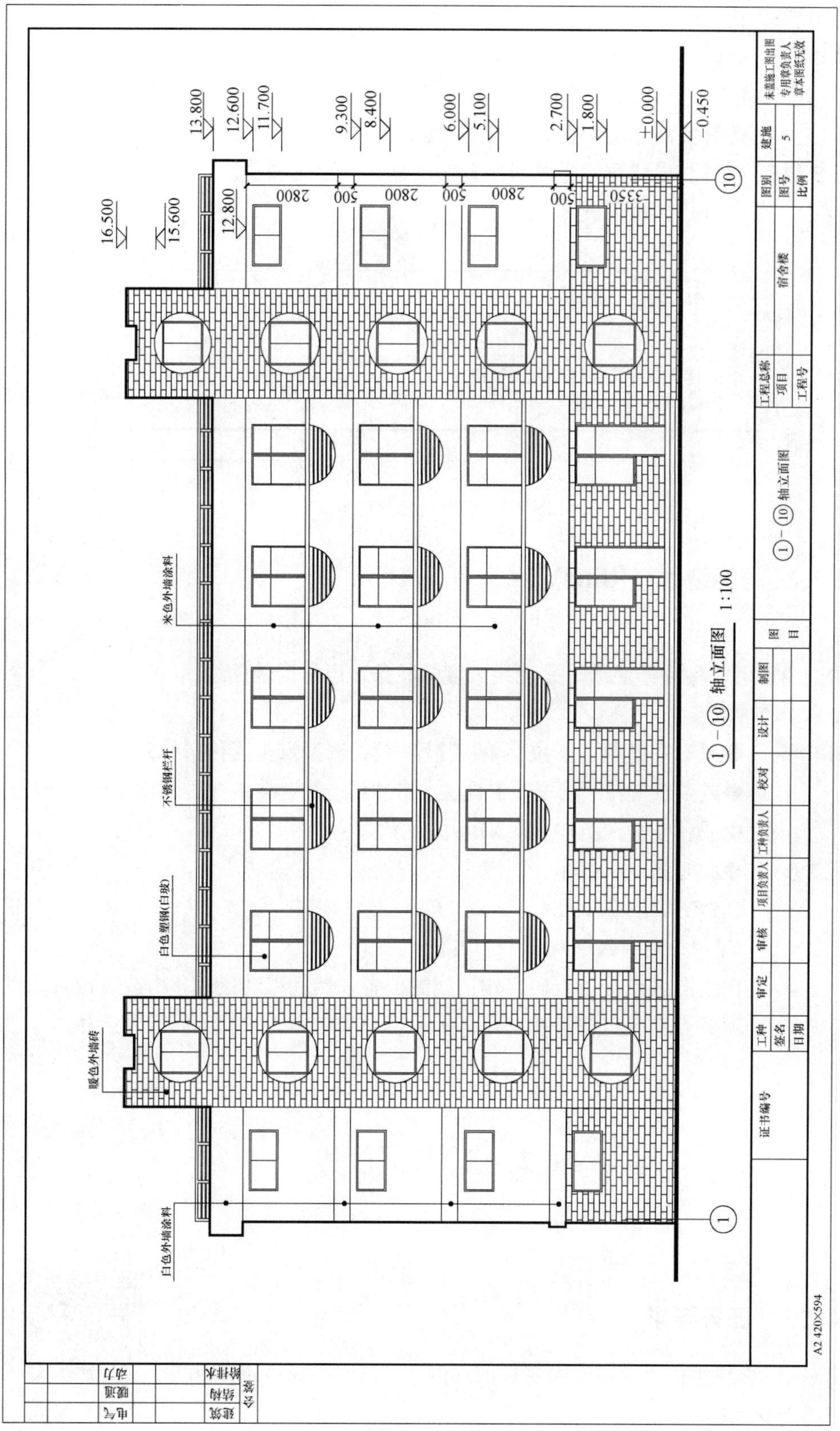

①-⑩ 轴立面图 1:100

图 8-4 某宿舍楼南立面图

### 8.2.2　绘图要求

1. 绘图比例为 1∶1，出图比例为 1∶100，采用 A3 图框；字体采用仿宋体。
2. 图中未明确标注的门窗分割尺寸、栏杆尺寸等，可自行估计。

## 8.3　绘图步骤

### 8.3.1　设置绘图环境

一个文件中可有多个图形，我们不再新建一个文件，直接在已经完成的平面图的下方绘制建筑立面。绘图环境根据需要进行调整。

注：可以在原有图层管理器里，新建几个立面需要用到的图层，比如轮廓线层、填充层等，图层根据个人需要进行管理，本单元开始将不作具体规定。

### 8.3.2　绘制轴线、地坪线、外轮廓线

1. 绘制轴线

立面图轴线分为横向和竖向两组。竖向轴线对应平面图中的开间尺寸，横向轴线为建筑的层高线。操作步骤：

**第 1 步：** 将当前层设置为轴线层，将平面图中的竖向轴线复制到图形下方合适位置。

**第 2 步：** 在竖向轴线靠下方绘制一条水平线，定义高度为±0.000。根据层高，用偏移向上生成横向轴线（图 8-5）。

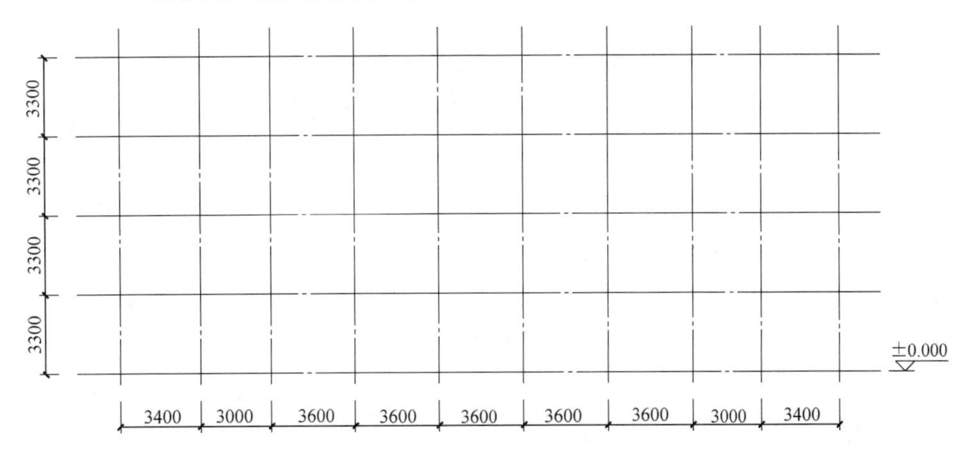


图 8-5　绘制轴线

注：本单元插图给出的尺寸为绘制参考尺寸，并非要求绘制的内容，后面不再注解。

2. 绘制地坪线

根据标高数据，将±0.000 线向下偏移 450，生成地坪线，并以地坪线为修剪边，修剪竖向轴线。(提示：将地坪线修改到相应的层。)

3. 绘制外轮廓线

**第 1 步：** 将当前层设置为轮廓线层。输入 **PL**，空格，捕捉点 A 为基准点，然后输入相对直角坐标@－120，0，找到直线起点 B。

**第 2 步：** 根据图纸尺寸绘制轮廓线（图 8-6）。



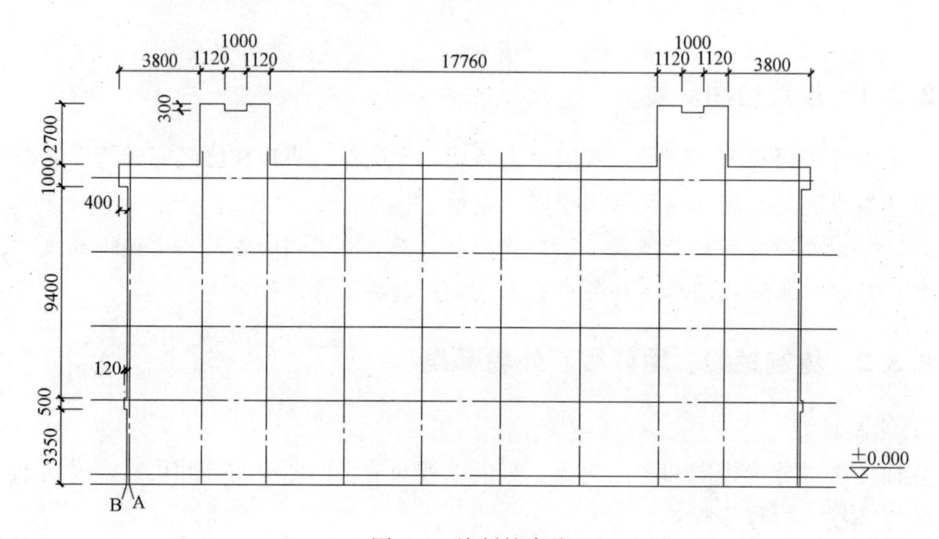


图 8-6　绘制轮廓线

**第 3 步：** 绘制檐沟线、腰线等（图 8-7）。

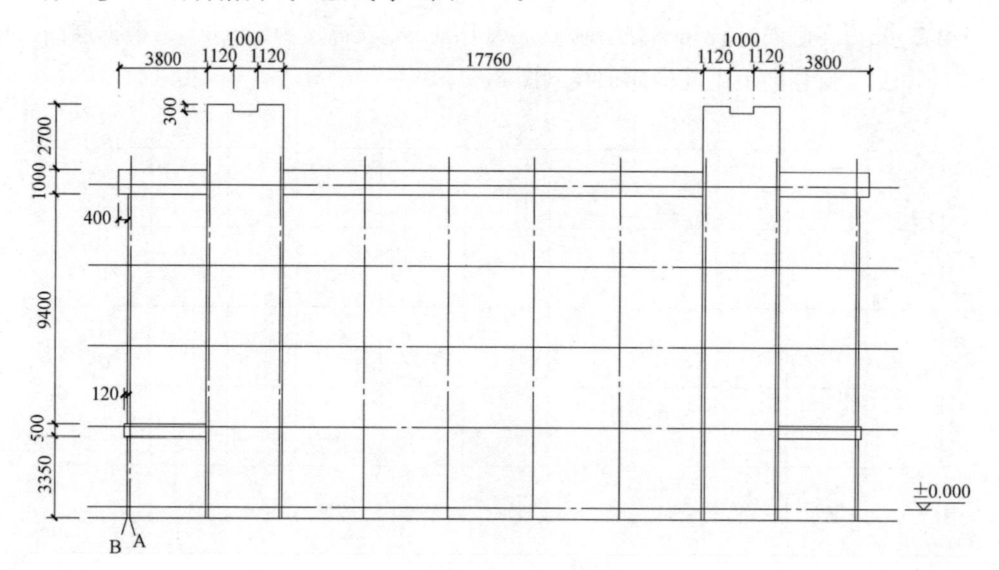


图 8-7　绘制檐沟线、腰线

## 8.3.3 绘制门窗、立面材料及其他

1. 绘制门窗

**第1步：** 将当前层设置为门窗层。首先绘制底层最左侧窗。以轴线为基准线，根据平面图中窗的宽度尺寸和立面图中窗的高度尺寸，绘制窗洞辅助线如图8-8（*a*）所示。用矩形命令绘制窗外轮廓，向内偏移40完成窗内侧轮廓线。在窗户宽度的中点绘制一直线，完成窗户的分割，如图8-8（*b*）所示。

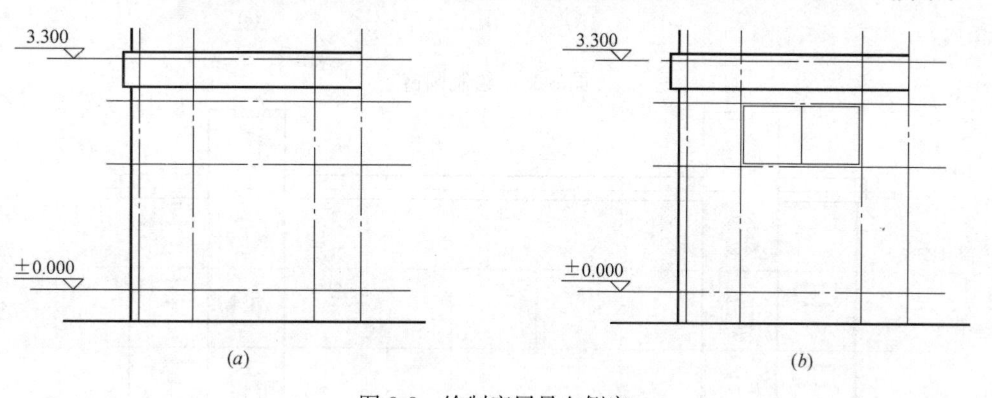


图8-8 绘制底层最左侧窗

删除辅助线，将此窗矩形阵列，参数设置为4行1列，行间距就是层高3300，列间距为0，然后将窗镜像到右侧，如图8-9所示。

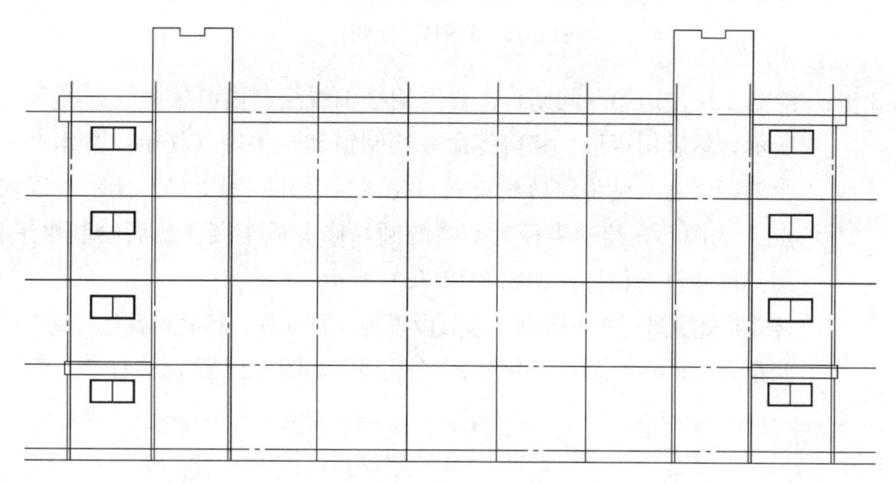

图8-9 阵列后的窗

**第2步：** 绘制左侧楼梯间底层圆窗。首先偏移轴线绘制窗洞辅助线如图8-10（*a*），然后用矩形命令绘制窗外轮廓，向内偏移40完成窗内侧轮廓线。在窗户宽度中点绘制一直线，完成窗户的分割。以该直线中点A为圆心，AB长度为半径作圆，如图8-10（*b*）所示。

接着删除辅助线，将此窗矩形阵列，参数设置为5行1列，行间距就是层高3300，列间距为0，然后将窗镜像到右侧，如图8-11所示。

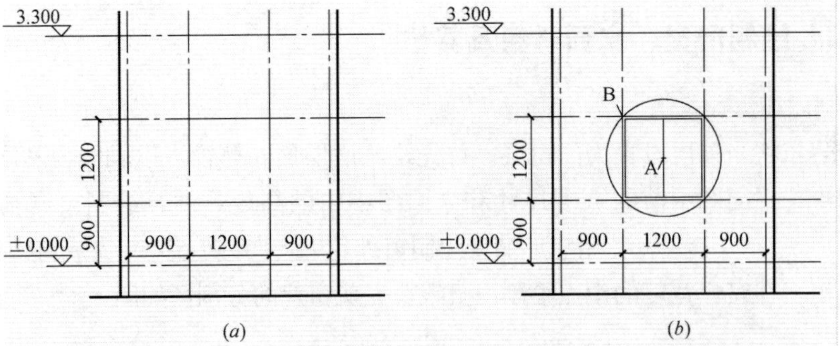

图 8-10　绘制圆窗

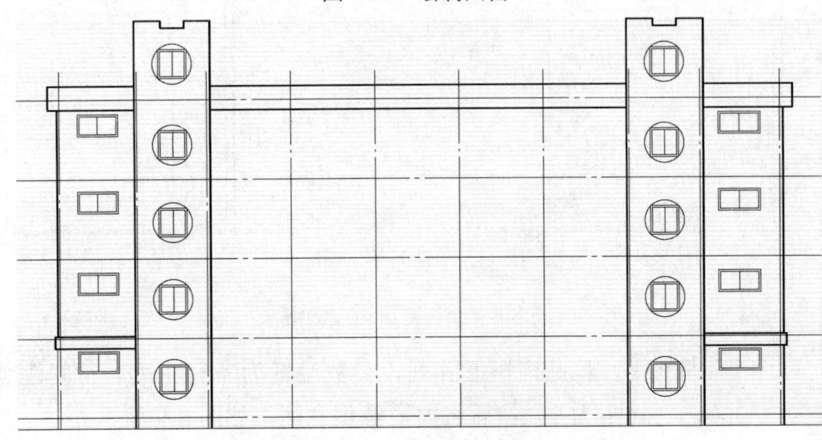

图 8-11　阵列后的圆窗

**第 3 步：** 绘制二层左边第一间阳台。首先偏移轴线绘制窗洞辅助线如图 8-12（*a*）所示，然后用矩形、修剪等命令绘制窗和扶手等（提示：具体参考上一步骤，注意及时将辅助线换到门窗层），如图 8-12（*b*）所示。以扶手中点 A 为圆心，绘制半径为 780 的圆，修剪成半圆。最后绘制水平栏杆，细部尺寸自行估计，如图 8-12（*c*）所示。

接着将此窗进行矩形阵列，参数设置为 3 行 5 列，行间距就是层高 3300，列间距为开间尺寸 3600，并修剪多余线段，如图 8-14 所示。（提示：图 8-13 中

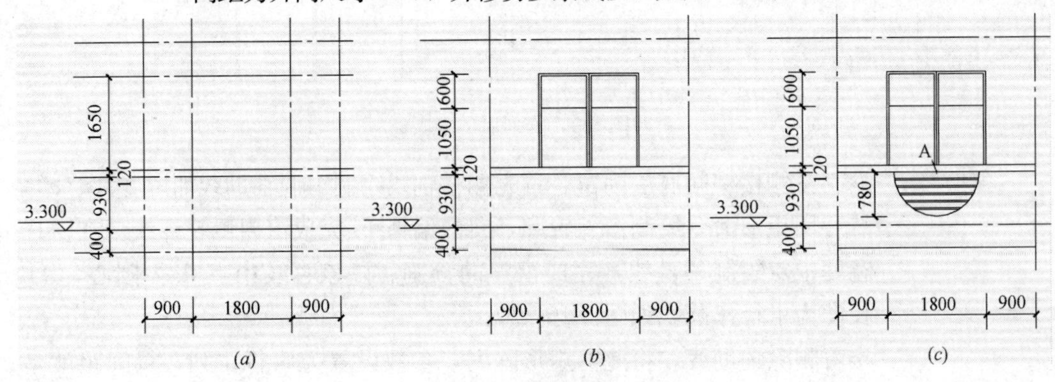


图 8-12　绘制阳台

圆圈部位线段，在阵列后再修剪。）

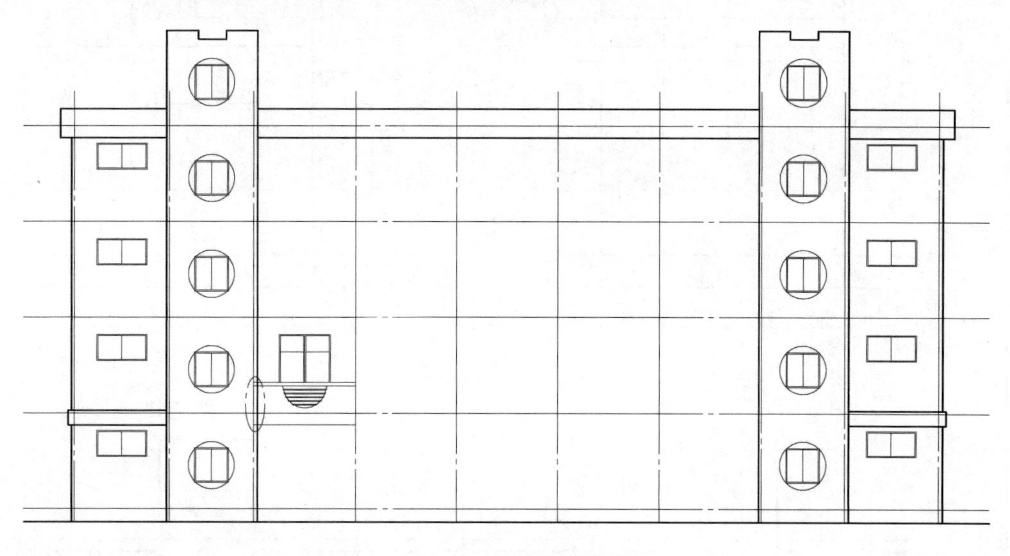

图 8-13　阳台阵列前图



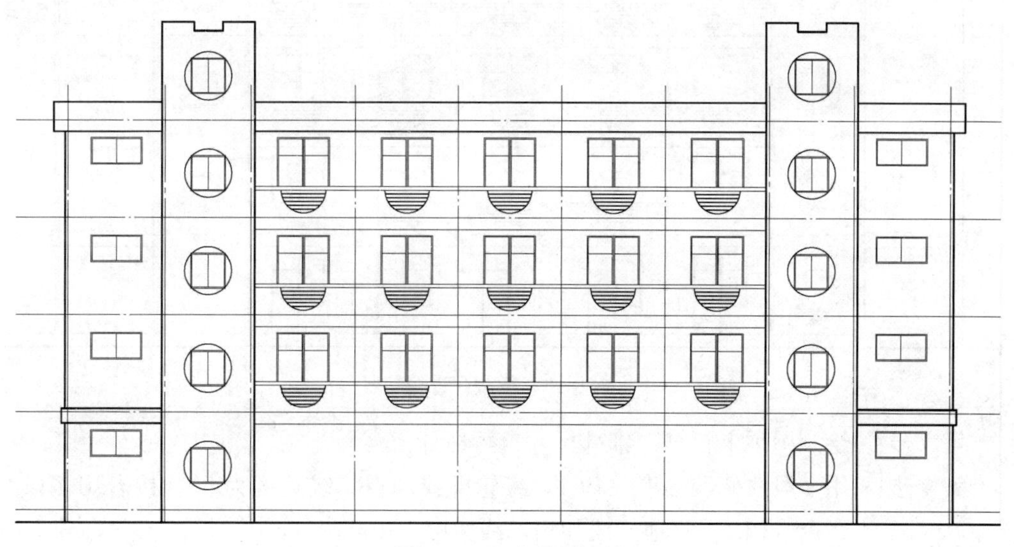

图 8-14　阳台阵列后图

**第 4 步：** 绘制底层门连窗。首先绘制底层左侧单窗，尺寸如图 8-15 所示。（提示：具体绘制步骤参考第 2 步）。然后删除辅助线，并用复制命令完成底层门连窗绘制，如图 8-16 所示。（提示：复制时可以以竖向轴线为复制的基点来保证复制的间距等于开间尺寸）。

2. 绘制立面材料及其他

**第 1 步：** 将当前层设置为填充层。用图案填充命令（**H**）按图示要求填充图案，图案比例自行调整。（提示：为了填充边界的选择更方便，可将轴线层关闭后进行图案填充。）

**第 2 步：** 将±0.000 线向下偏移 2 根踏步线，偏移距离为 150，并按图示修剪。

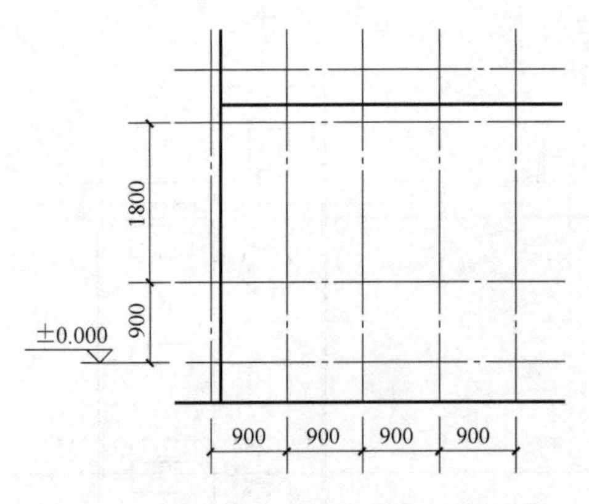


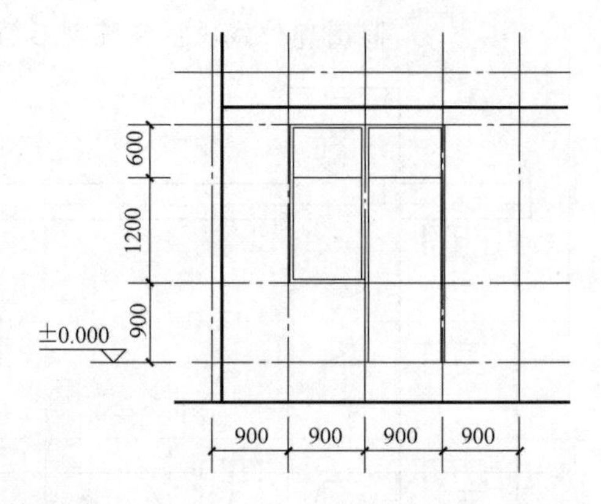


图 8-15　绘制门连窗

图 8-16　复制门连窗

**第 3 步：** 绘制屋顶上栏杆，细部尺寸自行估计。

**第 4 步：** 用多段线修改命令（**PE**），将轮廓线加粗，线宽度为 50。接着用多段线命令（**PL**），将地坪线加粗，线宽度为 100。

## 8.3.4　标注尺寸、文字和标高

1. 标注尺寸

（1）设置标注样式；

（2）按图纸要求进行尺寸标注。

2. 文字标注

（1）设置文字样式；

（2）输入文字；

（3）改文字高度；

（4）标注标高、绘制轴线号及其他符号。

## 单元小结

本单元我们结合工程实例，学习了建筑立面图的绘制方法。绘图顺序一般是先整体、后局部，先图样、后标注。

在本单元中用到的绘图和编辑命令如表8-1所示。

本单元用到的绘图和编辑命令　表8-1

| 序号 | 命令功能 | 命令简写 | 序号 | 命令功能 | 命令简写 |
|---|---|---|---|---|---|
| 1 | 绘制矩形 | REC | 11 | 圆角 | F |
| 2 | 绘制直线 | L | 12 | 镜像 | MI |
| 3 | 绘制圆 | C | 13 | 移动 | M |
| 4 | 多段线 | PL | 14 | 复制 | CO |
| 5 | 阵列 | AR | 15 | 对象特性 | MO |
| 6 | 偏移 | O | 16 | 文字样式 | ST |
| 7 | 修剪 | TR | 17 | 单行文字 | DT |
| 8 | 删除 | E | 18 | 多线 | ML |
| 9 | 拉伸 | S | 19 | 多段线编辑 | PE |
| 10 | 特性匹配 | MA | 20 | 图案填充 | H |

## 能力训练题

用CAD绘制该宿舍楼的北立面图，参考样图见图8-17。绘制要求：

(1) 绘图比例为1∶1，出图比例为1∶100，采用A2图框；字体采用仿宋体。

(2) 图中未明确标注的门窗分割尺寸、栏杆尺寸等，可自行估计。

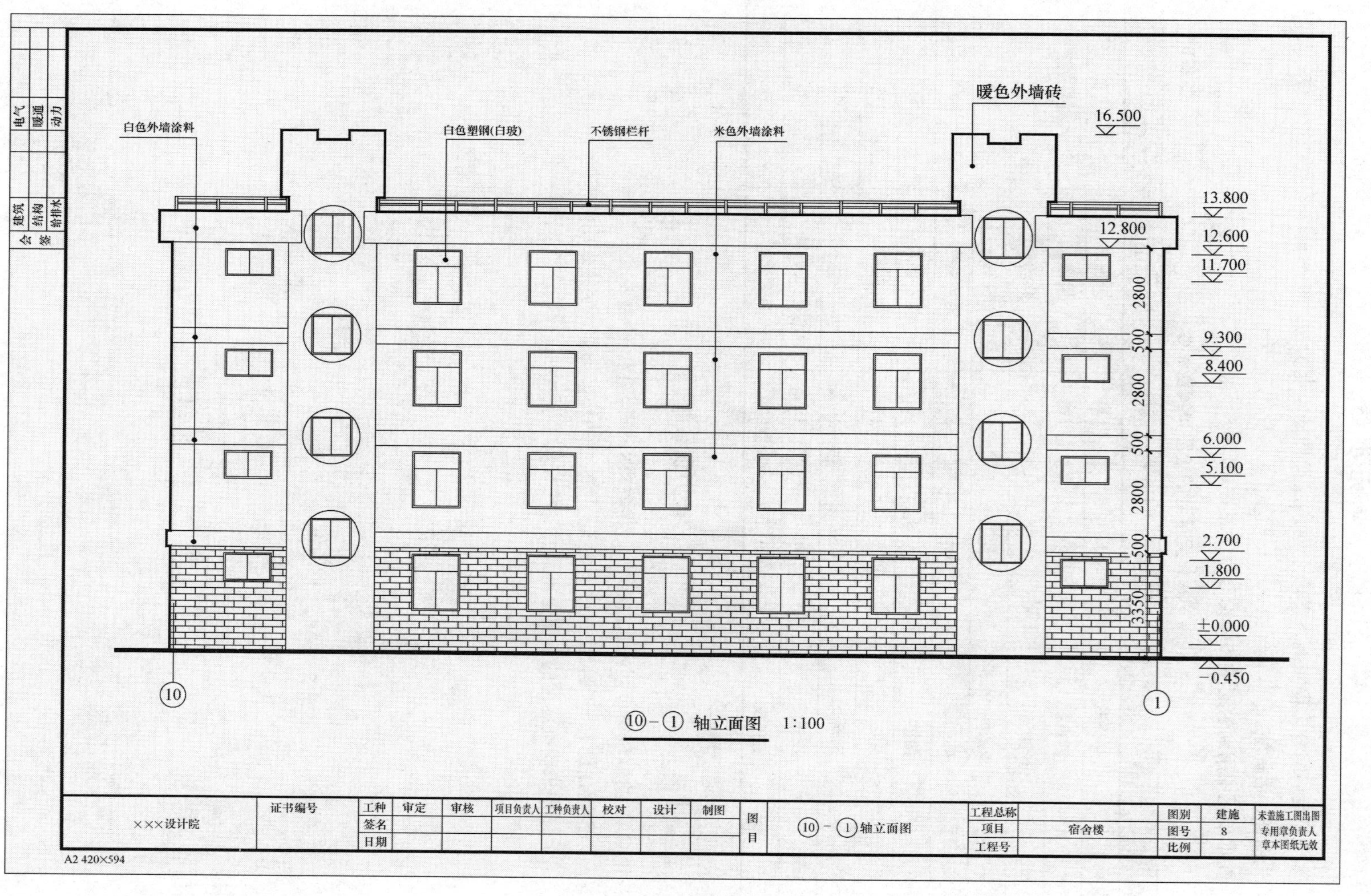


图 8-17 某宿舍楼北立面图

# 教学单元 9

## 绘制建筑剖面图

# 9.1 命令导入

## 9.1.1 ＊定数等分（Divide）

1. 功能

定数等分（Divide）是通过指定分段数，平均分割选定的对象，可以分割线、弧、圆、椭圆、样条曲线或多段线。通常用点作为等分标记，设置“点样式”可使标记更直观。



2. 操作步骤

**第 1 步：** ◆鼠标左键单击下拉菜单栏【绘图】，移动光标到【点】，选择点击【定数等分】。

◆或者在命令行输入：DIV，并确认。

**第 2 步：** ◆此时命令行提示：

【选取分割对象：】

此时屏幕上出现拾取框，选取对象。

**第 3 步：** ◆此时命令行提示：

【输入分段数或［块（B）］：】

输入该对象等分成的段数，按空格键即可完成。

以上是定数等分（Divide）最常用的 3 步操作。

3. 操作示例

用定数等分（divide）命令，以点的形式五等分一条 5000 长的直线。

**第 1 步：** 用直线命令【L】画一条 5000mm 的直线。

**第 2 步：** 在命令行输入：DIV，并确认。

**第 3 步：** 此时命令行提示：

【选取分割对象：】

此时屏幕上出现拾取框，选取直线。

**第 4 步：** 此时命令行提示：

【输入分段数或［块（B）］：】

输入 5，按空格键即可完成，如图 9-1 所示。

图 9-1 Divide 命令进行直线五等分

注：图 2-19 中的“×”是设置的点样式为“×”。

## 9.1.2 ＊定距等分（Measure）

1. 功能

定距等分（Measure）是通过指定分段距离，平均分割选定的对象，可以分割线、弧、圆、椭圆、样条曲线或多段线。通常用点作为等分标记，设置“点样式”可使标记更直观。

2. 操作步骤

**第1步：** ◆鼠标左键单击下拉菜单栏【绘图】，移动光标到【点】，选择点击【定距等分】。

◆或者在命令行输入：ME，并确认。

**第2步：** ◆此时命令行提示：

【选取量测对象：】

此时屏幕上出现拾取框，选取对象。

**第3步：** ◆此时命令行提示：

【指定分段长度或［块（B)］：】

输入该对象等分成的段距，按空格键即可完成。

以上是定距等分（Measure）最常用的3步操作。



### 9.1.3　*合并（Join）

1. 功能

合并（Join）是将相似的对象变成一个完整的对象，例如合并直线、多段线、圆弧等。

2. 操作步骤

**第1步：** ◆鼠标左键单击下拉菜单栏【修改】，选择点击【合并】。

◆或者在命令行输入：Join或J，并确认。

**第2步：** ◆此时命令行提示：

【选择源对象或要一次合并的多个对象：】

框选你所需的对象，此对象可为直线、多段线、圆弧、样条曲线等。

**第3步：** ◆此时命令行提示：

【选择要合并的对象：】

拾取框拾取剩余的对象后，按空格键即可完成合并。

## 9.2　工作任务

### 9.2.1　任务要求

用CAD绘制建筑剖面图，参考样图如图9-2所示，该剖面图为某宿舍楼1-1剖面图。（样图中的侧立面图，由读者自行绘制，将不在本章节详细讲解。）

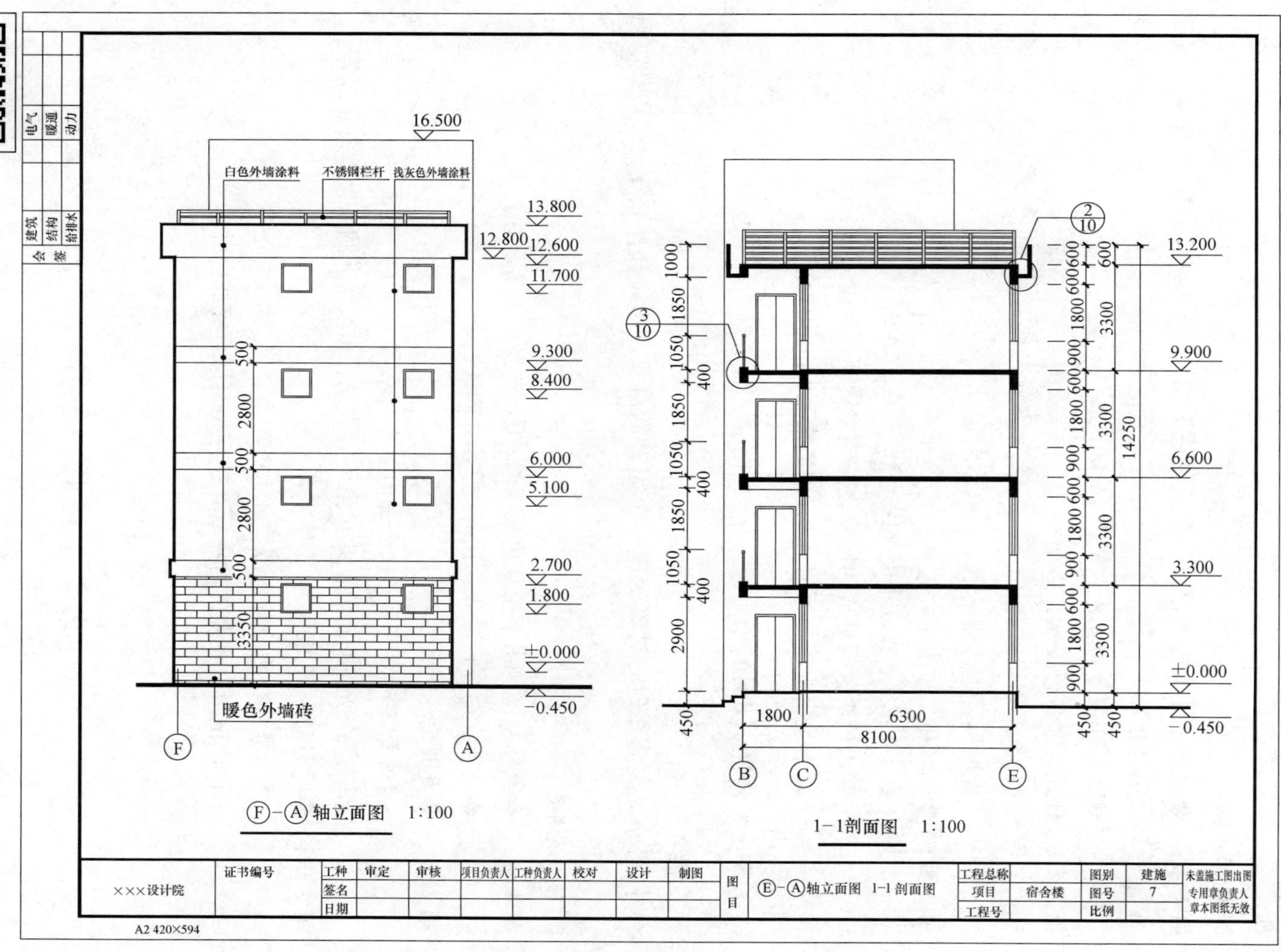


图 9-2 某宿舍楼 1-1 剖面图

随堂微课

### 9.2.2 绘图要求

1. 绘图比例为1∶1，出图比例为1∶100，采用A2图框；字体采用仿宋体。
2. 图中未明确标注的楼板厚度尺寸、栏杆尺寸等，可自行估计。

## 9.3 绘图步骤



### 9.3.1 设置绘图环境

可参考单元7的操作，在此不再赘述。

### 9.3.2 绘制轴线和中间层剖面

1. 绘制轴线

剖面图轴线分为横向和竖向两组。竖向轴线对应平面图中的进深尺寸，横向轴线为建筑的层高线。操作步骤：

**第1步：** 将当前层设置为轴线层，打开正交模式（F8）。

**第2步：** 在绘图区先绘制B号轴线。

输入：**L**，空格，命令行提示：

【指定第一点】

在左侧靠下输入直线的起点；命令行提示：

【指定下一点或［角度（A）/长度（L）/放弃（U）］:】

在右侧靠下输入直线下一点。然后根据轴线间尺寸，用偏移生成横向轴线。

输入：**O**，空格，命令行提示：

【指定偏移距离或［通过点（T）］:】

输入：**1800**，空格，完成C号轴。用鼠标左键点取C号轴线向右偏移**6300**生成E号轴线，完成竖向轴线绘制。

**第3步：** 在竖向轴线上先用L命令绘制任意一条直线作为±0.000处楼板线。然后根据层高尺寸，用偏移生成横向轴线，完成竖向轴网的绘制（图9-3）。

2. 绘制中间层剖面

**第1步：** 将当前层设置为墙体层。用多线命令（**ML**）绘制双线墙，墙厚240。绘制完毕后分解双线墙，并根据门窗高度尺寸，用偏移作窗户辅助线，如图9-4所示。

**第2步：** 用修剪命令（**TR**）整理出门窗洞口。

注：图线的图层用特性匹配命令（**MA**）及时转换。

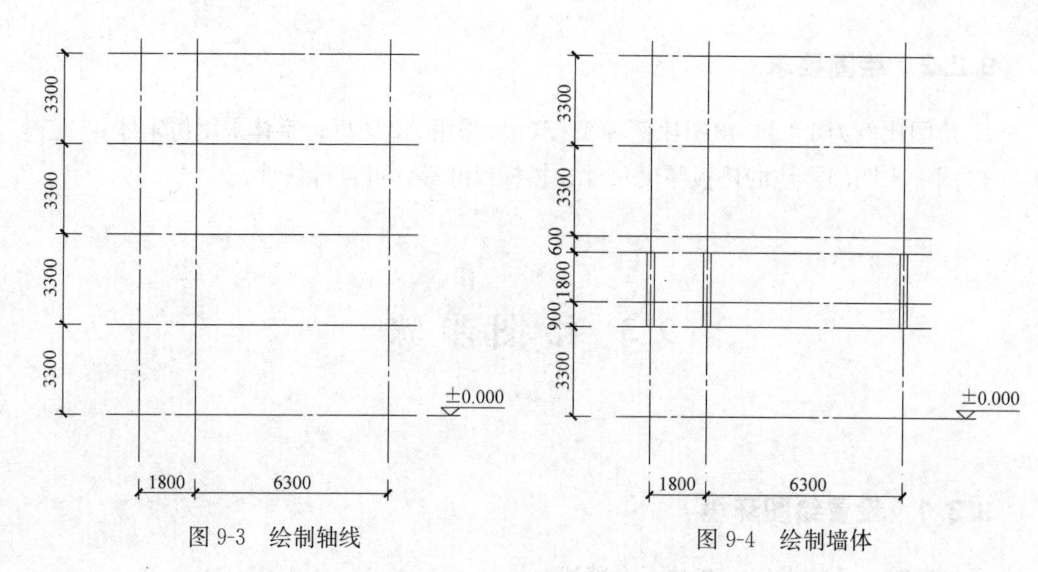


图 9-3　绘制轴线　　　　图 9-4　绘制墙体



**第 3 步：** 将当前层设置为门窗层，绘制窗户，如图 9-5 所示。（窗为四线窗，线间距为 80。）

**第 4 步：** 用偏移命令绘制楼板，厚度 120，根据尺寸绘制梁高，宽度同墙厚。阳台栏杆自行绘制，如图 9-6 所示。

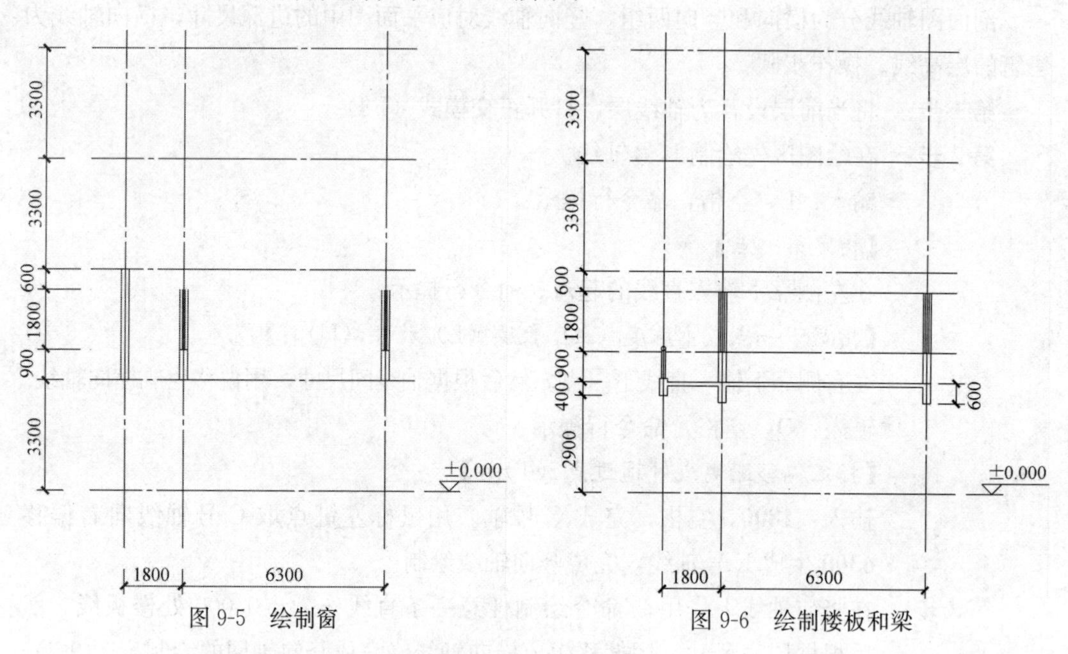


图 9-5　绘制窗　　　　图 9-6　绘制楼板和梁

## 9.3.3　绘制底层剖面和顶层剖面

**第 1 步：** 删除窗户辅助线。

用拷贝命令（**CO**）复制中间层剖面，以层高轴线为基准点。向上复制两层，向下复制一层，如图 9-7 所示。

**第 2 步：** 修改底层剖面。

根据层高尺寸向下偏移绘制地平线，并根据详图尺寸完成室内外台阶的绘制。

**第 3 步：** 修改顶层剖面。

先在楼板两端绘制檐沟轮廓，然后在楼板上绘制栏杆。最后根据平面位置用直线命令绘制楼梯间投影轮廓线。

**第 4 步：** 将当前层设置为墙体层。

用多段线命令（PL），加粗地坪线，线宽设置为 100，如图 9-8 所示。

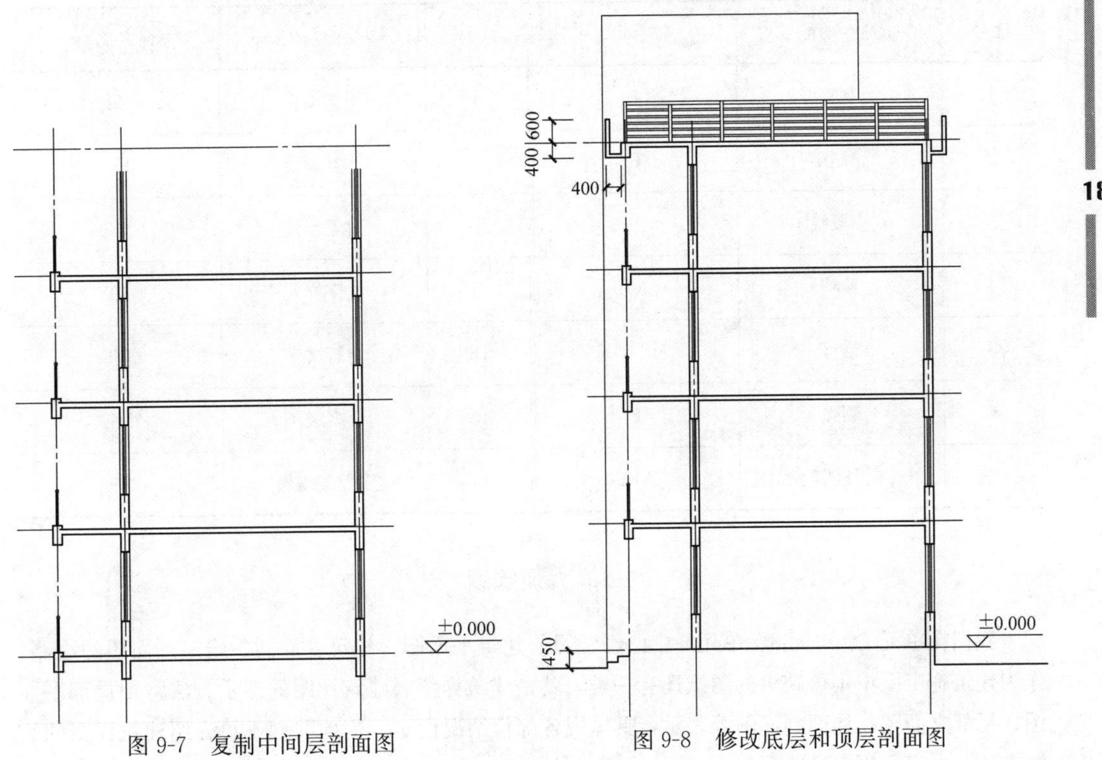


图 9-7　复制中间层剖面图　　图 9-8　修改底层和顶层剖面图



## 9.3.4　图案填充及标注尺寸和文字

1. 图案填充

将当前层设置为填充层。按图示要求，将结构层填充。

2. 尺寸标注

（1）设置标注样；

（2）按图纸要求进行尺寸标注；

（3）绘制详图索引号。

3. 文字标注

（1）设置文字样式；

（2）输入文字；

（3）改文字高度。

具体操作方法参见单元7。

## 单元小结

本单元结合工程实例，我们学习了建筑剖面图的绘制方法。绘图顺序一般是先整体、后局部，先图样、后标注。

在本单元中用到的绘图和编辑命令如表9-1所示。

**本单元用到的绘图和编辑命令　　表9-1**

| 序号 | 命令功能 | 命令简写 | 序号 | 命令功能 | 命令简写 |
|---|---|---|---|---|---|
| 1 | 绘制直线 | L | 8 | 图案填充 | H |
| 2 | 绘制圆 | C | 9 | 复制 | CO |
| 3 | 多段线 | PL | 10 | 对象特性 | MO |
| 4 | 偏移 | O | 11 | 文字样式 | ST |
| 5 | 修剪 | TR | 12 | 单行文字 | DT |
| 6 | 删除 | E | 13 | 多线 | ML |
| 7 | 特性匹配 | MA | 14 | 多段线编辑 | PE |



## 能力训练题

我们在单元7、单元8、单元9中已经学习了建筑平面图、建筑立面图、建筑剖面图的绘制，作为建筑施工图中不可缺少的图纸还有一类，就是建筑详图。建筑详图的图示方法常用局部平面图、局部立面图、局部剖面图等表示，具体视各部位情况而定。因此我们不再介绍建筑详图的绘制方法，大家可以自己练习。

1. 用CAD绘制楼梯平面图和剖面图，参考样图如图9-9、图9-10所示。绘制要求：

（1）绘图比例为1∶1，出图比例为1∶50，采用A2图框；字体采用仿宋体。

（2）图中未明确标注的檐口等，可自行估计。

2. 用CAD绘制节点详图，参考样图如图9-11所示。绘制要求：

（1）绘图比例为1∶1，出图比例为1∶20，采用A2图框；字体采用仿宋体。

（2）图中未明确的尺寸，可自行估计。

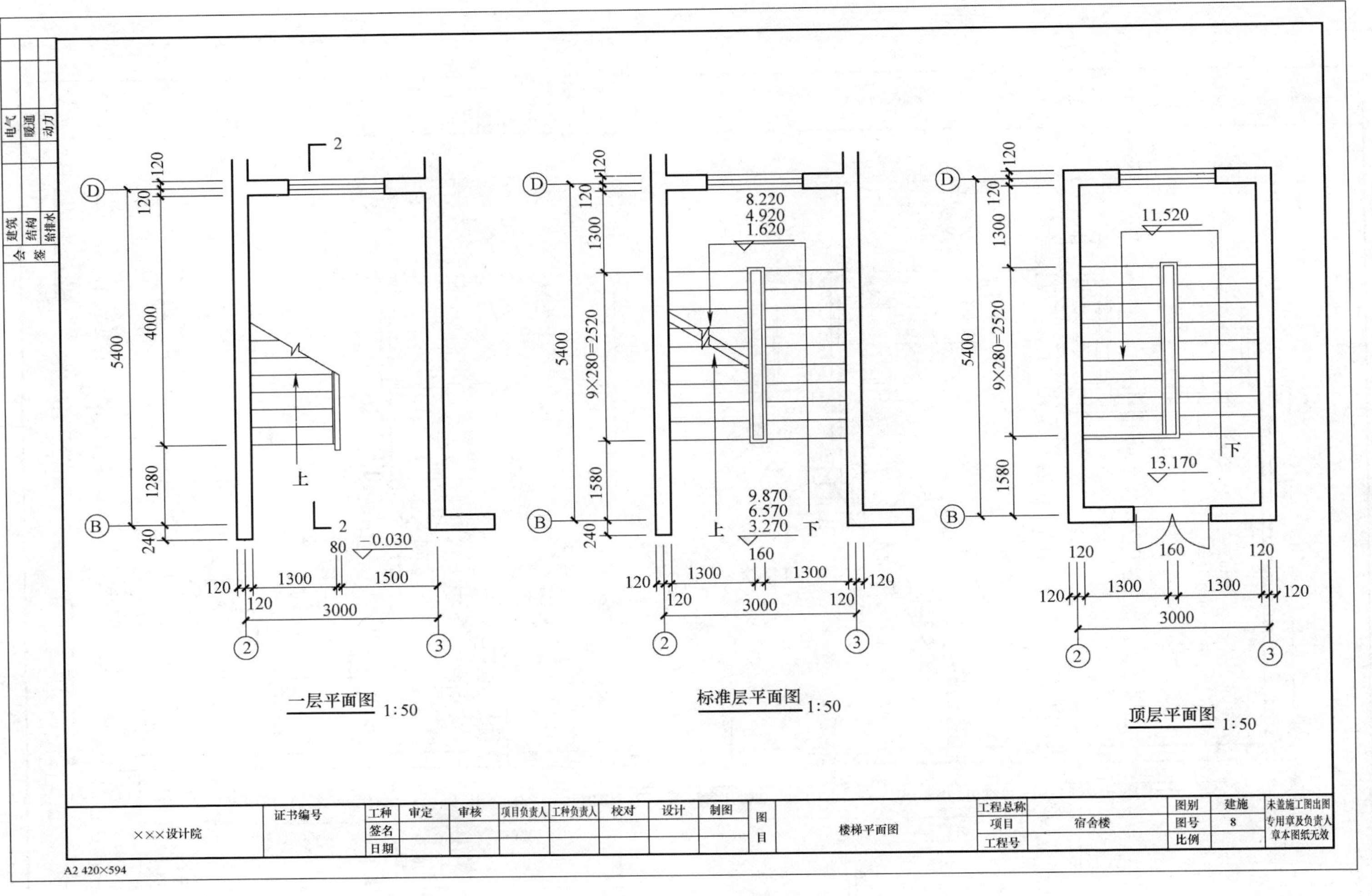
一层平面图 1:50
标准层平面图 1:50
顶层平面图 1:50
5400
4000
1280
240
120
9×280=2520
1300
1580
3000
1500
160
80
−0.030
8.220
4.920
1.620
9.870
6.570
3.270
11.520
13.170
上
下
×××设计院
证书编号
工种
审定
审核
项目负责人
工种负责人
校对
设计
制图
签名
日期
图目
楼梯平面图
工程总称
项目
宿舍楼
工程号
图别
建施
图号
8
比例
未盖施工图出图专用章及负责人章本图纸无效
会签
建筑
结构
给排水
电气
暖通
动力
A2 420×594

图 9-9 楼梯平面图

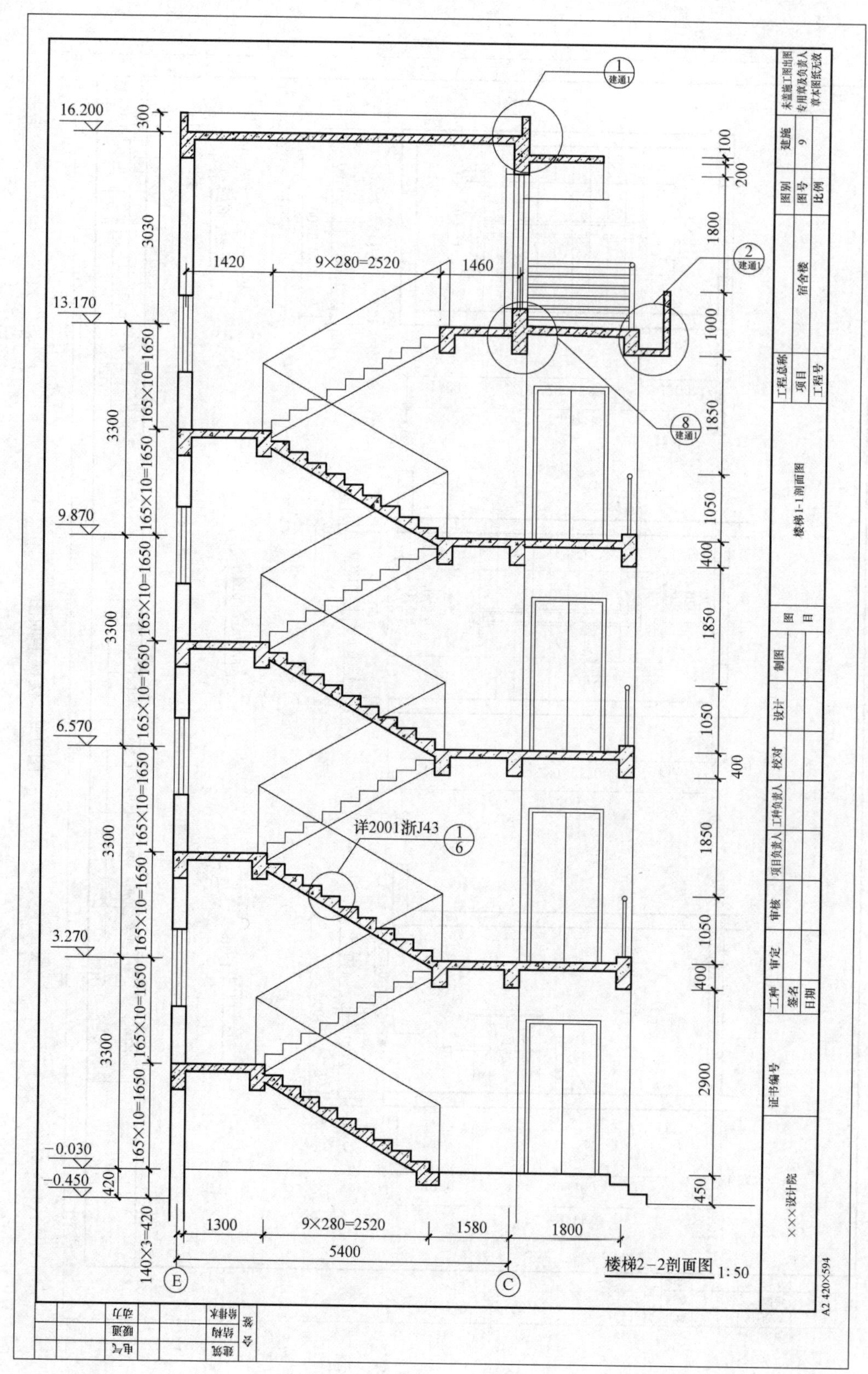
16.200
13.170
9.870
6.570
3.270
-0.030
-0.450
300
3030
3300
165×10=1650
420
140×3=420
1420
9×280=2520
1460
1300
1580
1800
5400
100
200
1000
1850
1050
400
2900
450
详2001浙J43
楼梯2-2剖面图 1:50
E
C
工程总称
项目
工程号
宿舍楼
楼梯1-1剖面图
图别
图号
比例
建施
9
未盖施工图出图专用章及负责人章本图纸无效
×××设计院
证书编号
工种
签名
日期
审定
审核
项目负责人
工种负责人
校对
设计
制图
图目
A2 420×594
建筑
结构
给排水
电气
暖通
动力

图 9-10 楼梯剖面图

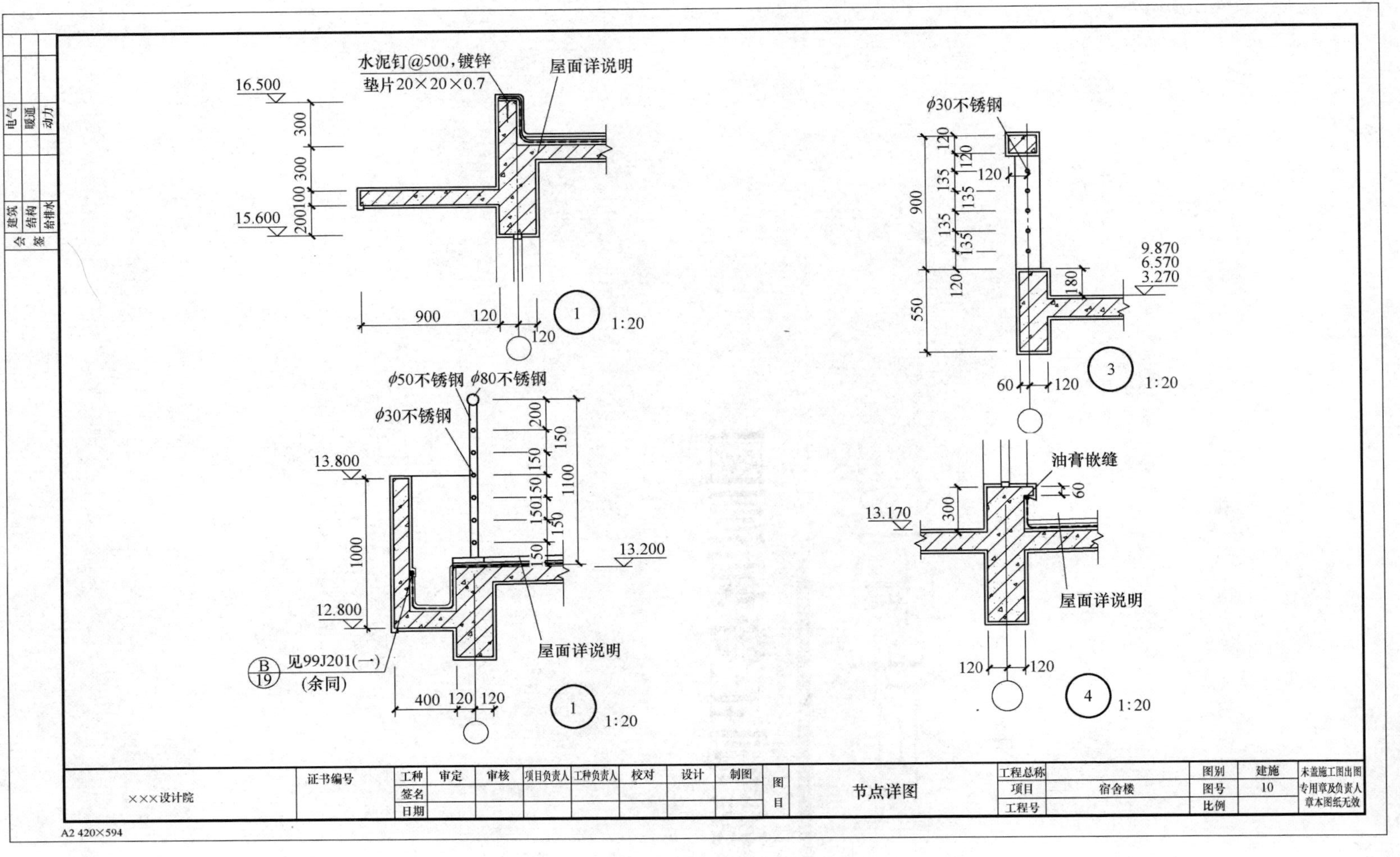

水泥钉@500，镀锌
垫片20×20×0.7
屋面详说明
16.500
15.600
300
300
200100
900
120
120
1
1:20
ϕ50不锈钢 ϕ80不锈钢
ϕ30不锈钢
13.800
12.800
1000
200
150
150
150
150
150
150
1100
13.200
屋面详说明
B
19
见99J201(一)
(余同)
400
120
120
1
1:20
ϕ30不锈钢
120
120
120
135
135
135
135
120
900
550
180
9.870
6.570
3.270
60
120
3
1:20
油膏嵌缝
60
300
13.170
屋面详说明
120
120
4
1:20
×××设计院
证书编号
工种
审定
审核
项目负责人
工种负责人
校对
设计
制图
签名
日期
图目
节点详图
工程总称
项目
宿舍楼
工程号
图别
建施
图号
10
比例
未盖施工图出图专用章及负责人章本图纸无效
会签
建筑
结构
给排水
电气
暖通
动力
A2 420×594

图 9-11　节点详图

# 教学单元10

## 绘制正等轴测图

# 10.1 工作任务

## 10.1.1 任务要求

用 CAD 绘制正等轴测图，参考样图如图 10-1 所示。

## 10.1.2 绘图要求

绘图比例为 1∶1，尺寸不需要标注。



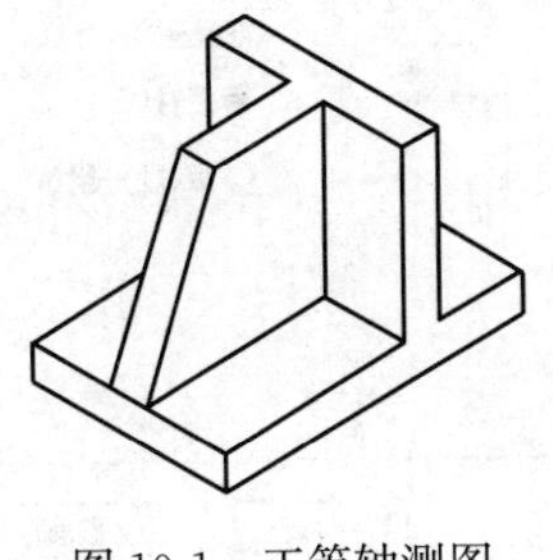

图 10-1 正等轴测图

# 10.2 绘图步骤

## 10.2.1 设置绘图环境

绘图环境的设置可参考单元 2 的操作，在此不再赘述。

## 10.2.2 分析图形并绘制

形体分析：该立体可以看成是形体 1，2，3 叠加形成的立体，如图 10-2 所示，画轴测时，可以先画出形体 1，再把形体 2，3 叠加上去。

在前几章，我们已经为大家介绍了 CAD 的基本绘图命令和基本编辑命令。本章节给大家介绍如何利用 CAD 来绘制正等轴测图。

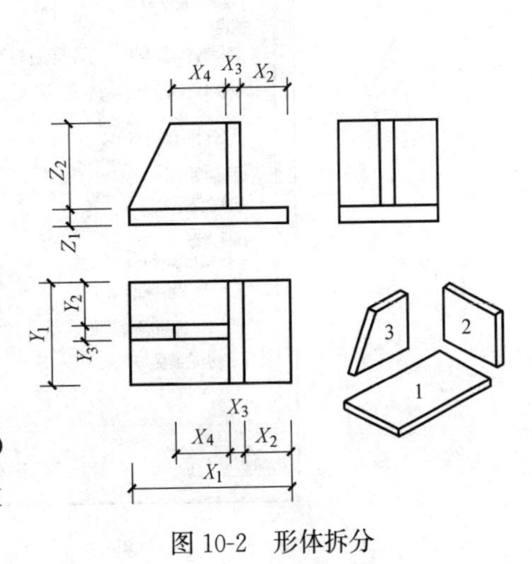


图 10-2 形体拆分

**第 1 步：** ◆鼠标左键单击下拉菜单栏【工具】，选择点击【草图设置】；

◆或者在命令行输入：Osnap，并确认；

◆或者鼠标右键单击状态栏的【对象捕捉】图标按钮，并点击设置。

系统弹出“草图设置”对话框（图 10-3），单击【极轴追踪】，设置增量角为 30°，并启用极轴追踪；将“对象捕捉追踪设置”设置为“用所有极轴角设置追踪”；“极轴角测量”设置为“绝对”。

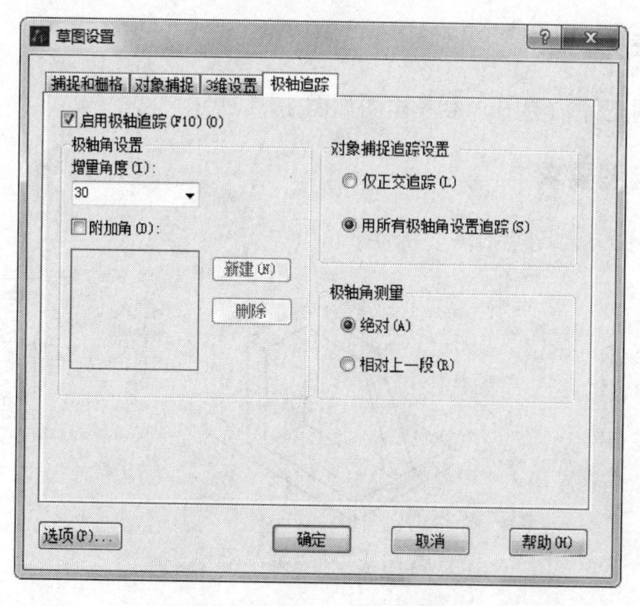


图 10-3 “草图设置”对话框 1

**第 2 步：** 选择【等轴测捕捉】（图 10-4），并确定。此时十字光标会产生变化（图 10-5），通过按“F5”可以改变十字光标的方向。

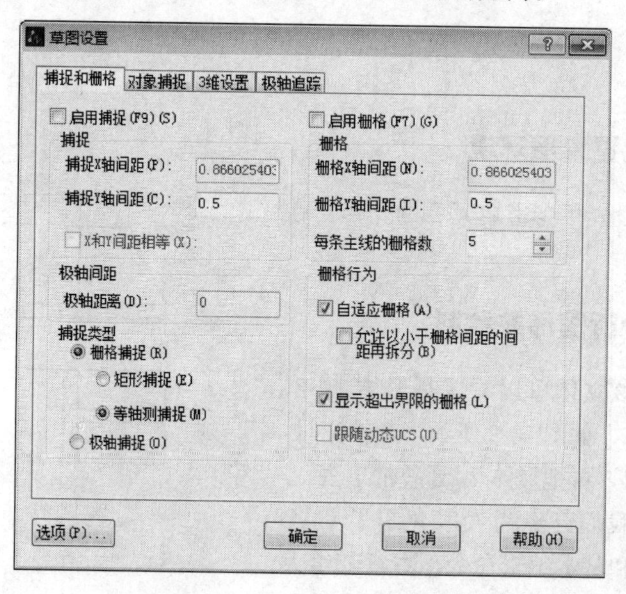


图 10-4 “草图设置”对话框 2

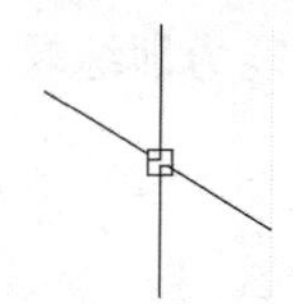

图 10-5　十字光标

**第 3 步：** 使用 L（直线命令），根据尺寸做出长边 $X_1$，然后通过按 F5 来切换等轴测捕捉的方向，完成 $Y_1$，$Z_1$，如图 10-6 所示。

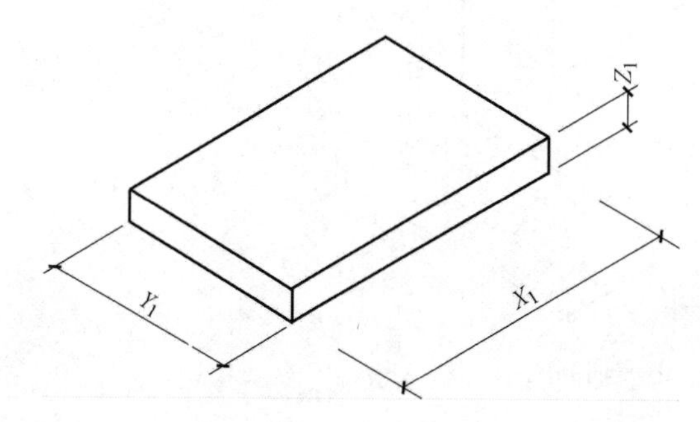


图 10-6　1 号形体

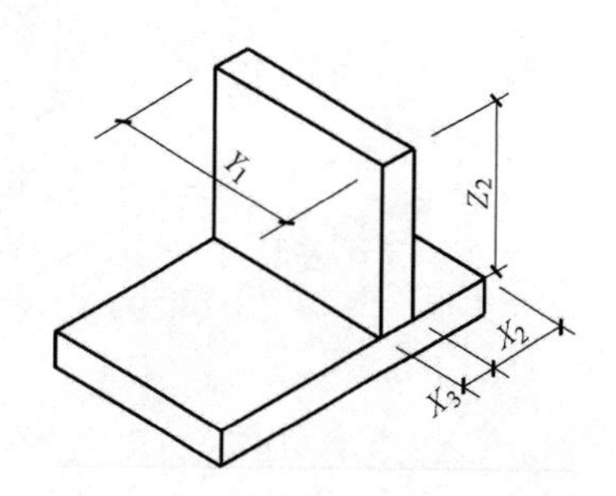


图 10-7　1 号形体 &2 号形体



**第 4 步：** 利用对象追踪，在相应的棱线上沿轴测轴方向，量取 $X_2$，$X_3$，$Z_2$，$Y_1$ 等距离，应用“平行性”原理，配合 F5 来切换等轴测捕捉的方向，完成形体 2 的轴测投影，如图 10-7 所示。

**第 5 步：** 同上方法完成形体 3 的轴测投影，如图 10-8 所示，修剪多余线段（图中圆圈处）。

**第 6 步：** 完成正等轴测图的绘制，如图 10-9 所示。

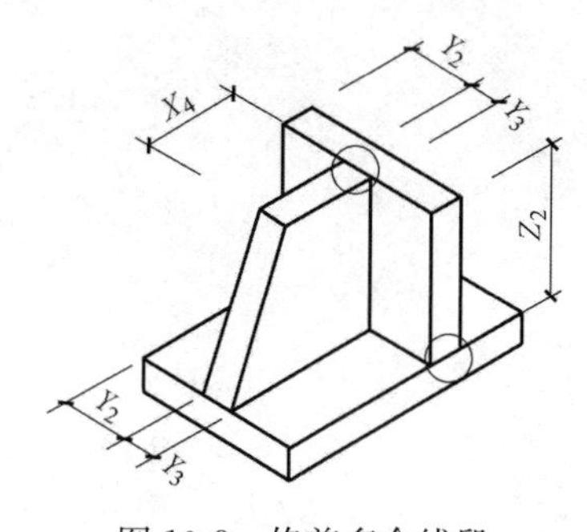


图 10-8　修剪多余线段

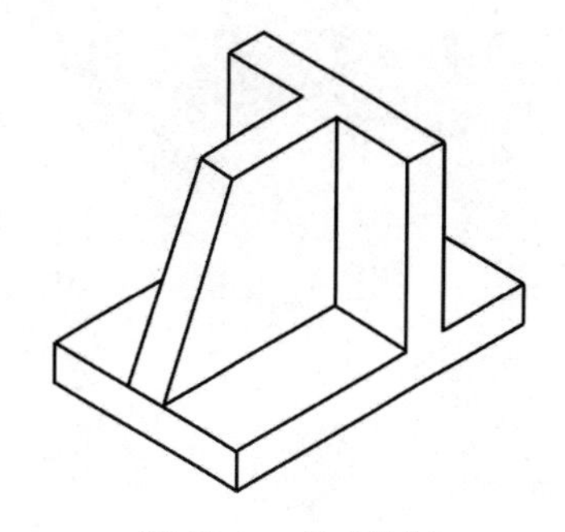

图 10-9　完成绘制

## 单元小结

“等轴测捕捉/栅格”模式可以帮助用户创建表现三维对象的二维图像。通过设置“等轴测捕捉/栅格”，可以很容易地沿三个等轴测平面之一对齐对象。尽管等轴测图形看似三维图形，但它实际上是二维表示。因此不能期望提取三维距离和面积、从不同视点显示对象或自动消除隐藏线。

### 能力训练题

用 CAD 绘制正等轴侧图，参考样图见图 10-10。绘图比例为 1∶1，尺寸不需要标注。

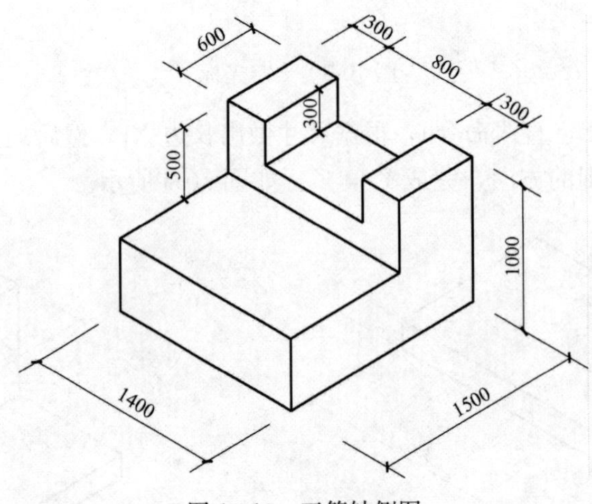


图 10-10　正等轴侧图

# 教学单元11

## 图形输出

## 11.1 手工绘图和 CAD 绘图

CAD 最重要的功能之一就是图纸输出，因此打印图纸是我们必须掌握的技能。但是，由于 CAD 的特殊性，绘图范围不受限制，而且视图可以随意放大或缩小，使得初学者反而对绘制图形的大小和比例取值无法准确把握，在图形输出时经常会弄不清楚绘图比例和出图比例的关系，图纸输出后发现很多问题。在单元 1 的多段线命令中，我们曾介绍过有关手工绘图与 CAD 绘图的不同，下面我们再分别说明这二者之间的区别，以便于理解 CAD 绘图中应注意的几个方面。



### 11.1.1 绘制尺寸

以建筑平面图为例，出图比例为 1∶100（即图纸上的 1mm 表示实际尺寸 100mm）。

(1) 手工绘图：如果绘制工程中实际长度为 3600mm 的墙体，根据出图比例 1∶100，我们在图纸上绘制墙体长度应该是实际长度缩小 100 倍，即 36mm。

(2) CAD 绘图：CAD 中图形是根据图形单位进行测量的，绘图前必须设定 1 个图形单位代表的实际大小，1 个图形单位的距离可以表示实际单位的 1mm 或 10mm 或 100mm。CAD 绘制建筑工程图时，为了避免手工绘图时计算比例的麻烦，我们通常以 1 个图形单位的长度表示实际工程中的 1mm。因此，实际长度为 3600mm 的墙体，CAD 中绘制墙体长度 3600 个单位。待图纸绘制完毕后，我们在图形输出时设置出图比例为 1∶100（即出图时 1mm 等于图纸中的 100 个单位），CAD 中的图纸将缩小 100 倍出图。这样 3600 个单位的墙体长度缩小 100 倍，输出后图纸中的大小为 36mm，与手工绘图完全相同。

再以建筑节点详图为例，出图比例为 1∶20（即图纸上的 1mm 表示实际尺寸 20mm）。

(1) 手工绘图：如果绘制厚度为 240mm 的墙体，根据出图比例 1∶20，我们在图纸上绘制的墙体厚度是实际长度缩小 20 倍，即 12mm。

(2) CAD 绘图：如果绘制厚度为 240mm 的墙体，我们绘制的墙体厚度就是 240，但是在图形输出时设置出图比例为 1∶20，出图时 240 缩小 20 倍，即 12mm。

因此，我们在 CAD 绘图时，凡是实际工程中的尺寸都可以按照实际尺寸 1∶1 绘制，不需要进行换算，在图形输出时设置好出图比例就可以了。

### 11.1.2 设置线宽

CAD 中如果采用 PL 命令绘制粗线，那么线宽须要进行设置。以建筑平面图为例，出图比例为 1∶20，平面图中的墙线为粗线，线宽 0.5mm。

(1) 手工绘图：绘制的墙线线宽就是 0.5mm。

(2) CAD 绘图：由于绘图比例和出图比例的不同，线宽需要换算。当我们设置绘图比

例 1∶1，对于 0.5mm 的墙线，设置 PL 线宽为 0.5mm×100＝50mm。待图纸绘制完毕后，我们在图形输出时设置出图比例为 1∶100，出图时 50mm 宽的线缩小 100 倍，成为 0.5mm，这样输出后的线宽大小与手工绘图相同。

再以建筑节点详图为例，出图比例为 1∶20，墙身详图中的墙线为粗线，线宽 0.5m。

(1) 手工绘图：绘制的墙线线宽就是 0.5mm。

(2) CAD 绘图：当我们采用绘图比例 1∶1，对于 0.5mm 的墙线，设置线宽为 0.5mm×20＝10mm。待图纸绘制完毕后，我们在图形输出时设置出图比例为 1∶20，出图时 10mm 宽的线缩小 20 倍，成为 0.5mm。



因此，我们在 CAD 绘图时，PL 线宽的设置必须根据绘图比例和出图比例的关系进行换算。

注：如果绘图中按照单元 7 中通过颜色划分粗细线的绘制方法，最后采用颜色相关样式打印出图，就不需要进行 PL 线宽的设置。

### 11.1.3 设置文字高度

以建筑总平面图为例，出图比例为 1∶500，图名字高 7mm。

(1) 手工绘图：字高就是 7mm。

(2) CAD 绘图：由于绘图比例和出图比例的不同，字高需换算。当我们采用绘图比例 1∶1，设置字高为 7mm×500＝3500mm。

再以建筑平面图为例，出图比例为 1∶100，图名字高 7mm。

(1) 手工绘图：字高就是 7mm。

(2) CAD 绘图：由于绘图比例和出图比例的不同，当我们采用绘图比例 1∶1，设置字高为 7mm×100＝700mm。

因此，我们在 CAD 绘图时，字高的设置必须根据绘图比例和出图比例的关系进行换算。

注：(1) 同一种图案类型的填充比例也会随绘图比例和出图比例的不同而需要调整。

(2) 在尺寸标注样式中，我们设置的字高、偏移量、箭头大小等尺寸都是以实际出图后的数字设定。这是由于标注样式中有一个全局比例，可以进行调整，所以不需要对文字高度、偏移量、箭头大小等尺寸都进行换算，避免麻烦。

俗话说眼见为实，我们在学习 CAD 绘图时，一定要将图纸打印输出，才能看到真实的绘图效果，根据实际效果再进行调整修改，这样才能更好地理解并掌握 CAD 绘图方法。

总而言之，在 CAD 绘图过程中，我们对工程中的实物尺寸，都可以直接按照实际尺寸 1∶1 绘制，但是对于图纸中由于制图标准要求而添加的内容，比如线宽、文字、填充图案、索引符号等的大小，我们在绘图时，必须根据绘图比例和出图比例的关系进行调整。等图纸全部完成后，在图纸输出时通过设置出图比例来得到与手工绘图完成相同的效果。

下面我们介绍图纸输出时打印机的管理和打印图形的操作步骤。由于实际工作中一般都由图文公司或专业人员来负责图形输出的管理，目前学校教学中也普遍忽视该项内容，不提供打印设备，学生无法练习，因此大家只能先学习基本方法，在有条件的情况下再进行操作训练。



## 11.2　打印机配置

绘图完成后有多种方法输出，可以将图形打印在图纸上，也可以创建成文件以供其他应用程序使用。以上两种情况都需要进行打印设置。启动打印机配置的方式有：

◆鼠标左键单击下拉菜单栏【文件】，选择点击【绘图仪管理器】。

◆或者在命令行输入：**PlotterManager**，并确认。

系统弹出“Plotters”对话框（图 11-1）。用户根据自己的打印设备、打印机与电脑的连接方式，在系统的引导下，添加打印机。

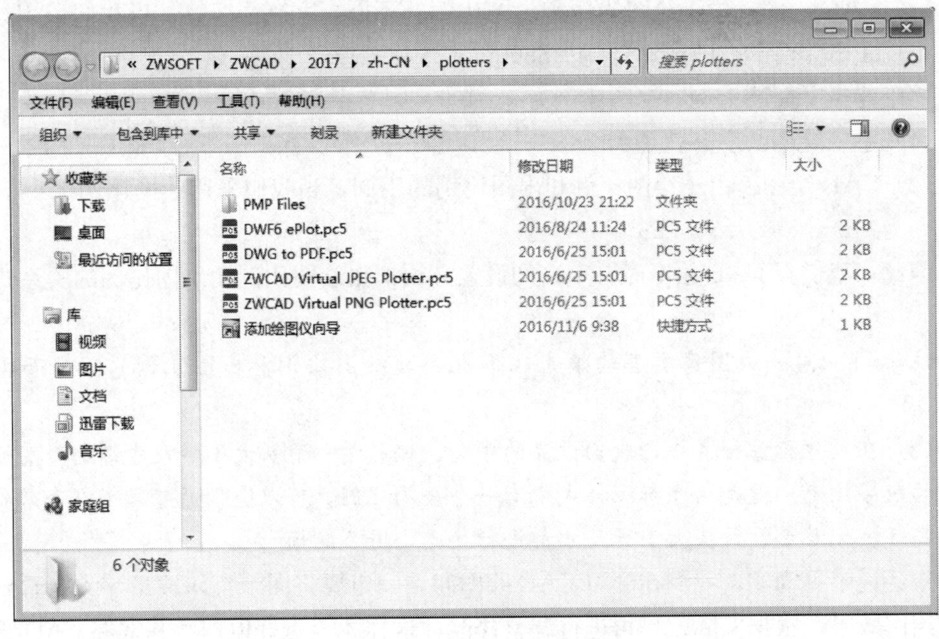


图 11-1　“Plotters”对话框

# 11.3 打印样式

## 11.3.1 打印样式类型

打印样式决定打印效果。打印机配置完成后，我们进行打印样式的设置。

CAD 中有两种打印样式：颜色相关打印样式（＊.ctb）和命名打印样式(＊.stb)。扩展名为 ctb 是指采用颜色相关打印样式，打印时通过图形对象的颜色来设置绘图仪的笔号、笔宽及线型。命名打印样式不考虑图形对象的颜色，直接指定给任一图层和图形对象。

鼠标左键单击下拉菜单【工具】，选择点击【选项】，系统弹出“选项对话框”（图 1-14）。单击【打印】选项组按钮，再单击对话框的【新建或编辑打印样式表】，系统弹出“printstyle”对话框（图 11-2），可看到以＊.ctb 和＊.stb 后缀的打印样式，目前，建筑施工图一般都采用颜色相关打印样式。

图 11-2 “printstyle”对话框

## 11.3.2 创建打印样式（StylesManager）

启动打印机样式创建的方式有：

◆鼠标左键单击下拉菜单栏【文件】，选择点击【打印样式管理器】。

◆或者在命令行输入：**StylesManager**，并确认。

系统将弹出“printstyle”对话框（图 11-2）。鼠标左键双击“添加打印机样式向导”，用户在系统的引导下添加新的打印样式表。

### 11.3.3 设置打印样式

创建好新的打印样式后，我们需要在当前绘图环境下设置打印样式。鼠标左键单击下拉菜单栏【工具】，选择点击【选项】，在“新图形的默认打印样式”下拉列表（图 11-3），将新的打印样式设置为默认选项，但是在当前环境下不能生效，必须关闭后重新打开才能使用。

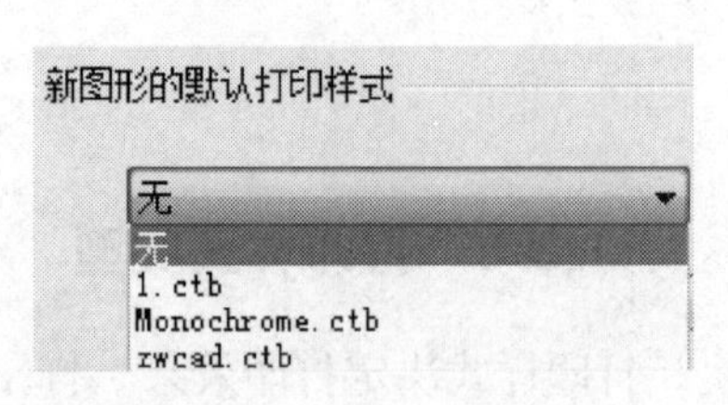

图 11-3 打印样式下拉列表



## 11.4 打印图纸

下面我们先以单元 3 中绘制的“施工现场平面布置图”为例，介绍图纸输出打印的操作步骤，重点讲解打印过程中的参数设置。

注：单元 3 中绘制的“施工现场平面布置图”绘图比例 1∶1，出图比例 1∶500，图纸为 A3。

**第 1 步：** ◆鼠标左键单击下拉菜单栏【文件】，选择点击【打印】。

◆或者在“标准”工具栏点击“打印”按钮（图 11-4）。图 11-4“打印”按钮

◆或者在命令行输入：**Plot**，并确认。

图 11-4 “打印”按钮

**第 2 步：** 此时系统弹出“打印”对话框，在“打印机/绘图仪”栏，进行打印设备、纸张大小、打印份数等设置。打印设备根据实际情况选用自己的打印机型号，纸张设置：**A3**，打印份数：**1**，如图 11-5 所示。

如要修改当前打印机配置，可单击名称后的【特性】按钮，在系统弹出的对话框中可进行打印机的输出设置，如打印介质、图形、自定义图纸尺寸等。

**第 3 步：** 在“打印样式表”栏，点击下列箭头，选择 monochrome. ctb，然后点击【修改】按钮。

注：monochrome 是单色的意思，打印出来的图纸为单色，也就是通常说的黑白打印。

**第 4 步：** 此时系统弹出“打印样式编辑器”对话框，如图 11-6 所示。“打印样式”栏内有 255 种颜色，“特性”栏内为颜色、线型、线宽等输出后的特性。用户在“打印样式”栏点击需要修改的颜色，然后在“特性”栏进行修改设置。由于我们打印的“施工现场平面布置图”不需要进行颜色修改

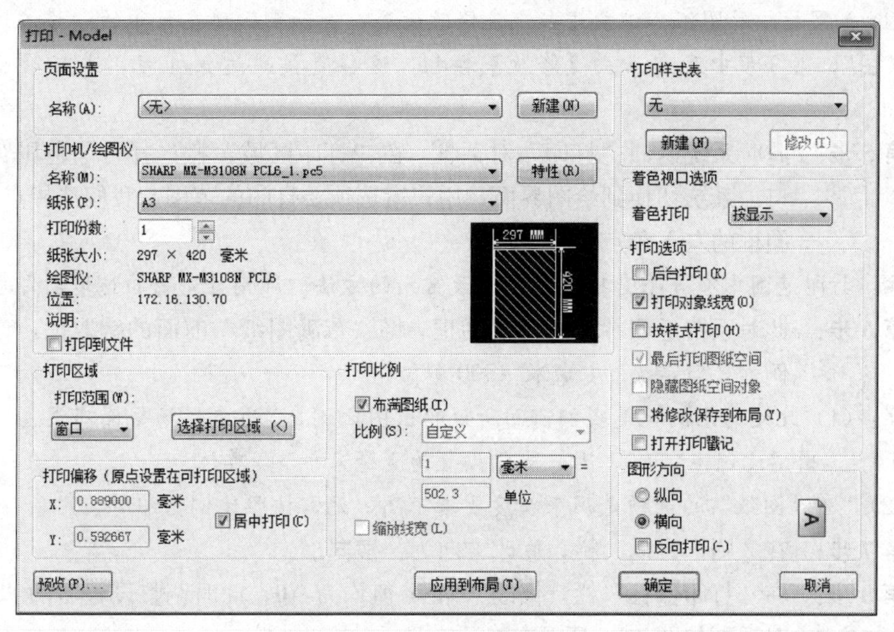


图 11-5 “打印”对话框

设置，因此直接点击【确定】按钮退出。

图 11-6 “打印样式编辑器”对话框

注：(1) 由于第 3 步中选择了 monochrom.ctb（黑白打印样式），因此“特性”栏中的颜色为黑色。

(2) 如果打印的图纸不需要进行颜色修改设置，例如我们现在打印的“施工现场平面布置图”，第 3 步中无需点击【修改】按钮，这样直接跳过第 4 步，进行第 5 步的操作。

**第 5 步：** 此时系统返回“打印”对话框，在“打印区域”栏选择打印范围为：窗口。系统切换到绘图界面，用户窗选须要打印的范围，我们选择点取 A3 图框的左上角点和右下角点。

注：打印范围中有 3 个选项，窗口为最常用的方法，即用矩形窗口选取打印区域。

**第 6 步：** 此时系统返回“打印”对话框，将“布满图纸”前面的钩取消，设置比例为：自定义，1 毫米＝500 单位。

注：(1) 此处的比例就是我们前面所说的出图比例，“施工现场平面布置图”绘图比例 1∶1，出图比例 1∶500，因此我们设置为 1 毫米＝500 单位。



(2)“布满图纸”的选项是用来精度要求不高，无需按照比例打印时使用。

**第 7 步：** 在“图形方向”栏，修改方向为：**横向**。

**第 8 步：** 在“打印偏移”栏，修改 X 和 Y 值均为：**0**，此时调整设置后的“打印”对话框如图 11-7 所示。

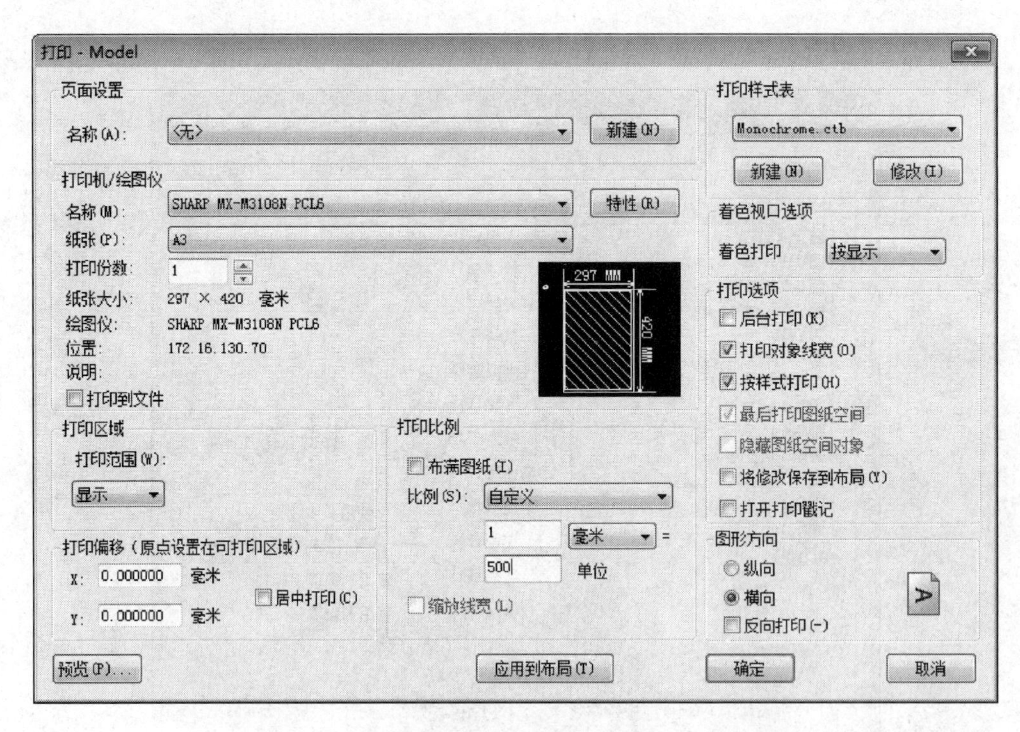


图 11-7　调整设置后的“打印”对话框（1∶500）

**第 9 步：** 点击【预览】按钮，我们就可以预览打印后的图形效果，如图 11-8 所示。如果准确无误，我们可以在预览效果的界面下，点击鼠标右键，在弹出的快捷菜单中选择打印选项，即可直接在打印机上出图。也可以退出预览界面，在“打印”对话框上点击【确定】按钮出图。

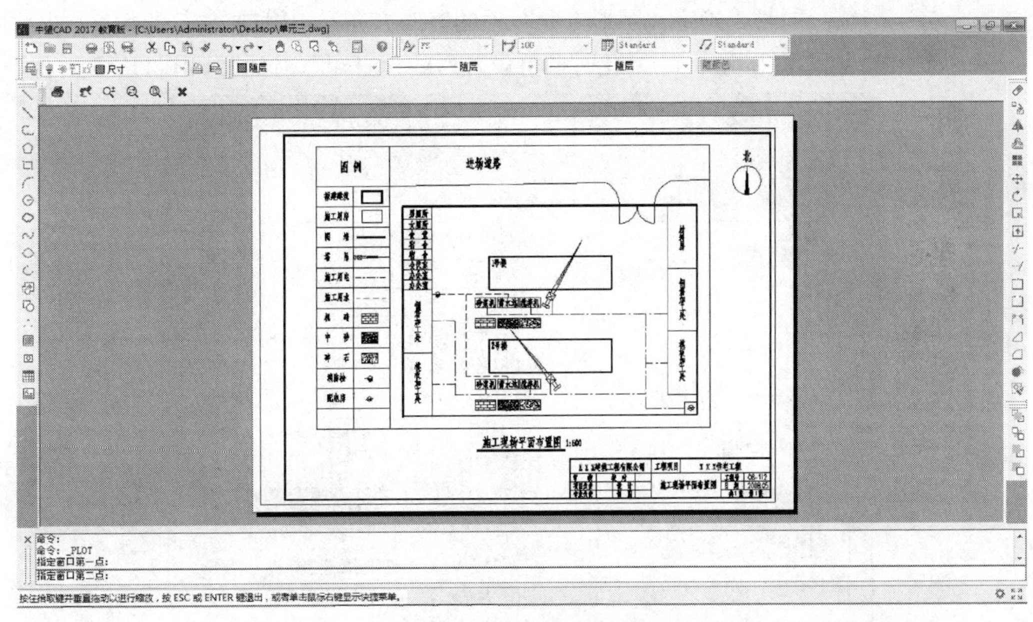


图 11-8　打印预览



下面我们再以单元 7 中绘制的“一层平面图”为例，介绍图纸输出打印的操作步骤，重点讲解颜色相关打印样式的设置。

注：单元 7 中绘制的“一层平面图”绘图比例 1∶1，出图比例 1∶100，图纸为 A3，墙体颜色设置为黄色。

**第 1 步：** ◆鼠标左键单击下拉菜单栏【文件】，选择点击【打印】。

◆或者在“标准”工具栏点击“打印”按钮。

◆或者在命令行输入：**Plot**，并确认。

**第 2 步：** 此时系统弹出“打印”对话框，在“页面设置”栏，点击“名称”的下拉箭头，选择“＜上一次＞”。

注：如果此前没有进行过打印操作，则按照“施工现场平面布置图”中的第 2 步和第 3 步进行操作，然后接下面的第 4 步操作。

**第 3 步：** 此时系统的“打印”对话框显示上一次打印时的设置内容。由于我们刚对“施工现场平面布置图”进行打印设置，所以显示的内容如图 11-6 所示。点击“打印样式表”栏的【修改】按钮。

**第 4 步：** 此时系统弹出“打印样式编辑器”对话框，在“打印样式”栏内选择：黄色 color-2，“特性”栏内线宽设置为：**0. 500 毫米**，如图 11-9 所示。点击【确定】按钮退出。

**第 5 步：** 此时系统返回“打印”对话框，在“打印区域”栏选择打印范围为：**窗口**。系统切换到绘图界面，用户窗选需要打印的范围，我们选择点取 A3 图框的左上角点和右下角点。

**第 6 步：** 此时系统返回“打印”对话框，设置比例为：**自定义**，**1** 毫米＝**100** 单位。同时，确定“图形方向”栏的修改方向为：**横向**。“打印偏移”栏的X和Y值均为：0，此时调整设置后的“打印”对话框如图11-10所示。

图11-9　颜色线宽设置

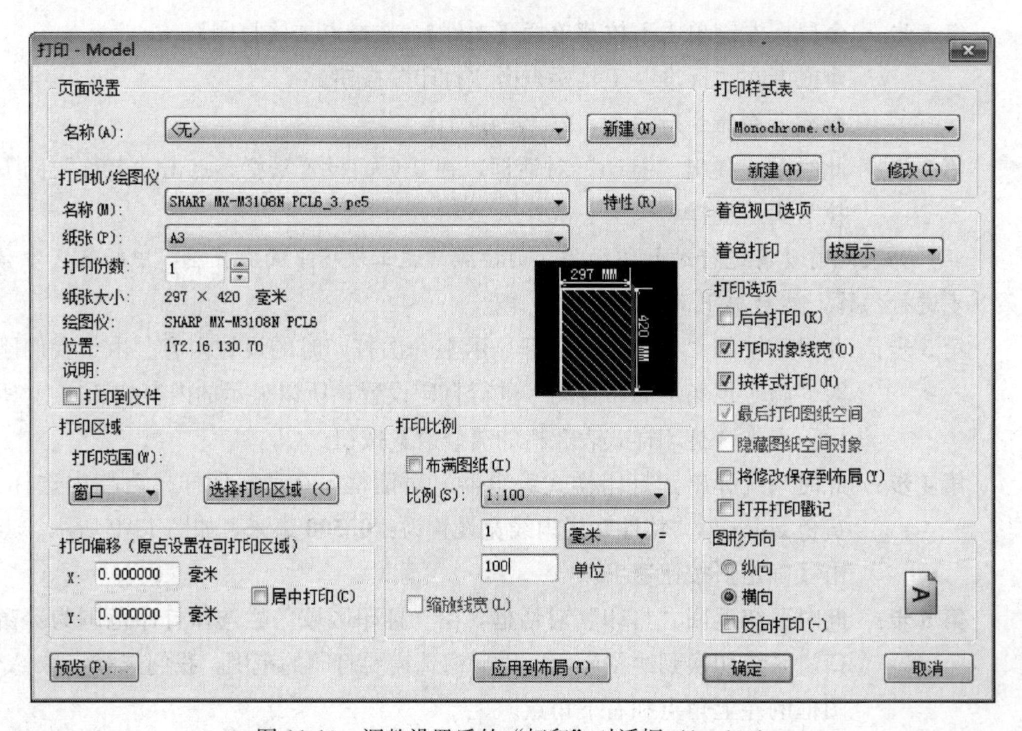

图11-10　调整设置后的“打印”对话框（1∶100）

**第7步：** 点击【预览】按钮，我们就可以预览打印后的图形效果，如图11-11所示。可以放大观看，我们就能看到墙线已经加粗。如果准确无误，在预览效果的界面 下，点击鼠标右键，在弹出的快捷菜单中选择打印选项，即可直接在打印机上 出图。也可以退出预览界面，在“打印”对话框上点击【确定】按钮出图。

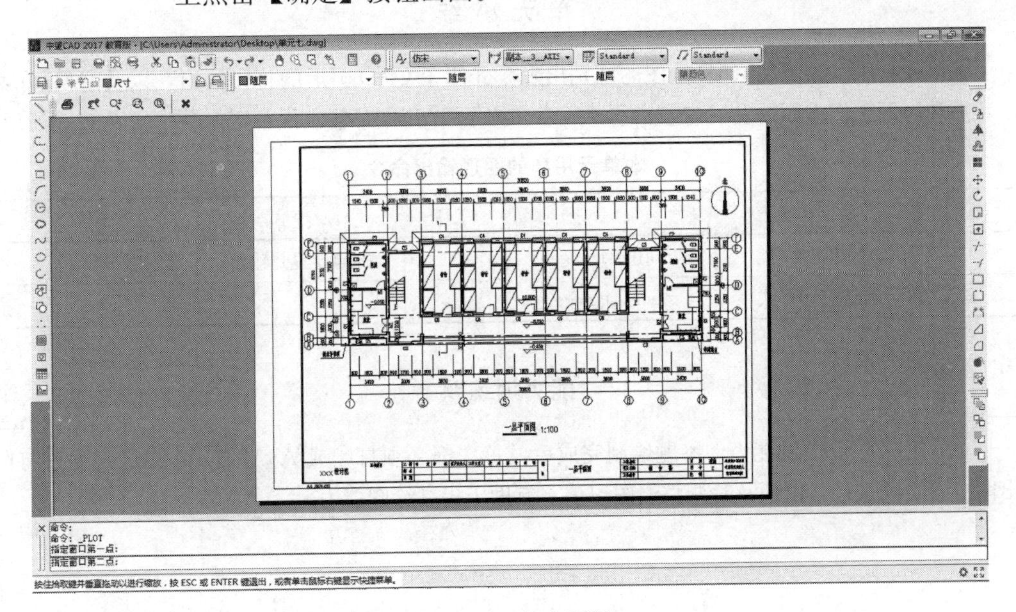

图11-11　打印预览



注：CAD除了常用的dwg图形格式文件外，还支持多种格式的转换输出，将dwg图形转换为其他类型的图形文件，如bmp、wmf等，以达到和其他软件兼容的目的。CAD的转换输出文件有8种类型，都是常用的文件类型，能够保证与其他软件的交流。输出后的图面与输出时CAD中绘图区域里显示的图形效果是相同的，但是不能编辑。

需要注意的是在输出的过程中，有些图形类型发生的改变比较大，CAD不能够把类型改变大的图形格式重新转化为可编辑的dwg图形格式。

## 11.5　共享数据与协同工作

建筑CAD技术的发展大致分为三个阶段：第一阶段是结构专业CAD及其系列化；第二阶段是建筑工程各专业CAD及其系列化；作为发展的必然结果，第三阶段是“虚拟群体并行协同工作环境”，以工程项目建设为核心，将分散的各相关生产实体组成一个“虚拟群体”，共享图形库、数据库和材料库，并行活动，随时进行交换或修改某一环节，协同设计、施工与管理。CAD提供了在图形和应用程序之间共享数据、与其他人和组织协同工作的功能，用户可以使用密码和数字签名进行设计工程协作，使用 Internet 共享图形。这是目前工程 CAD 技术发展的新阶段，目前在我国建筑业第三阶段已经起步，已开展了民用建筑集成化系统研究，工程设计 CAD 集成机理研究与环境开发等课题。

## 单 元 小 结

本单元从手工绘图和 CAD 绘图的区别出发，介绍了 CAD 图形的打印输出，以及 CAD 在共享数据和协同工作方面的发展前景。本单元中介绍了 CAD 图形输出的常用命令，如表 11-1 所示：

**本单元用到的图形输出命令** **表 11-1**

| 序号 | 命令功能 | 命令 | 序号 | 命令功能 | 命令 |
|---|---|---|---|---|---|
| 1 | 打印机配置 | PlotterManager | 3 | 打印设置并输出 | Plot |
| 2 | 创建打印样式 | StylesManager | | | |



## 能力训练题

单元 1～单元 10 的能力训练题绘制完成后，每次都必须打印成 A3 或者 A4 出图。通过打印出图查看绘图效果，以便及时调整绘图习惯，有助于提高绘图能力。

# 附录

## CAD 常用命令

**图形绘制命令** 附表1

<table>
<tr><th>序号</th><th>命令</th><th>命令功能</th><th>命令简写</th><th>备注</th></tr>
<tr><td>1</td><td>Arc</td><td>绘制弧</td><td>A</td><td rowspan="13">单元1</td></tr>
<tr><td>2</td><td>Circle</td><td>绘制圆</td><td>C</td></tr>
<tr><td>3</td><td>Donut</td><td>绘制圆环</td><td>DO</td></tr>
<tr><td>4</td><td>Dtext</td><td>注写单行文本</td><td>DT</td></tr>
<tr><td>5</td><td>Hatch</td><td>图案填充</td><td>H</td></tr>
<tr><td>6</td><td>Line</td><td>绘制直线</td><td>L</td></tr>
<tr><td>7</td><td>Mtext</td><td>注写多行文本</td><td>T</td></tr>
<tr><td>8</td><td>Pline</td><td>绘制多段线</td><td>PL</td></tr>
<tr><td>9</td><td>Polygon</td><td>绘制正多边形</td><td>POL</td></tr>
<tr><td>10</td><td>Point</td><td>绘制点</td><td>Po</td></tr>
<tr><td>11</td><td>Rectangle</td><td>绘制矩形</td><td>REC</td></tr>
<tr><td>12</td><td>Spline</td><td>绘制样条曲线</td><td>SPL</td></tr>
<tr><td>13</td><td>Style</td><td>设置文字样式</td><td>ST</td></tr>
<tr><td>14</td><td>Mline</td><td>绘制多线</td><td>ML</td><td>单元7</td></tr>
</table>

**图形编辑命令** 附表2

<table>
<tr><th>序号</th><th>命令</th><th>命令功能</th><th>命令简写</th><th>备注</th></tr>
<tr><td>1</td><td>Array</td><td>阵列</td><td>AR</td><td>单元5</td></tr>
<tr><td>2</td><td>Block</td><td>创建块</td><td>B</td><td>单元1</td></tr>
<tr><td>3</td><td>Chamfer</td><td>倒角</td><td>CHA</td><td rowspan="2">单元2</td></tr>
<tr><td>4</td><td>Copy</td><td>复制</td><td>CO</td></tr>
<tr><td>5</td><td>Ddedit</td><td>文本编辑</td><td>ED</td><td>单元1</td></tr>
<tr><td>6</td><td>Dimlinear</td><td>线性标注</td><td>DLI</td><td rowspan="8">单元5</td></tr>
<tr><td>7</td><td>Dimcontinue</td><td>连续标注</td><td>DCO</td></tr>
<tr><td>8</td><td>Dimbaseline</td><td>基线标注</td><td>DBA</td></tr>
<tr><td>9</td><td>Qdim</td><td>快速标注</td><td></td></tr>
<tr><td>10</td><td>Dimaligned</td><td>对齐标注</td><td>DAL</td></tr>
<tr><td>11</td><td>Dimrad</td><td>半径标注</td><td>DRA</td></tr>
<tr><td>12</td><td>Dimangular</td><td>角度标注</td><td></td></tr>
<tr><td>13</td><td>Dimstyle</td><td>设置标注样式</td><td>D</td></tr>
<tr><td>14</td><td>Erase</td><td>删除</td><td>E</td><td>单元1</td></tr>
<tr><td>15</td><td>Explode</td><td>分解</td><td>X</td><td>单元2</td></tr>
<tr><td>16</td><td>Extend</td><td>延伸</td><td>EX</td><td>单元5</td></tr>
<tr><td>17</td><td>Fillet</td><td>圆角</td><td>F</td><td>单元2</td></tr>
<tr><td>18</td><td>Find</td><td>文本替换</td><td></td><td rowspan="2">单元1</td></tr>
<tr><td>19</td><td>Insert</td><td>插入块</td><td>IN</td></tr>
<tr><td>20</td><td>Layer</td><td>设置图层</td><td>LA</td><td>单元7</td></tr>
<tr><td>21</td><td>Limits</td><td>设置图形界限</td><td></td><td>单元1、2</td></tr>
<tr><td>22</td><td>LineType</td><td>线型</td><td>LT</td><td>单元3</td></tr>
<tr><td>23</td><td>Ltscale</td><td>线型比例</td><td>LTS</td><td>单元3</td></tr>
</table>

续表

| 序号 | 命令 | 命令功能 | 命令简写 | 备注 |
|---|---|---|---|---|
| 24 | Matchprop | 特性匹配 | MA | 单元3 |
| 25 | Mirror | 镜像 | MI | |
| 26 | Move | 移动 | M | 单元2 |
| 27 | Offset | 偏移 | O | |
| 28 | Oops | 删除恢复 | | 单元1 |
| 29 | Pedit | 多段线编辑 | PE | 单元2 |
| 30 | Properties | 特性 | MO | 单元3 |
| 31 | Redraw | 视图重画 | R | 单元1 |
| 32 | Regen | 图形重生成 | Re | |
| 33 | Redo | 重做 | | |
| 34 | Rotate | 旋转 | RO | 单元2 |
| 35 | Scale | 缩放 | SC | 单元3 |
| 36 | Stretch | 拉伸 | S | |
| 37 | Trim | 修剪 | TR | 单元2 |
| 38 | U | 放弃 | U | 单元1 |
| 39 | Undo | 多重放弃 | | |
| 40 | Wblock | 块存盘 | W | |
| 41 | Divide | 定数等分 | | 单元9 |
| 42 | Measure | 定距等分 | | |
| 43 | Join | 合并 | | |
| 44 | Break | 打断 | | 单元3 |
| 45 | Tcount | 自动编号 | | 单元7 |
| 46 | Xline | 构造线 | | 单元8 |

**查询与管理命令**　　**附表3**

| 序号 | 命令 | 命令功能 | 命令简写 | 备注 |
|---|---|---|---|---|
| 1 | Area | 查询面积和周长 | AA | 单元7 |
| 2 | Dist | 查询距离 | DI | 单元2 |
| 3 | List | 列出图形数据库信息 | LI | 单元7 |
| 4 | ID | 识别图形坐标 | ID | 单元3 |

**图形输出命令**　　**附表4**

| 序号 | 命令 | 命令功能 | 命令简写 | 备注 |
|---|---|---|---|---|
| 1 | Plot | 打印设置并输出 | | 单元11 |
| 2 | PlotterManager | 打印机配置 | | |
| 3 | StylesManager | 创建打印样式 | | |